国家出版基金项目
NATIONAL PUBLICATION FOUNDATION

国家科学思想库

"十二五"国家重点图书出版规划项目

中国学科发展战略

基本天文学

中国科学院

科学出版社

北 京

图书在版编目（CIP）数据

基本天文学/中国科学院编. —北京：科学出版社，2016.11
（中国学科发展战略）
ISBN 978-7-03-050670-2

Ⅰ. ①基⋯ Ⅱ. ①中⋯ Ⅲ. ①天文学-学科发展-发展战略-中国
Ⅳ. ①P1-12

中国版本图书馆 CIP 数据核字（2016）第 272971 号

丛书策划：侯俊琳　牛　玲
责任编辑：朱萍萍　郭学雯／责任校对：李　影
责任印制：李　彤／封面设计：黄华斌　陈　敬

编辑部电话：010-64035853
E-mail：houjunlin@mail.sciencep.com

科学出版社 出版
北京东黄城根北街 16 号
邮政编码：100717
http://www.sciencep.com
北京虎彩文化传播有限公司 印刷
科学出版社发行　各地新华书店经销
*
2016 年 11 月第 一 版　开本：720×1000 B5
2022 年 6 月第五次印刷　印张：19 3/4
字数：330 000
定价：98.00 元
（如有印装质量问题，我社负责调换）

中国学科发展战略

指 导 组

组　长：白春礼

副组长：李静海　秦大河

成　员：王恩哥　朱道本　傅伯杰

　　　　陈宜瑜　李树深　杨　卫

工 作 组

组　长：李　婷

副组长：王敬泽

成　员：钱莹洁　马新勇　薛　淮

　　　　冯　霞　林宏侠　王振宇

　　　　赵剑峰

中国学科发展战略·基本天文学

研 究 组

专题组负责人：孙义燧　黄　珹

专题组成员：艾国祥　李济生　廖新浩

　　　　　　李志刚　李东明　黄天衣

　　　　　　刘伟伟　董国轩　刘庆忠

工作组负责人：黄　珹

工 作 组 成 员：吴　斌　胡小工　朱　紫

　　　　　　周济林　徐　波　陈　力

　　　　　　赵长印　傅燕宁　李孝辉

秘　　　　书：董晓军

总　序

九层之台，起于累土①

白春礼

　　近代科学诞生以来，科学的光辉引领和促进了人类文明的进步，在人类不断深化对自然和社会认识的过程中，形成了以学科为重要标志的、丰富的科学知识体系。学科不但是科学知识的基本的单元，同时也是科学活动的基本单元：每一学科都有其特定的问题域、研究方法、学术传统乃至学术共同体，都有其独特的历史发展轨迹；学科内和学科间的思想互动，为科学创新提供了原动力。因此，发展科技，必须研究并把握学科内部运作及其与社会相互作用的机制及规律。

　　中国科学院学部作为我国自然科学的最高学术机构和国家在科学技术方面的最高咨询机构，历来十分重视研究学科发展战略。2009年4月与国家自然科学基金委员会联合启动了"2011～2020年我国学科发展战略研究"19个专题咨询研究，并组建了总体报告研究组。在此工作基础上，为持续深入开展有关研究，学部于2010年底，在一些特定的领域和方向上重点部署了学科发展战略研究项目，研究成果现以"中国学科发展战略"丛书形式系列出版，供大家交流讨论，希望起到引导之效。

　　根据学科发展战略研究总体研究工作成果，我们特别注意到学科发展的以下几方面的特征和趋势。

---

　　① 题注：李耳《老子》第64章："合抱之木，生于毫末；九层之台，起于累土；千里之行，始于足下。"

一是学科发展已越出单一学科的范围，呈现出集群化发展的态势，呈现出多学科互动共同导致学科分化整合的机制。学科间交叉和融合、重点突破和"整体统一"，成为许多相关学科得以实现集群式发展的重要方式，一些学科的边界更加模糊。

二是学科发展体现了一定的周期性，一般要经历源头创新期、创新密集区、完善与扩散期，并在科学革命性突破的基础上螺旋上升式发展，进入新一轮发展周期。根据不同阶段的学科发展特点，实现学科均衡与协调发展成为了学科整体发展的必然要求。

三是学科发展的驱动因素、研究方式和表征方式发生了相应的变化。学科的发展以好奇心牵引下的问题驱动为主，逐渐向社会需求牵引下的问题驱动转变；计算成为了理论、实验之外的第三种研究方式；基于动态模拟和图像显示等信息技术，为各学科纯粹的抽象数学语言提供了更加生动、直观的辅助表征手段。

四是科学方法和工具的突破与学科发展互相促进作用更加显著。技术科学的进步为激发新现象并揭示物质多尺度、极端条件下的本质和规律提供了积极有效手段。同时，学科的进步也为技术科学的发展和催生战略新兴产业奠定了重要基础。

五是文化、制度成为了促进学科发展的重要前提。崇尚科学精神的文化环境、避免过多行政干预和利益博弈的制度建设、追求可持续发展的目标和思想，将不仅极大促进传统学科和当代新兴学科的快速发展，而且也为人才成长并进而促进学科创新提供了必要条件。

我国学科体系由西方移植而来，学科制度的跨文化移植及其在中国文化中的本土化进程，延续已达百年之久，至今仍未结束。

鸦片战争之后，代数学、微积分、三角学、概率论、解析几何、力学、声学、光学、电学、化学、生物学和工程科学等的近代科学知识被介绍到中国，其中有些知识成为一些学堂和书院的教学内容。1904年清政府颁布"癸卯学制"，该学制将科学技术分为格致科（自然科学）、农业科、工艺科和医术科，各科又分为诸多学科。1905年清朝废除科举，此后中国传统学科体系逐步被来自西方的新学科体系取代。

民国时期现代教育发展较快，科学社团与科研机构纷纷创建，现代学科体系的框架基础成型，一些重要学科实现了制度化。大学引进欧美的通才教育模式，培育各学科的人才。1912年詹天佑发起成立中华工程师会，该会后来与类似团体合为中国工程师学会。1914年留学美国的学者创办中国科学社。1922年中国地质学会成立，此后，生理、地理、气象、天文、植物、动物、物理、化学、机械、水利、统计、航空、药学、医学、农学、数学等学科的学会相继创建。这些学会及其创办的《科学》、《工程》等期刊加速了现代学科体系在中国的构建和本土化。1928年国民政府创建中央研究院，这标志着现代科学技术研究在中国的制度化。中央研究院主要开展数学、天文学与气象学、物理学、化学、地质与地理学、生物科学、人类学与考古学、社会科学、工程科学、农林学、医学等学科的研究，将现代学科在中国的建设提升到了研究层次。

中华人民共和国建立之后，学科建设进入了一个新阶段，逐步形成了比较完整的体系。1949年11月新中国组建了中国科学院，建设以学科为基础的各类研究所。1952年，教育部对全国高等学校进行院系调整，推行苏联式的专业教育模式，学科体系不断细化。1956年，国家制定出《十二年科学技术发展远景规划纲要》，该规划包括57项任务和12个重点项目。规划制定过程中形成的“以任务带学科”的理念主导了以后全国科技发展的模式。1978年召开全国科学大会之后，科学技术事业从国防动力向经济动力的转变，推进了科学技术转化为生产力的进程。

科技规划和“任务带学科”模式都加速了我国科研的尖端研究，有力带动了核技术、航天技术、电子学、半导体、计算技术、自动化等前沿学科建设与新方向的开辟，填补了学科和领域的空白，不断奠定工业化建设与国防建设的科学技术基础。不过，这种模式在某些时期或多或少地弱化了学科的基础建设、前瞻发展与创新活力。比如，发展尖端技术的任务直接带动了计算机技术的兴起与计算机的研制，但科研力量长期跟着任务走，而对学科建设着力不够，已成为制约我国计算机科学技术发展的"短板"。面对建设创新型国家的历史使命，我国亟待夯实学科基础，为科学技术的持续发展与创新能力的提升而开辟知识源泉。

反思现代科学学科制度在我国移植与本土化的进程，应该看到，20世纪上半叶，由于西方列强和日本入侵，再加上频繁的内战，科学与救亡结下了不解之缘，新中国建立以来，更是长期面临着经济建设和国家安全的紧迫任务。中国科学家、政治家、思想家乃至一般民众均不得不以实用的心态考虑科学及学科发展问题，我国科学体制缺乏应有的学科独立发展空间和学术自主意识。改革开放以来，中国取得了卓越的经济建设成就，今天我们可以也应该静下心来思考"任务"与学科的相互关系，重审学科发展战略。

现代科学不仅表现为其最终成果的科学知识，还包括这些知识背后的科学方法、科学思想和科学精神，以及让科学得以运行的科学体制，科学家的行为规范和科学价值观。相对于我国的传统文化，现代科学是一个"陌生的"、"移植的"东西。尽管西方科学传入我国已有一百多年的历史，但我们更多地还是关注器物层面，强调科学之实用价值，而较少触及科学的文化层面，未能有效而普遍地触及到整个科学文化的移植和本土化问题。中国传统文化以及当今的社会文化仍在深刻地影响着中国科学的灵魂。可以说，迄20世纪结束，我国移植了现代科学及其学科体制，却在很大程度上拒斥与之相关的科学文化及相应制度安排。

科学是一项探索真理的事业，学科发展也有其内在的目标，即探求真理的目标。在科技政策制定过程中，以外在的目标替代学科发展的内在目标，或是只看到外在目标而未能看到内在目标，均是不适当的。现代科学制度化进程的含义就在于：探索真理对于人类发展来说是必要的和有至上价值的，因而现代社会和国家须为探索真理的事业和人们提供制度性的支持和保护，须为之提供稳定的经费支持，更须为之提供基本的学术自由。

20世纪以来，科学与国家的目的不可分割地联系在一起，科学事业的发展不可避免地要接受来自政府的直接或间接的支持、监督或干预，但这并不意味着，从此便不再谈科学自主和自由。事实上，在现当代条件下，在制定国家科技政策时充分考虑"任务"和学科的平衡，不但是最大限度实现学术自由、提升科学创造活力的有效路径，同时也是让科学服务于国家和社会需要的最有效的做法。这里存在着这样一种辩证法：科学技术系统只有在具有高度创造活力的情形下，才能在创新型国家建设过程中发挥最大作用。

在全社会范围内创造一种允许失败、自由探讨的科研氛围；尊重学科发展的内在规律，让科研人员充分发挥自己的创造潜能；充分尊重科学家的个人自由，不以"任务"作为学科发展的目标，让科学共同体自主地来决定学科的发展方向。这样做的结果往往比事先规划要更加激动人心。比如，19世纪末德国化学学科的发展史就充分说明了这一点。从内部条件上讲，首先是由于洪堡兄弟所创办的新型大学模式，主张教与学的自由、教学与研究相结合，使得自由创新成为德国的主流学术生态。从外部环境来看，德国是一个后发国家，不像英、法等国拥有大量的海外殖民地，只有依赖技术创新弥补资源的稀缺。在强大爱国热情的感召下，德国化学家的创新激情迸发，与市场开发相结合，在染料工业、化学制药工业方面进步神速，十余年间便领先于世界。

中国科学院作为国家科技事业"火车头"，有责任提升我国原始创新能力，有责任解决关系国家全局和长远发展的基础性、前瞻性、战略性重大科技问题，有责任引领中国科学走自主创新之路。中国科学院学部汇聚了我国优秀科学家的代表，更要责无旁贷地承担起引领中国科技进步和创新的重任，系统、深入地对自然科学各学科进行前瞻性战略研究。这一研究工作，旨在系统梳理世界自然科学各学科的发展历程，总结各学科的发展规律和内在逻辑，前瞻各学科中长期发展趋势，从而提炼出学科前沿的重大科学问题，提出学科发展的新概念和新思路。开展学科发展战略研究，也要面向我国现代化建设的长远战略需求，系统分析科技创新对人类社会发展和我国现代化进程的影响，注重新技术、新方法和新手段研究，提炼出符合中国发展需求的新问题和重大战略方向。开展学科发展战略研究，还要从支撑学科发展的软、硬件环境和建设国家创新体系的整体要求出发，重点关注学科政策、重点领域、人才培养、经费投入、基础平台、管理体制等核心要素，为学科的均衡、持续、健康发展出谋划策。

2010 年，在中国科学院各学部常委会的领导下，各学部依托国内高水平科研教育等单位，积极酝酿和组建了以院士为主体、众多专家参与的学科发展战略研究组。经过各研究组的深入调查和广泛研讨，形成了"中国学科发展战略"丛书，纳入"国家科学思想库—学术引领系列"陆续出版。学部诚挚感谢为学科发展战略研究付出心血的院士、专家们！

按照学部"十二五"工作规划部署，学科发展战略研究将持续开展，希望学科发展战略系列研究报告持续关注前沿，不断推陈出新，引导广大科学家与中国科学院学部一起，把握世界科学发展动态，夯实中国科学发展的基础，共同推动中国科学早日实现创新跨越！

前　言

　　2012 年 4 月，经中国科学院数学物理学部常委会讨论通过并经中国科学院院士工作局①批准，中国科学院学部学科发展战略研究项目"基本天文学及其应用发展战略研究"正式启动。2012 年 6 月 8 日，项目成立了由 11 名院士和专家组成的基本天文学及其应用发展战略研究专题组及由 11 名在第一线从事基本天文学及其应用研究和教育的中青年学术骨干组成的工作组。

　　2009 年年初，国家自然科学基金委员会与中国科学院学部决定合作开展 2011～2020 年我国学科发展战略研究。在国家自然科学基金委员会和中国科学院学部的领导下成立了天文学科战略研究组及秘书组，在 2010 年完成了《2011～2020 年中国天文学科发展战略研究报告》。本书拟在此研究报告的基础上，针对国际上基本天文学及其应用研究的现状、发展趋势以及我国蓬勃发展的相应的观测设备和研究工作，进一步对我国近年来基本天文学及其应用在设备建设和研究方向等方面进行深入的调研和讨论，提出我国基本天文学及其应用的发展战略框架、发展举措与建议。

　　结合基本天文学及其应用研究领域的实际情况，专题组和工作组共同商定了本书的基本内容和撰写提纲。共包括以下 7 个方面内容：战略地位、发展规律与发展态势、发展现状、发展目标与建议、优先发展领域与重要研究方向、国际合作、保障措施。

　　本书作者认为，近年来，我国在基本天文学领域投入的经费大

---

① 2013 年更名为中国科学院学部工作局。

幅度增加，基本天文学研究和教育有了长足发展，逐步形成了从人才培养、仪器设备研制、观测和理论研究到应用服务的较完整体系，具有了一批在国内外有影响的学术带头人和优秀创新研究群体，研究队伍的年龄结构趋于合理。我国基本天文学及其应用研究已经取得了一批在国际上有相当显示度的成果，总体水平在发展中国家中位居前茅，在国际上也成为一支不可忽视的力量。但是同发达国家相比，目前我国基本天文设备、研究和教育的水平仍然存在着很大差距。根据对国内外基本天文学研究现状和发展趋势的分析，建议未来10年我国基本天文学领域的发展目标是：突出重点，建成和运行若干个在国际上有一定影响的与基本天文学有关的大型地面和空间天文观测设备；加强投入，筹建基本天文学国家重点实验室；充分挖掘国内已建设备的潜力，利用国际开放的设备和数据开展基本天文学研究；在重点大学中大力发展基本天文学的教育和研究，积极培养优秀人才；加强理论研究，提出创新思想、观点和理论，力争突破，使我国基本天文学在设备和研究队伍的整体水平上有一个飞跃，做出在国际上有重大影响的工作，并在满足我国战略需求中发挥更大的作用。

根据上述发展目标，本书提出了我国天文学在未来10年内的6个优先发展领域和重要研究方向。

本书强调指出，基本天文学及其应用的发展中最关键的是人才队伍建设。因此，必须花大力气培养年轻人才，特别是优秀的"将"才和"帅"才。要大力支持中国科学院和高校联合，加强基本天文学教育，扶持研究队伍，并继续增加基本天文学教育和研究经费的投入。

本书作者认为，当代基本天文学及其应用的发展都离不开广泛的国际合作。我国要大力推进重大设备的国际合作计划，特别是推进以我国为主导的大设备的合作项目；要积极鼓励多种形式的人才交流，广泛吸引和组织海外学子和优秀科学家参与发展我国的基本天文学研究，包括合作研究、联合培养研究生、举办各类学术讨论会和讲习班等。

　　本书按基本天文学及其应用领域的研究内容共分为九章。第一章为天体测量学，由朱紫、陈力执笔。第二章为天体力学，由周济林、周礼勇、孙义燧执笔。第三章为时间频率，由李志刚、李孝辉执笔。第四章为相对论基本天文学，由黄天衣、黄珹执笔。第五章为历书天文学，由傅燕宁执笔。第六章为行星内部结构与动力学，由廖新浩、季江徽、徐伟彪执笔。第七章为天文地球动力学，由黄乘利、黄珹执笔。第八章为深空探测与导航，由徐波、王小亚执笔。第九章为人造天体动力学与空间环境监测，由赵长印、吴连大、赵海斌执笔。此外，许多专家为撰写各章内容提供了很好的素材和帮助，除在各章表示谢意外，在此一并表示诚挚的感谢。

　　本书凝聚了许多院士和专家学者的智慧和努力，不仅对国内外基本天文学及其应用的发展现状和态势进行了详细的评述，更对未来10年我国基本天文学及其应用的发展战略和措施提出了一些重要、有意义的思考和建议。

　　希望本书能给各级领导和相关部门在决策时提供参考，对从事各类基本天文学及其应用的教育和研究的专家有所启迪，并对研究生和大学生的入门和成长有所帮助。

　　最后，我们真诚地感谢热心参与本书编写工作、提供素材和建议的所有院士和专家学者，感谢国家自然科学基金委员会和中国科学院学部领导的指导和关心。

基本天文学及其应用的学科发展战略研究组

2016 年 7 月

摘　要

　　目前，国际上将天体测量学与天体力学、时间频率等研究领域统称为基本天文学(fundamental astronomy)。国际天文学联合会（International Astronomical Union，IAU）的第一学部（Division A）为基本天文学，按最新统计，有注册会员 1219 名（约占 IAU 注册会员的 7%），其中中国会员为 140 名，占总数的 11.5%。第一学部下设历书、天体力学与动力天文学、天体测量、地球自转、时间、相对论基本天文学、视向速度 7 个专业委员会以及目前隶属该学部的 7 个工作组：小地面望远镜的天体测量、国际天球参考架的多波段实现、基本天文学的数值标准(更新 IAU 最佳估计值)、基于脉冲星的时间尺度、UTC[①]的重新定义、基本天文学的标准（SOFA，提供标准算法、模型和软件）和国际天球参考架的第三次实现。此外，还有一个与第六学部（Division F）联合的工作组：测绘坐标与自转根数。基本天文学是天文学可以直接服务于国民经济的重要学科之一。随着天文学的发展，基本天文学在不断地丰富学科内涵，拓展研究对象，进一步明确了在天文学乃至国民经济发展中的重要地位和作用。

一、基本天文学

　　基本天文学主要包括天体测量学、天体力学、时间频率、相对

---

① 协调世界时，又称世界统一时间、世界标准时间、国际协调时间。英文表达为 Coordinated Universal Time，法文表示为 Temps Universel Coordonné。英文（CUT）和法文（TUC）的缩写不同，作为妥协，简称 UTC。

论基本天文学、历书天文学和地球自转。

（一）天体测量学

天体测量学是天文学最古老的二级学科之一，主要研究天文参考系以及天体的位置、形状、大小和运动精确测量。目前该学科的热点前沿领域包括多波段参考架的建立和参考架连接，天体测量精确资料在天文学研究中的应用等。近年来，银河系结构高精度甚长基线干涉测量技术（very long baseline interferometry，VLBI）天体测量技术的发展、依巴谷（Hipparcos）卫星星表的发表、Gaia 空间天体测量卫星的成功发射和新参考系的引入、时间尺度的完善和 CCD技术的应用，使天体测量进入了一个新时代。

（二）天体力学

天体力学也是天文学最古老的二级学科之一，主要研究太阳系天体、太阳系外行星的起源和稳定性。天体力学研究领域包括:摄动理论、定性理论、数值方法、非线性天体力学、后牛顿天体力学、历书天文学、太阳系与行星系统动力学、航天器动力学、行星形状和自转动力学、恒星系动力学等。传统天体力学的研究对象主要集中在太阳系，包括太阳系大行星、小行星、彗星、近地天体等。20 世纪 90 年代大量海王星轨道外的小天体和太阳系外的行星系统的发现，给天体力学带来了许多崭新的研究对象，也促进了天体力学理论研究和观测方法的快速发展。

（三）时间频率

时间频率领域原是天体测量的一个研究领域，主要研究时间系统的产生、保持、发播等。由于其与日常生活、深空探测和国防等联系日益密切，近年来逐渐成为基本天文学的一个单独组成部分。时间频率研究主要包括频率标准源、时间频率测量、守时技术、授时技术等领域。

（四）相对论基本天文学

相对论基本天文学也是天体测量和天体力学研究的一个领域，主要研究在相对论时空框架下基本天文学的观测和理论问题。随着观测精度的不断提高，天体的运动已经无法用牛顿框架下的基本天文学解释了。相对论基本天文学应运而生，逐渐成为基本天文学中的新兴学科。它主要研究基本天文学在相对论时空框架下的观测和理论问题，包括天文参考系的相对论理论、天体测量的相对论归算、天体在相对论框架下的平动和转动理论、相对论框架下时空尺度问题和时间同步问题、引力理论的天体测量检验、相对论框架下天文常数和天文概念（如黄道、分点）的定义等。

（五）历书天文学

历书天文学原是天体力学的一个研究领域，主要研究大行星、小行星、彗星等天体历表的产生、解释和天象预报。随着历书与空间探测、地球科学应用和国防等的联系日趋密切，现已逐渐成为基本天文学的另一个独立组成部分。其主要学科任务是建立天体运动理论和开展天文历书服务，包括高精度天文历书的编算和发布、新软件开发、资料维护和历书的网络建设等。

（六）地球自转

地球自转的观测和动力学研究历来是天体测量和天体力学的子领域，主要观测和研究地极在天球和地球参考系中的运动。由于其与日常生活、导航、深空探测、国防等联系日益密切并且重要，近年来也逐渐成为基本天文学的一个单独组成部分。它主要研究地球自转的观测和动力学研究、地球自转参数的精确测定、天球和地球参考系的联结、地球自转新理论等。

与基本天文学及其应用有关的地面观测设备有：光电等高仪、子午环、光学和射电望远镜、原子钟等。与基本天文学有关的空间观测卫星和空间大地测量技术包括空间天体测量卫星（如依巴谷卫星、Gaia 卫星）、卫星激光测距（SLR）、激光测月（LLR）、甚长基线干涉测量技术（VLBI）、全球定位系统（GPS，北斗卫星系统）、卫星测高技术（SAT）、星载多普勒定轨定位系统（DORIS）以及合成孔径雷达干涉技术（InSAR）等。

二、基本天文学的应用领域

基本天文学应用主要涉及的领域有：

（一）与国民经济和国防建设有关的领域

与国民经济和国防建设有关的领域包括航空、航海以及空间飞行器（如导弹、卫星）导航、城市交通管理（如 GPS、北斗卫星的城市交通管理系统）、高精度时频系统建立以及空间飞行器（如海洋卫星、登月探测器、深空探测）任务规划、轨道设计、测轨和定轨。

（二）地球环境监测

地球环境监测领域涉及用空间技术（如 GPS、北斗卫星技术）监测与无线电通信状况有关的电离层电子密度的变化、用空间技术监测与地球气候以及区域天气变化有关的大气参数（温度、压强、湿度）变化、用卫星测高技术监测海洋和海平面变化、用空间技术监测板块运动、地壳形变以及地震孕育等。

（三）空间环境监测

空间环境监测领域包括近地小行星和空间碎片的监测、日地空间环境（如地磁场）的监测以及天文现象（如彗星、流星雨等）的预报等。

（四）对地球科学的应用（天文地球动力学）

对地球科学的应用（天文地球动力学）包括：地球整体（自转

和地极）和局部（大气、海洋、地壳和地球内部）运动的监测；地球参考系的建立与维持；地球引力场的建立；地球自转和地球各圈层运动相互作用与机理以及自然灾害预测的天文学方法的研究。

（五）与天体物理学的交叉

与天体物理学的交叉领域包括银河系结构和动力学演化、系外行星探测以及宇宙距离尺度的测量。

（六）与基本天文及其应用有关的空间技术

与基本天文及其应用有关的空间技术领域包括各个波段的新型空间天文探测器、新型探测方法和探测原理的研究，全面提升空间天文成像、定时、时变、光谱等观测能力的技术研究。

三、基本天文学的战略地位

基本天文学的战略地位主要体现在以下几个方面：

（一）提供人类探测宇宙最基本的知识和方法

天体测量为天文学的各项研究提供天体位置、距离、速度等基本数据，并且被地球科学、空间科学所广泛应用。20世纪90年代以来，依巴谷空间天体测量计划取得成功，以此建立的依巴谷星表给出了大样本的亮星天体测量数据，以前所未有的精度提供了一个均匀的准惯性天球参考系，并为银河系天文学的研究提供了非常重要的观测资料。随着 Gaia 空间天体测量卫星的成功发射，Gaia 微角秒精度水平的巡天探测，可望对天文参考系研究产生巨大的影响，并大大推进整个天文学的发展以及人类对宇宙的认识。

（二）研究天体系统动力学形成与演化、行星内部结构与物理

天体系统在引力作用下的形成和长期演化过程是天体力学的研究范畴。天体力学的研究为人类认识太阳系的稳定性、系外行星系

统的形成与起源、探索地球以外的可居住行星提供理论依据。

（三）为国家经济建设和国家安全，特别是航天、国防等部门，提供基本天文学最直接的支持

目前，人造天体动力学、历书天文学，涉及轨道的精密确定和预报等已在社会发展、航天和国防等领域得到充分发展和应用。高精度时间频率的确定为基础研究（物理理论和基本物理常数等）、工程技术应用领域（信息传递、电力输配、深空探测、空间旅行、导航定位、武器实验、地震监测预报、地质矿产勘探、计量测试等）以及关系到国计民生的诸多重要部门（交通运输、邮电通信、能源等）提供服务。

（四）为地球和空间环境监测提供天文学的手段

天文地球动力学以空间大地测量技术为实验手段，从天文的角度，更精确地监测地球整体以及地球各圈层的物质运动，更全面地研究了整个地球系统的动力学机理。它使我们有可能以比传统监测手段更高的精度和时空分辨率监测大气、地下水的变化，冰冠溶化，海平面升降，地壳运动等自然现象，使深入研究这些物质运动成为可能。它使我们有可能发现地壳运动的非线性时变细节及探索地震、火山喷发等的成因过程，进而对减灾防灾提供重要信息。基本天文学中对空间碎片和近地小行星的监测更是直接服务于载人航天器的安全、地球环境和人类社会安全预警。

（五）促进数学、物理学、地球科学以及非线性科学等相关学科的发展和交叉

自 20 世纪六七十年代起，天体力学为非线性科学保守系统的研究提供了重要范例，对非线性科学的发展做出了巨大的贡献。天体测量学与天体力学在地球科学的应用，产生了新兴交叉学科——天文地球动力学。天体测量的成果为天体物理、天体力学、地球科学

和空间科学的研究工作提供了必需的基本参考架和丰富的天体测量参数数据库。此外，基本空间参数的测定、相对论基本天文学的研究也促进了物理学特别是引力理论的发展。

四、基本天文学及其应用的发展状况

（一）国际上基本天文学及其应用的发展趋势

当前国际上基本天文学及其应用的发展趋势是：①观测手段从地面扩展到空间；②观测精度有了质的飞跃，空间技术的观测精度比传统地面天体测量设备的观测精度有了量级上的提高；③观测波段从单波段向多波段或全波段扩充；④观测范围由区域性向全球性发展；⑤海量数据处理方法和数学模式的不断完善；⑥太阳系空间探测以及系外行星探测成为热点；⑦与其他学科交叉、融合日趋紧密；⑧国际合作更显密切。

（二）当前基本天文学的研究重点

在研究内容方面，当前基本天文学研究的重点集中在：

（1）天体测量学。主要开展天文参考系理论研究、微角秒精度多波段参考架的建立和参考架连接、天体测量精确资料和新技术(如长焦距望远镜CCD观测、红外多波段天体测量巡天、激光测距辅助测角观测等)在天文学研究中的应用，特别在大行星及其卫星的探测、大尺度银河系空间结构、运动学和动力学及演化等方面研究的应用。

（2）天体力学。主要研究行星系统（太阳系小行星带、柯依伯带天体、太阳系外行星系统等）的动力学，行星系统的搜寻、性质、形成和演化，系外生命存在的可能性和探测。

（3）时间频率。主要研究时间频率参考架的精化与传递、跨地域多类型原子钟联合守时方法、时间尺度精密标校方法、高精密远程时间比对方法、远程时间恢复方法、精密时间频率测量方法、脉冲星观测计时和 UT1 高精度测量。

（4）相对论基本天文学。主要研究基本天文学在相对论时空框架下的观测和理论问题，包括天文参考系的相对论理论、天体测量的相对论归算、天体在相对论框架下的平动和转动理论、相对论框架下的时空尺度问题和时间同步问题、引力理论的天体测量检验、相对论框架下天文常数和天文概念的定义等。

（5）历书天文学。主要开展双星、多星系统亮子星的运动理论研究、建立太阳系主要天体基本历表和天文历书编算规范、建立和维护天文历书信息化服务系统。

（6）行星内部结构与动力学。开展行星内部结构、行星内部动力学、行星表面物理、行星磁场物理和行星陨石化学等领域的研究。

（7）天文地球动力学。主要利用空间对地观测技术开展地球整体（自转和地极）和局部（大气、海洋、地壳和地球内部）运动的监测，地球参考系的建立与维持，地球引力场的建立，地球自转和地球各圈层运动相互作用与机理以及自然灾害预测的天文学方法的研究。

（8）深空探测与导航。开展与深空探测科学任务相对应的轨道分析、设计与优化以及测控理论、方法与技术，并开展深空探测资料的分析处理和应用研究。以建立我国独立自主的卫星导航系统为核心，以天地一体卫星导航系统的理论与方法为主，重点发展满足近地与深空、通信与导航相结合的卫星导航系统以及相关的天文导航（包括光学、红外天文以及脉冲星导航）、自主导航、组合导航技术。

（9）人造天体动力学与空间环境监测。开展高层大气密度模型和地球引力场模型应用研究、轨道长期演化规律研究、大批量空间碎片观测与编目方法、卫星与碎片碰撞预警方法研究、空间碎片旋转运动的观测方法与动力学研究、近地天体监测预警网的建设和近地天体危险评估研究。

改革开放以来，我国基本天文学研究有了长足的发展，逐步形成了从人才培养、仪器设备研制、观测和理论研究到应用服务的较完整体系。在国际核心杂志上发表的论文大幅度增加，国际上有较高显示度和影响的成果显著增加。以我国为主的国际合作计划（如APSG 国际合作计划）出现并得到发展，我国基本天文学家还担任了国际天文学联合会副主席和与基本天文学有关的专业委员会主席等重要职务。

我国在基本天文学相关领域从事研究的人员主要分布在中国科学院上海天文台、中国科学院紫金山天文台、中国科学院国家授时中心、中国科学院国家天文台（包括总部、云南天文台、新疆天文台、长春人造卫星观测站）、中国科学院测量与地球物理研究所、中国科学院国家空间科学中心、南京大学、北京师范大学、中国科学技术大学、武汉大学测绘学院、中国人民解放军信息工程大学测绘学院、清华大学、中南大学、南昌大学、暨南大学、山东大学等单位。经过多年的科研实践、人才培养和国际合作研究，已经形成了一批在国内外有影响的学术带头人和优秀创新研究群体，我国基本天文学研究的总体水平在发展中国家中位居前茅，在国际上也成为一支不可忽视的力量。

20 世纪 70 年代以来，我国在基本天文学领域先后建设了一批重要的观测设备，有效地推动和促进了我国基本天文学的发展。投资建设了光电等高仪、60cm 人卫激光测距仪、1.2m 激光测月仪、南极AST3 巡天望远镜、1.56m 天体测量光学望远镜、佘山 25m 射电望远镜、南山 25m 射电望远镜等。由于嫦娥工程的需要，建设了密云 50m射电望远镜、凤凰山 40m 射电探月专用望远镜、上海天马 65m 射电望远镜、通光口径为 1m 的盱眙近地天体探测望远镜和空间碎片监测望远镜系统等。

在课题研究方面，近年来我国天文学家在基本天文学领域利用国际上发布的高质量观测数据，并发挥我国中小观测设备专用性强的优势，积极配合理论研究，在银河系的星团分布和动力学、银河系中心超大质量黑洞的观测证据、银河系英仙臂与太阳系距离的VLBI 技术精确测定、天球和地球参考架实现、地球自转理论研究、天文地球动力学研究、非线性天体力学研究、柯依伯带天体的探测与研究、太阳系小天体探测、行星动力学模拟，太阳系外行星探测以及高能数据处理方法等诸多研究方面都取得了重要进展，得到国际同行的重视和好评。

基本天文学研究所发展的技术、所建立的设备和取得的研究成果在满足我国战略需求中发挥了重要作用，具体表现在：

VLBI 技术成功应用于月球探测一期和二期工程，VLBI 精密测轨体系、VLBI+USB 综合精密测轨体系在"嫦娥一号""嫦娥二号"和"嫦娥三号"工程中得到验证，跟踪测量方法、相关处理机研制、精密定轨和数据处理方法取得了系列成果，为国家未来的深空探测奠定了技术基础。

在空间碎片监测方面，建成了以光学天文技术为主的空间目标监测体系，运行模式逐渐完善，效率明显提高，圆满完成了国家多项重要航天工程任务。有关的方法研究、设备研制、数据处理等各具特色。

我国自主发展的中国区域卫星定位系统（CAPS）是不同于经典卫星导航系统（如 GPS、GLONASS、BeiDou 和 GALILEO）的一种转发式区域卫星定位系统，导航信号由地面生成，经卫星转发，实现定位和授时功能。CAPS 已成为国家卫星导航工程的重要组成部分，在不同领域的用户中推广应用获得初步成功。

激光测距技术在我国航天工程中发挥着重要作用，首次获得了卫星精密激光时差测量试验的成功，导航卫星激光反射器性能位居国际前列，成功组织了我国导航试验卫星的国际联测，卫星激光测距技术在我国多项航天任务的精密测轨和标校中应用并取得成功。

精密原子频标应用突破了星载关键技术，打破了欧美技术垄断，在我国卫星导航试验中取得成功。地面高精度原子钟和时统技术在我国卫星导航试验中发挥了关键作用，对原子频标的多样性、小型化、高精度、高可靠的研究取得了系列重要成果。

五、未来 10 年我国基本天文学的发展目标

根据对国内外基本天文学研究现状和发展趋势的分析，建议未来 10 年我国基本天文学领域的发展目标是：突出重点，建成和运行若干个在国际上有一定影响的与基本天文学有关的大型地面和空间天文观测设备；加强投入，筹建基本天文学国家重点实验室；充分挖掘国内已建设备的潜力，利用国际开放的设备和数据开展基本天文学研究；大力发展基本天文学的教育和研究，积极培养优秀人才；加强理论研究，提出创新思想、观点和理论，力争突破，使我国基本天文学在设备和研究队伍的整体水平上有一个飞跃，做出在国际上有重大影响的工作，并在满足我国战略需求中发挥更大的作用。

六、未来 10 年的建议立项和建设

未来 10 年建议立项和建设的与基本天文学有关的大型设备如下：

（一）宜居行星凌星搜寻的巡天空间计划（NEarth）

NEarth 是 Nearby Earth 的缩写，是一个以寻找宜居带类地行星为目标的大天区亮星巡天空间计划。该计划预期通过 6 年时间，对位于黄道面两极区的各直径为 90°的视场（6300 平方度），即全天 30%天区（12 600 平方度）的亮于 12 等（mag）的恒星（包含光谱型为 G、K、M 的类太阳恒星）周围的行星系统进行长时序（3 年）的连续测光监测，以期利用凌星法发现位于宜居带的类地行星，并为下一代地面和空间望远镜寻找探测源。NEarth 的主要载荷是一个有效口径

为 25cm 的望远镜,采用国际上最先进的球镜技术以达到同时观测 90° 直径天区的要求,焦平面将放置 27 个 4k×4k 的光学波段相机。通过 1h 曝光叠加,9~12 等星可达到千分之一以上的精度,5.5~9 等星达到万分之一的精度,后者可以发现类地行星的凌星信号。NEarth 的主要科学目标分为两大方面:①全天 30%亮星的系外行星搜寻(尤其是宜居带类地行星),完备太阳系近邻的亮星系外行星的样本,为未来大望远镜进行宜居行星的大气刻画和生命起源研究选取样本;②全天 30%亮星的光变与星震学研究。此外,还可能发现全天区内亮于 14 mag 的机会源和变源。根据 Kepler 的统计,经过 6 年的探测,NEarth 能够发现超过 2 万颗的行星候选体,其中约 800 颗类地行星,包括超过 1/6 的位于宜居带的类地行星,100 颗左右主星亮于 9mag 的类太阳恒星(G、K、M 型)周围的宜居行星,是欧洲太阳系外行星柏拉图(PLATO)探索计划的 2.7 倍。该计划由南京大学牵头,还包括来自中国科学院紫金山天文台,中国科学院国家天文台等单位的科学团队。该计划已列入中国科学院空间科学 2016~2030 战略先导规划项目。NEarth 空间载荷造价约 3 亿元人民币,希望能在 2022 年左右发射。如果能立项并发射成功,它将是未来一二十年内国际上最大视场的高精度空间巡天项目。目前南京大学等已经在开展用以验证球镜技术的地面系统的研制。地面系统的主镜也是 25cm,直径为 60° 的视场(3000 平方度),焦平面放置 12 个 4k×4k 的光学波段相机。预期 2016 年年底前建成,造价 2000 万~3000 万元人民币,2017 年投入科学观测。地面系统可以对 5.5~9mag 以上的亮星寻找比海王星大的行星,同时也可以对美国将于 2017 年发射的 TESS 卫星(该卫星对全天大部分天区进行 1 个月的高精度时序观测)做后随观测,以期发现一批新的系外行星,丰富亮星系外行星系统,并利用国内现有 2 m 级望远镜进行新发现系外行星的刻画研究。

（二）小行星探测计划

开展我国自主小行星探测，发射一颗探测器对 3 颗有潜在威胁的近地小行星（依次为 12711 号、99942 号和 175706 号）开展飞越、伴飞与附着探测，获取其运行轨道及其变化、表面形貌、物理特征、物质成分、太阳风与小行星表面的相互作用、地外有机物和可能的生命信息等探测数据，评估小行星撞击地球的可能性，探索太阳系的早期演化历史和行星形成过程，研究生命的起源和演化。

通过小行星飞越、伴飞与附着探测，将在一次任务中实现对多个目标的探测：

（1）实现两颗近地小行星的伴飞探测；

（2）获得两颗近地小行星表面的高分辨率形貌和局部精细图像、物质组成、内部结构等探测数据；

（3）对 C 型近地小行星钻取采样原位探测，分析其次表层可能含有的生命信息。测定小行星的化学和矿物成分，探索其内部结构特征；建立小行星三维形状结构模型，揭示其自转状态动力学演化规律和约普效应；揭示行星的形成机制。

该探测任务的科学目标颇具特色，建议拟搭载的有效载荷有多波段相机、全景相机、穿透雷达、红外光谱仪、伽马谱仪、有机组分分析仪、离子能谱成像仪等。预估探测器费用为 20 亿元，航天发射费用为 3 亿元，有效载荷费用为 5 亿元。

（三）4m 级的红外多波段天体测量望远镜

建议在南极冰穹 A（Dome A）和我国西部合适的台址（如西藏阿里地区）分别建设 3～4m 级的大视场红外光学天体测量望远镜，主要用于天体测量巡天和开展银盘天体测量观测。南极大视场红外光学天体测量望远镜基本性能要素建议为：口径 4m，巡天完备星等 Ks 为 20～22mag，3°以上大视场，100k×100k 的 CCD。结合红外多波段、大视场、高分辨率诸项要素和冰穹 A 的优越观测条件，预期在 10 年左右的巡天观测周期中，获取低银纬天区密集星场 10^8 量级恒星的高精度位置、自行和恒星光谱型等基本参数以及太阳附近 1000s 差距（kpc）内大样本银盘恒星的三角视差数据，其中绝对自行精度可望达到 0.1 毫角秒/年（mas/a）；同时，利用南极连续 130 多天极夜的特点，进行长时间连续成像观测，开展变星和系外行星搜寻等时域天文研究。

在北半球，在多年来我国西部地区天文台站选址工作的基础上，充分利用西部台址（如西藏阿里地区）的优越观测条件，建造相对应的北天大视场红外光学天体测量望远镜，完成对整个银盘天区的全覆盖观测。其基本性能参数与南天的设备相似。

在银河系巡天观测方面，该计划与 Gaia 计划形成一定的互补。首先，Gaia 是在可见光波段作测光和低分辨光谱观测，在银盘天区将极大地受限于星际消光的制约；而该计划将对银盘区域开展多历元、多波段红外观测，将在探测深度和统计完备性上都独具优势；其次，地面大视场红外望远镜，针对低银纬密集星场，可以延续进行更长的多历元巡天观测周期，这对获取银盘天体更高精度的自行数据尤为关键；最后，相对于空间设备而言，地面望远镜的建设、运行维护等的可行性更有保障，风险较低。而优异的台址观测条件可以有效地保证红外巡天科学目标的实施。

通过该计划，将首次在国际上实现全银盘天区连续覆盖、统计上完备无偏的极大样本银盘天区红外巡天，获取高精度的海量银盘恒星位置、自行及恒星光谱型等基本参数。结合其他巡天（包括南天 RAVE、北天 APOGEE 和 LAMOST 以及未来的 Gaia）提供的恒星视向速度及距离数据，可望得到银盘天区大样本恒星的高精度六维相空间信息，开展银盘三维空间、运动分布及星族动力学性质研究，揭示银河系集成历史及相关天体物理过程和规律，阐释 21 世纪天体物理学重大问题——星系的形成与演化。

预估每架 4 m 级的大视场红外光学天体测量望远镜造价为 5 亿元。

（四）月球极地天体测量望远镜

在月球极地放置一架两两夹角近 135° 的三反射镜面单镜筒天体测量望远镜，单镜筒中主镜的有效口径约为 25cm，三反射镜面由一整块无膨胀镜子磨成，以确保两两反射面的角距固定，这里对望远镜的安放无任何精度要求，如果望远镜横躺在月面，可使三反射镜面的光轴均指向低仰角（俯仰角约 45°）天空。该望远镜开展 CCD 照相天体测量观测，每个像素的比例尺约为 100 毫角秒/像素。随着月球姿态的变化，获得 3 个反射光轴在恒星背景上的轨迹。每个光轴在一个月球日中扫出一个"周日圈"。周日圈的中心是月球自转轴的空间指向，周日圈半径的变化体现月球自转轴的本体运动即极移，周日圈中心的位移体现月球自转轴的空间运动即岁差章动。3 个反射镜等效于 3 个经度相距近 90° 的低纬度台站的观测，长期（几年）连续观测可分析出月球自转角、极移、岁差和章动，获得完整的月球 5 个空间定向参数变化序列。预期，这 5 个参数的解算精度（单倍中误差）均可高于 1 毫角秒（mas）的水平，这比现在基于地面观测给出的月球姿态参数精度（100mas）提高了近两个数量级。本计划硬件和软件系统的粗估费用为 5000 万元（地面样机+最终设备），这主要包括望远镜镜筒和架子、CCD 相机、制冷系统、供电系统等设备的研制和总成，所有硬件控制和科学数据采集处理分析软件的设计和研发，实验室和地面各种试验等。该粗估费用不包括搭载探月火箭着陆月球的费用。

七、建议基本天文学优先发展领域和重要研究方向

建议基本天文学优先发展领域和重要研究方向如下：

（1）微角秒精度多波段参考架的建立和参考架连接以及资料处理中的相对论模型。

（2）轨道稳定性理论及其在行星系统中的应用，太阳系小天体

和系外行星系统的探测与动力学、行星形成与内部物理。

（3）太阳系主要天体基本历表建立，大行星及卫星的观测。

（4）地球自转理论与预报，自洽的高精度天文地球参考架的建立与维持。建立 VLBI2010 系统及多技术综合处理平台。

（5）基本天文学在空间监测、深空探测与导航的应用，空间碎片以及近地天体监测预警。

（6）时间频率传递与系统的精化，高精度原子频标的研制。

国际合作与交流是发展我国基本天文学的重要途径。应结合课题的重点研究方向加强国际合作研究；利用国外研究机构大型设备的观测数据，联合开展大型的合作项目，如太阳系外行星探测；结合我国自主大型设备的观测数据，开展以我国为主的大型科研合作项目，如中国科学技术大学、云南天文台、南京大学与美国佛罗里达大学正合作开展的丽江 2.4m 望远镜的 LIJET 系外行星探测计划；积极开展人才培养的国际合作，包括研究生的培养；进一步发展由我国发起并主持的亚太地区空间地球动力学（APSG）国际合作计划，进一步扩展中国科学院与美国国家航空航天局（NASA）的空间大地测量合作计划。积极参加跨地域的国际合作计划，以提高我国基本天文学的技术和理论水平。例如，参加 NASA 的"新地平线"计划，尽快开展我国在柯依伯带天体上的观测，以此带动我们在柯依伯带天体上的动力学和物理特性、太阳系起源等课题的研究。

八、建议的保障措施

建议的保障措施如下：

（1）政策（包括财政和设备建设）上适当倾斜，以鼓励和扶持从事该领域的优秀青年人才。

（2）结合国际、国内重大科学装备开展研究和人才培养，以此吸引优秀青年加入，并将其培养成具有大科学设备使用基础的优秀人才，以适应天文学国际化和自主创新的需求。

（3）鉴于大科学工程基本限于国内天文台的现状，鼓励以团组协同、不同单位协同培养，以适应基本天文学乃至天文学学科融合日益增强的趋势。

（4）结合我国即将开展的深空探测、太阳系天体探测、系外行星探测以及国际相关探测项目，尽快在我国形成有一些特色和优势方向的研究小组，以带动基本天文学的发展，吸引优秀后备人才。

Abstract

This book introduces the strategy framework for the development of the Fundamental Astronomy with its application from seven aspects: strategic position, trend, status, development goals and suggestions, priority areas of development and important research directions, international cooperation and safeguard measures.

According to the International Astronomical Union (IAU) Division A, The Fundamental Astronomy mainly includes Astrometry, Celestial Mechanics, Time and frequency, Relativity in Fundamental Astronomy, Ephemerides, and Rotation of the Earth.

The applications of the Fundamental Astronomy mainly involve the following areas: ①the areas concerning national economy and the building up of national defense, such as, the navigation of aviation and voyage, city traffic control, establishment of high accuracy time and frequency, and mission plan, orbit design, orbit determination for spaceflight; ②terrestrial environmental monitoring, for examples, monitoring the change of electronic density by Global Navigation Satellite System (GNSS) technique, the change of atmospheric parameters, terrestrial plate tectonic motion, crustal deformation and sea-level change by space techniques; ③space environmental monitoring, for examples, monitoring the near-Earth asteroids and space debris, monitoring solar-terrestrial space environment and prediction of astronomical phenomena (comets, meteor shower, etc.); ④application to geoscience (Astro-geodynamics); ⑤cross with Astrophysics; ⑥space techniques relative to Fundamental Astronomy and its application.

The ground-based equipment relative to Fundamental Astronomy and its application has photoelectric astrolabe, meridian circle, optical and radio telescopes, atomic clocks and so on; satellites and space techniques of monitoring the Earth with respect to them, such as, satellites of astrometry (Hipparcos, Gaia), Satellite Laser Ranging (SLR), Lunar Laser Ranging (LLR), Very Long Baseline Interference (VLBI), GNSS, Satellite Altimetry (SAT), Doppler Orbitography and Radio-positioning Integrated by Satellite (DORIS), Synthetic Aperture Radar Interferometry (InSAR), etc.

The strategic position of the Fundamental Astronomy is embodied in the following five aspects.

(1) It provides the most fundamental knowledge and methods for man's surveying the universe.

(2) It studies the dynamical formation and evolution of the celestial system, the inter structure and physics of planets.

(3) It provides the most direct supports of the Fundamental Astronomy for national economical construction, national safety, especially for spaceflight and national defense.

(4) It provides astronomical methods for terrestrial and space environmental monitoring.

(5) It promotes the development and cross of the relative subjects, such as, mathematics, physics, geoscience and nonlinear science.

At present, the development trends of the Fundamental Astronomy and its applications in the world performs in:

(1) The observation methods expand from ground to space.

(2) The observation accuracy has been a qualitative leap, the space observation accuracy on the order of magnitude higher than the ground observation accuracy by astrometry traditional equipment.

(3) The observed spectral band extends from single-band to multi-band or full-band.

(4) The observation range extends from local to global.

(5) The method and Mathematics model of massive data processing

constantly improve.

(6) The space exploration of the solar system and the exoplanet exploration has become a hot spot.

(7) The cross and integration with other disciplines is increasingly close.

(8) The international cooperation is very closer.

In terms of research contents, the current focuses of research on the Fundamental Astronomy are:

(1) Astrometry: To study the theory of reference system, to establish micro-arcsecond precision multi-band reference frames and to connect reference frames, to apply accurate astrometry data and new techniques (such as, long focal length telescope CCD observation, infrared multi-band astrometry survey, laser ranging observation with auxiliary angle) to the field of astronomy, in particular, to the detection of planets and their satellites, to study the space structure, kinematics, dynamics and evolution of the celestial bodies of Milky Way of large scale.

(2) Celestial Mechanics: The main research of the dynamics of planetary systems (asteroid belt, the Kuiper belt in the solar system, and extrasolar planetary systems etc.), the properties, the formation and evolution of planetary systems, and the detection of possible extrasolar life.

(3) Time and frequency: To study the refinement and transmission of time and frequency reference frames, the joint time-keeping method of multi-type atomic clock timescales in the cross region, and the precision calibration method of time scale, the remote time comparison method with high precision, the remote time recovery method and precision measurement method of time frequency, the high precision measurement of pulsar timing and UT1.

(4) Relativity in Fundamental Astronomy: To research the observation and theoretical problems in the Fundamental Astronomy under the relativistic space-time frame. This includes the relativistic theory of astronomical reference systems, the relativistic astrometry processing; to study the translation and rotation theory of celestial bodies and the problem of temporal

and spatial scales and time synchronization, the astrometry examination of the theory of gravitation, the relativistic astronomical constants and the definition of astronomical concepts under the relativistic framework, and so on.

(5) Ephemeris Astronomy: To mainly study the movement theory of binary star system and the bright star in the multi stars, the establishment of the calendar of main celestial bodies of solar system, the compilation and specification of astronomical ephemeris, the establishment and maintenance of astronomical ephemeris information service system.

(6) The structure and dynamics of the interior of the planet: To investigate the internal structure and dynamics of the interior of the planet and the planetary surface physics; to research the planetary magnetic field physics and the chemistry of the planetary meteorite, etc.

(7) Astro-geodynamics: To investigate the dynamics of the Earth as a whole (Earth rotation and gravity changes, etc.) and the mass motions within each layer (atmosphere, ocean, crust and the interior) of the Earth by using space techniques and their dynamic relations; the establishment and maintenance of earth reference system, the establishment of the earth's gravitational field, to research natural hazards (earthquakes, volcanic eruptions, sea immersion, etc.) as well as their relation with various Earth motions, and provide basic information for the prediction of natural disasters.

(8) Deep space exploration and navigation: To carry out the track analysis, design and optimization to deep space exploration and scientific mission; to study the corresponding measurement and control theory, methods and techniques, and the analysis and application of deep space exploration data. In order to establish an independent satellite navigation system of our country as the core, main development focuses on the satellite and astronomical navigation system by combining near earth and deep space, communications and navigation.

(9) Artificial celestial dynamics and space environment monitoring: To

study the atmospheric density model and gravity model, the long evolution track, the observation and cataloguing method of large quantities of space debris, the warning collision of satellite and debris, and the observation method and dynamics of the rotational motion of space debris, the establishment of near earth object (NEO) monitoring and early warning network and the risk assessment of NEO.

The related researchers in the field of China's Fundamental Astronomy are mainly distributed in the Shanghai Astronomical Observatory, the Purple Mountain Observatory, National Time Service Center, The National Astronomical Observatories (including the Headquarters, Yunnan Observatory, Xinjiang Astronomical Observatory, Changchun Satellite Observation Station), the Institute of Geodesy and Geophysics, Space Research Center of Chinese Academy of Sciences and Nanjing University, Beijing Normal University, University of Science & Technology of China. Institute of Surveying and Mapping of Wuhan University, The PLA Information Engineering University (Zhengzhou) Institute of Surveying and mapping, Tsinghua University, Central South University, Nanchang University, Jinan University, Shandong University and other units.

Since 1970s, our country constructed some important observation equipments, which effectively promoted the development of China's Fundamental Astronomy. We constructed the photoelectric astrolabe, 60-cm satellite laser ranger, 1.2-meter LLR instrument, Antarctic Survey Telescope AST3, 1.56-meter astrometry optical telescope, the 25-meter radio telescope in Sheshan, 25-meter radio telescope in Nanshan and so on. In addition, we also constructed 50-meter in Miyun and 40-meter special telescope for lunar exploration in Fenghuang mountain, Shanghai Tianma 65-meter radio telescope, the Xuyi telescope of 1-meter Aperture for exploring NEO, and a telescope system for space debris monitoring.

The techniques, the equipment and the research achievements in the Fundamental Astronomy research, play an important role in China's strategic needs.

(1) The VLBI technology is successfully used in the lunar exploration projects.

(2) A telescope system for space debris monitoring successfully complete a number of national important aerospace engineering tasks.

(3) China's independent developmental China Area satellite Positioning System (CAPS) is different from the classical satellite navigation systems (such as GPS, GLONASS, BeiDou and GALILEO), it is a regional satellite navigation system, its navigation signal is generated by the ground, then transponded by the satellite, realizing positioning and timing function. CAPS has become an important part of national satellite navigation project, successfully applied in different areas of the user.

(4) The laser ranging technology plays an important role in Aerospace Engineering in our country. For the first time, the precise measurement test of time difference by SLR make success, SLR is successfully applied a number of space missions of precision orbit measurement and calibration in our country.

(5) The precise atomic frequency standard is successfully used and played a key role in the satellite navigation test in China.

Some suggestions for future development goals of the Fundamental Astronomy in China in ten years are: to construct and operate several major ground and space astronomical observation equipment relative to the Fundamental Astronomy, of some influence in the world; to strengthen the investment and to build national key laboratory of the Fundamental Astronomy; to fully tap the potential of domestic constructed equipment, to carry out the research in Fundamental Astronomy by using foreign equipment and data; to vigorously develop the education and research of the Fundamental Astronomy, and to actively cultivate talents; to strengthen theoretical research, to put forward innovative ideas, opinions and theories, and to strive to break through, so that our Fundamental Astronomy has a leap in the equipment and the research team in the overall level, and makes the significant work of international influence, and plays a greater role in meeting the country's strategic needs.

In the next ten years, the proposed projects and the constructed large equipment related to the Fundamental Astronomy in China are as follows:

(1) The space survey program for the search of transit of habitable planets (NEarth): NEarth is the abbreviation of Nearby Earth, is to find earth-like planets in a habitable zone and is aspace program of bright star survey. The program is expected to make use of transit method to find earth-like planets in the habitable zone, and prepare for the next generation of ground and space telescope for the search of transit of habitable planets. The plan has been included in 2016-2030 strategic planning pilot project of the Chinese Academy of Sciences.

(2) The asteroid exploration program: A detector for the three potentially dangerous asteroids (as follows: No. 12711, No. 99942 and No. 175706) shall be suggested to launch. By means of flying across, flying with and landing the asteroids, we can obtain their orbits and their changes, their surface morphology, physical characteristics, material composition, the interaction between the solar wind and the surface of the asteroids, extraterrestrial organic matters and possible life information by detection data, evaluate the possibility of hitting an asteroid against the Earth and explore the early evolutionary history, planet formation, origin and evolution of life of the solar system.

(3) Infrared multi-band astrometry telescopes of 4-meter diameter: In Dome A in the Antarctic and proper site in Western China (such as Tibet Ali Region) some infrared optical astrometry telescopes with 3～4 meter wide field will suggest to be constructed. They are mainly used for astrometry survey and observation of the disk of Milk Way. By using the equipment, we can carry out the research on the dynamic properties of stellar population, the star distribution and population movement of the disk of Milk Way, and

related astrophysical processes. As a result, it is possible to interpret the formation and evolution of galaxies.

(4) Astrometry telescope in the lunar polarregion: An astrometry telescope of single-tube with three mirrors, which are located in the angle of nearly 135 degrees each other, is placed in the lunar polar region.A long-term continuous observation of the telescope can be analyzed to obtain the rotation angle of the moon, the lunar pole shift, precession and nutation, and to get the full high precision series of changes of 5 lunar spatial orientation parameters.

The proposed priority development areas and important research directions of the Fundamental Astronomy are as follows:

(1) The establishment of multi-band reference frame and the reference frame connection with micro-arcsecond accuracy as well as the relativistic model in data processing.

(2) The orbital stability theory and its application in planetary systems, the detection and dynamics of small bodies in the solar system and extrasolar planetary systems, planet formation and its internal physics.

(3) The establishment of the basic calendar for main bodies in the solar system, and the observation of planets and satellites.

(4) The earth rotation theory and prediction, the establishment and maintenance of astronomical reference frame with high precision and self-consistence, and the establishment of VLBI2010 system and integrated processing platform with multi technology.

(5) The application of the Fundamental Astronomy in space monitoring, deep space exploration and navigation, monitoring and early warning to space debris and NEOs.

(6) The transfer of time and frequency and the refinement of the system, development of the atomic frequency scale with high precision.

The proposed safeguards:

(1) The policies (including financial and equipment construction) should make the appropriate tilt, in order to encourage and support outstanding

young people engaged in the field.

(2) The scientific research and personnel training should combine with the international, domestic equipment, in order to attract outstanding young people to join.

(3) In view of the status that the big science project was limited to domestic observatories, we should encourage collaborative groups, collaborative training from different units, in order to adapt to the trend of mix of the basic disciplines in astronomy.

(4) The research teams with some characteristics and advantages should be organized in China as soon as possible, to promote the development of the Fundamental Astronomy and to attract talents, in combination with deep space exploration, the solar system objects detection, detection of exoplanets, and related international detection project.

目 录

第一章
天体测量学

第一节 战略地位

天体测量学是天文学中最古老的学科分支，传统上以研究天体的位置、形状、大小、运动规律等为主，并与大地测量（测时和测纬）、航海导航（方位测量）、时间测量、历法历算、天象预报预测等研究密不可分，同时为天文观测归算和天文仪器方法等研究提供基础支撑。在现代天文学研究中，天体测量学是其最基础的研究。无论是天体力学定轨问题还是天体物理中的光度、光谱观测等，天体测量的方法和手段都必不可少。近一二十年来，天体测量的发展极为迅速，已经成为世界各大科技发达国家重要竞争的一个主要领域，天体测量学的研究现状也在相当程度上体现了一个国家天文学研究的综合实力。

天体测量学在基本天文学领域占有核心地位。从国际天文学联合会（International Astronomical Union，IAU）基本天文学各研究方向的结构布局来看，天体测量学与其他方向交融至深、密不可分。天体测量不仅从观测上提供了基本天文学研究所需的基本数据，同时天体测量学自身理论、测量方法、研究手段等也直接为基本天文学的研究开辟了新的视野。

天体测量学的中心任务是建立、维持和扩展高精度天文参考架，满足不同层次、不同观测和研究对象对天文参考架的迫切需求。因此建立参考系的理论和参考架的实现是天体测量学的核心工作。在参考系理论研究方面，随着毫角秒乃至微角秒精度水平观测技术的实现，参考系基础理论出现了一系列的变化，包括相对论参考系理论及观测数据处理问题，新天文常数系统，天文参考架的重新定义等。在参考系的实现方面,甚长基线干涉测量技术(very long baseline interferometry,VLBI)和空间技术等在很大程度上已经取代了经典技术,成为高精度资料的最主要来源。随着天文学研究向全波段迈进,多波段天文参考系也是参考系研究的一个新方向。

随着观测技术和手段的进步,现代天体测量研究领域已经从传统的以"测量"为主的研究工作,扩展到天文学研究的方方面面,特别是银河系结构等研究领域。目前,天体测量高精度观测数据已经被广泛用于宇宙距离尺度、系外行星系统、脉冲星等天文学热点研究领域。在应用天文学领域,天体测量手段已在空间探测等研究中占据了特殊地位。

一、微角秒和多波段天球参考架及其参考系的联结

天体测量的核心内容之一是建立、维持和不断扩充天文参考架,以满足天文研究、大地测量、航空航天等相关学科的需求。现代天文已经步入从射电到高能波段的全波段观测时代,不同波段天文参考系的建立对相关研究尤为重要。同时,随着观测精度和观测技术的进步,参考系的理论研究也需要不断发展,以适应学科自身发展及相关应用研究的需求。不同观测波段参考架的实现方法、连接手段对于现代天文观测起着最基础的支撑作用。

基本天文学研究的最重要任务之一就是研究获得高精度天球和地球参考架的理论、观测技术、实现方法。天球参考架的最主要参数就是一组可观测的天体位置和速度,地球参考架的最主要参数就是一组地球表面上的有观测设备的台站坐标和速度。看起来这一组几何量非常明确、简单,但是要获得高精度天球和地球参考架却是一个极复杂的过程。从有光学望远镜开始,人类为了获得一个好的星表,都需要用望远镜观测天体,但是地球运动(如岁差、章动和地球自转)会干扰观测,因而需要研究地球本身的运动。同样,人类早就认识到需要观测天体以确定自己在地球上的位置。为了获得高精度和自洽的地球参考架,必须对天体观测而不是对地面目标观测。直至今天,虽然天文学理论和观测技术获得了长足的发展,但是实现参考架的基本原理(角距测量)仍然没有改变。

二、高精度天体测量及其应用研究

天体测量主要测定天体的几何信息,包括各类天体的三维空间位置和运

动、姿态及转动速度、大小与形状等参数。与天体的辐射测量（包括多波段辐射强度的测定、光谱测量）以及其他测量（如引力场/波、磁场、中微子等的测量）一起组成的观测天文学，为理论天文学研究提供了基础数据。除了为天文学（也包括地球物理学）研究提供数据资料外，高精度天体测量还可直接应用于人类社会生活的很多领域，如时间服务（授时、历法）、方位服务（航海、航空、大地测量）以及各类空间目标的精密测量等（航天、测控），这部分工作组成实用天文学，它是天文学的一个分支。

在太阳系天体测量观测应用方面，观测对象包括了所有行星及其卫星、小行星（及其卫星）、近地天体（NEO）、对地球有潜在威胁的小行星（PHA）、系外天体以及彗星。不同的观测对象常采用不同的观测方法或技术：可以是切平面天体测量、雷达测量技术、VLBI 较差测量技术以及月球激光测距（LLR）。

太阳系天体测量研究的意义和战略地位包括：

（1）空间导航方面。我国正在蓬勃发展空间探测与空间科学研究，空间导航的科学需求将变得越来越迫切，太阳系天体测量的资料能用于建立高精度的天体轨道历表，对空间导航具有决定性的作用。

（2）碰撞风险评估方面。近地天体有可能与地球碰撞，因此近地天体（尤其是 PHA）的观测及相关工作显得非常重要。作为一个发展中的大国，积极开展近地天体的观测与研究，并实际投入到保护地球环境的国际活动中，是我国天文工作者应尽的义务。

（3）太阳系基本动力学和行星物理研究的需要。广义相对论的验证，非引力效应的研究（如 Yarkovsky 效应），行星系统的潮汐、混沌规律等太阳系结构和演化的研究非常依赖于太阳系天体的高精度定位观测。

（4）空间探测尤其是深空探测。利用 VLBI 较差测量探测器与河外源的相对位置可以高精度测量被探测天体的位置。因此，加密观测参考架中源的密度并研究其稳定性具有前瞻性的意义。这一工作也是目前国际天球参考架的基础性工作。

三、银河系结构和宇宙距离尺度测量

人类从很早就开始关注横贯在夜空中的银河了，东西方都曾对银河进行了大量的描述，相关的神话传说也是不计其数。但是，人类对银河的科学认识是在使用望远镜后才开始的。从伽利略第一次用自制的单筒望远镜观测了银河，发现银河其实是由无数的恒星组成，到哈勃通过确定星云 M31 中造父变星的距离，证明银河系只是宇宙众多星系中的普通一员。人类对银河系认识的一次次飞跃都是和天文观测密不可分的，天文观测是一切天文研究的基石。图 1-1 为银河系结构示意图。

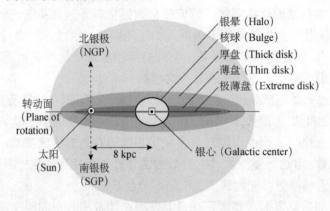

图 1-1   银河系结构示意图

现在我们认识到，银河系是一个盘星系，主要分为银盘、核球、银晕等几部分。但是，银河系天文学研究中仍然存在着很多目前尚未解决的问题。例如，银河系的大尺度结构和子结构，银河系各个组成部分的形成历史，银河系整体的化学演化历史，银河系和周围矮星系的相互作用情况，银河系中暗物质晕的分布情况等。对这些问题的深入研究，都需要利用大样本恒星的运动学、动力学和物理化学等信息。相比较于传统的望远镜观测计划，现代的大规模巡天计划能够在相对较短的时间内获取大量的天体观测数据，使得对银河系结构和演化进行全面的研究成为可能。天体测量为天文学的各项研究提供天体位置、距离、速度等基本数据，天体测量的精确资料在天文学研究中具有广泛的应用，尤其在银河系结构和动力学演化领域、高精度天体测量数据的获取将起到关键性作用。目前空间和地面的观测设备往往能同时提供天体的位置、距离、光度、光谱、自行和视向速度等多种参数的测定，以此构成天文学研究更为全面的基本数据。新技术、新方法、新成果的应用极大地拓展了天体测量学的范围。依巴谷（Hipparcos）卫星星表的发表、新参考系的引入、时间尺度的完善和 CCD 技术的应用，使天体测量进入一个新的时代。而天体测量卫星 Gaia 还将提供近 10 亿颗恒星的庞大数据源，空间天体测量将开拓全新的境界。

天体距离的测定对研究其物理性质起到了关键作用。从恒星大小、质量、光度，到哈勃常数的测定、距离尺度都起着特别重要的作用。宇宙距离尺度的直接测定是一项非常困难的任务，并且大多数情况下是无法直接测定的，因而在不同距离尺度的天体定标中，分别采用了所谓绝对定标和相对定标的办法，形成对不同对象测量的距离阶梯。天体测量方法所提供的天体距离为宇宙距离阶梯中的相对距离估计提供了一种绝对定标。到目前为止，三角视差法是对太阳系以外的天体距离进行直接测量的唯一方法，因而恒星三角视差也是宇宙距离阶梯中最基础的一阶阶梯。除了三角视差之外，天体测量方法还能提供银河系中各种距离估计的有效手段，因此对银河系结构、运动学和动力学等问题的研究有特殊作用。

第二节　发展规律与发展态势

天文学是以观测为主的学科，天体测量学尤为如此。观测方法和技术的突破是促进天体测量发展的主要引擎，而技术的突破一方面带动天体测量基础理论的更新；另一方面基础理论的发展也促进了观测技术的进一步改进。

一、微角秒和多波段天球参考架

为了描述天体的位置和运动以及成为建立星表和太阳系质心历表的基础，无论是从概念上，还是实现上，国际天球参考系（ICRS）都应该尽量接近惯性参考系，即原点没有加速度，坐标框架相对于遥远的宇宙背景没有旋转。因此，ICRS 也可以认为是一个"空固"的参考系，或者"运动学无转动"的参考系。为了保持延续性，ICRS 在建立并取代原来的 FK5 参考系时尽量与 J2000.0 的平赤道坐标系靠近。当前，所有的天体测量数据都是参考 ICRS，无论是在光学、红外还是射电波段。

ICRS 的定义是由 1997 年 IAU 决议 B2 给出的：ICRS 的坐标原点在太阳系质心，坐标轴的指向和遥远的河外射电源固连，在其中可以描述恒星、行星以及其他天体的位置和运动。参考系在广义相对论框架下的定义由 2000 年 IAU 决议 B1.3 给出：实际上，ICRS 是质心天球参考系 BCRS，它是运动学无转动的参考系。为了使 ICRS 在实际观测中可以直接使用，IAU 提供了一组特定的河外射电源作为参考系的基准，它们的坐标有效定义了 ICRS 坐标轴的指向。这种 ICRS 的实现，构成了国际天球参考架 ICRF，它是一组由 VLBI 观测得到的非常高精度的河外射电源的坐标。定义 ICRS 的射电源被认为没有自行，因此 ICRS 是和历元无关的参考系。但是随着精度的提高，由于参考系原点的加速度引起的长期光行差效应逐渐变得重要，ICRS 运动学无转动的性质也值得进一步考虑。

ICRS 在光学波段精度较低，目前由依巴谷星表来实现，称为依巴谷天球参考系 HCRS（IAU2000 年决议 B1.2）。太阳系中天体的位置和运动同样可以用来定义参考架，即太阳系天体历表。历表列出了太阳系天体的位置和速度随时间的变化，由一个或多个天体的位置和运动定义的参考架成为动力学参考架。

二、天球和地球参考系的联结

较早时期，人类天体测量活动依靠相对孤立的地面观测台站。尽管这些测量活动可以同时服务于地球自转参数测量、测站经纬度的测量，但一直没有严格建立起测站的"框架"概念，地面参考框架以"大地网"的形式依靠经典的大地测量技术通过测量区域或局部的观测点建立大至国家版图范围的最佳参考椭球拟合。直到 1981~1986 年的国际地球自转联测（MERIT）期间才将参考系问题作了比较系统的定义和约定，提出全球统一的国际参考规范。随着 VLBI 技术的发展，1997 年 IAU 决定从 1998 年开始采用 ICRS 规范，结束了依据 FK5 系统的光学星表实现天球参考系的时代。20 世纪 90 年代 IAU 的一系列参考系方面的决议反映了当时多种空间测量技术迅猛发展的现状，满足了由 VLBI 带动的毫角秒天体测量时代的需求。由于 VLBI 观测技术的进一步发展，观测精度不断提高，数据分析发现 IAU 1976 岁差模型、IAU 1980 章动模型实现的天极存在不可忽略的误差，在此基础上提出了新的岁差章动模型，并在 2000 年的 IAU 大会决议采用为 IAU2000 岁差章动模型，同时引入了天球中间极（CIP）和天球中间零点（CIO）的定义。最终在 2006 年的 IAU 大会进一步完善，形成了 IAU2006 决议，与天球参考系有关的包括 IAU2006 岁差理论、黄道的定义，并进一步规范了参考系的极和零点。

纵观这十多年国际地球参考框架的发展史，除了精度上的提高，在基本定义、分析技术和输出产品方面也有很大的进步。国际地球参考架（ITRF）系列中，ITRF2000 标志了一个新时代的开始。在 ITRF2000 之前的参考框架中，如 ITRF93 和 ITRF97，使用了经典大地测量和空间大地测量的观测联合平差，最后的综合解连接到板块构造模型（如 AM0-2 和 NUVEL-1A）所定义的参考系统。按照上述方法定义的大地参考框架的原点本质上是不完备的地球表面形状中心（CF），而不是地球系统的质心（CM）。从 ITRF2000 起，参考框架的确定摆脱了经典大地测量，完全由空间大地测量资料的平差获得；参考框架原点由 SLR 观测确定，框架的尺度因子主要由 VLBI 观测定义，参考框架的原点从理论上讲应是地球系统的质心。同时，参考框架的空间定向采用无整体旋转（no net rotation）约束，比原先的板块构造模型约束更合理。

自 ITRF2000 以后，科学界一直有呼声，希望能有一套和参考框架自洽的地球自转参数（polar motion, UT1）。传统上大地参考框架的台站坐标和速度是由一个机构负责确定的，而地球自转参数是由 IERS 另一个机构独立实现的。从实现 ITRF2005 起，要求各种空间观测技术的分析中心送交包括台站坐标和地球自转参数的松弛解与它们的协方差矩阵，然后参考框架处理中心对所有松弛解作总体平差求解。求解出的地球自转参数和 IERS 的解相比虽然很接近，但还是存在一定差别，特别是 Y 极坐标存在 0.029mas/a 的明显漂移。用户反映还是 IERS C04 序列的质量更好一些，这说明目前的 ITRF 框架在求解过程中还有些整体旋转的系统误差没有消除干净，有待进一步改进。

在国际地球参考系的发展过程中，不断有研究对它的定义、约束和处理方法提出质疑和建议，从而推动了它的改进。研究表明，当前国际地球参考系原点的定义存在着一条灰色地带，在长期时间尺度下国际大地参考系的原点是地球系统的质心（CM），在短周期特别是季节项时间尺度下，参考系原点实质上是地球表面的形状中心（CF）。其根本原因就在于目前的原点定义中只有线性项，而真实地球的质心和形心间的相对运动不仅有线性项，还有非线性项。由此推动了 2007 年国际规范（IERS convention）对参考系原点的定义作了更清晰的说明。由于目前国际地球参考系的建立过程中只对地壳的水平运动作了约束，对地壳的垂直运动并没有约束，不少科学家认为这是一个缺陷。科学家在建立北美区域性大地参考框架（SNARF）时，除了应用板块构造模型对地壳的水平运动作约束外，还用冰期后均衡补偿（GIA）模型（1.0版用 ICE-1 模型，2.0 版用 ICE-5G 模型）对地壳的垂直运动作约束。这种尝试理论上是合理的，但实际效果在很大程度上取决于冰块融化历史和地幔黏滞度模型的可靠性。近年来出现的新方法把空间大地测量的位置测量、重力测量、海洋模型联合求解台站坐标、速度和重力场 Stokes 系数，并能分离历史上冰盖融化的 GIA 和当代冰雪融化的地壳回弹。这种结果能否对今后地球参考框架的拟合产生贡献是目前正在探讨的问题。

三、高精度天体测量及其应用研究

作为天体测量的应用，实用天文学直接受益于天体测量技术手段的快速发展。早期的实用天文学以球面天文学为基础，研究通过观测合适的天体以确定地面点的天文坐标和任一方向的天文方位角。为此，需研究测定天文经纬度和天文方位角的原理和方法、观测仪器的使用、观测纲要的编制、测量结果的处理及误差的影响等问题。当时的实用天文学根据不同部门的需要分为大地天文学、航海天文学和航空天文学。例如，用天文方法确定飞机、船舶地面点的地球坐标及航行方向。随着无线电等新技术的发展，它们已成为导航学的分支学科。随着近代无线电导航技术的发展，航海天文学和航空天文学已经逐步发展成为导航学中的一个分支学科——天文导航。

近 30 年来，由于激光、射电、空间等新技术的发展，实用天文学已由测角扩展为测距，精度大为提高，发展十分迅速。特别是随着技术的快速发展，天体测量应用的领域更加宽广，测量数据从早期的二维球面天文测角观测，延展到高精度激光测距；测量的波段从早期的光学波段拓展到无线电、激光、红外等波段；接收终端从肉眼与照相底片拓展到 CCD、CMOS、甚长基线干涉测量、卫星导航接收机等。

四、太阳系天体测量（CCD 观测）

切平面天体测量观测通过面阵接收器（照相底片、CCD 或 CMOS）获得望远镜焦平面的图像，并导出太阳系天体的球面坐标。其中，恒星星象的坐标被用于底片模型的求解，这依赖于星象在某一参考星表中的理论位置。这是一种内插技术，合适的底片模型以量度坐标多项式的形式来映射测量位置与天球坐标的关系。过去 10 年中，国际上最大的进展是建立了依巴谷和 Tycho-2 以及其他高密度的星表，如 UCAC 系列（UCAC2、UCAC3 以及 UCAC4）。目前，美国海军天文台正在开展新的大视场、长焦距 CCD 的全天球观测。而欧洲空间局（简称欧空局，ESA）于 2013 年发射的新一代空间天体测量卫星 Gaia，将可以观测全天约 10 亿颗亮于 20 等星的恒星和大量太阳系天体。约 5 年后建立的高精度（微角秒量级）空间天体测量星表将能很好地满足未来地面观测，尤其是太阳系天体观测的需要。

对于太阳系天体的这种切平面 CCD 观测，目前可以达到的准确度估计为几十毫角秒。但在不久的将来，将会随着 Gaia 卫星的观测不断增强，其高精度的星表将有量级上的提高。

"测光"天体测量技术是一种高精度的观测技术，主要用于行星卫星互掩互食的观测。测量精度和切平面 CCD 成像相比，具有较大的提升空间。最新结果[7]表明，在良好的观测设备和先进的归算方法基础上，位置测量精度能达到毫角秒量级。这是 Gaia 卫星也不能替代的高精度观测技术（如木卫等亮天体是 Gaia 无法正常观测的），不利之处是每隔几年、十几年甚至几十年才有这样的观测机会。

不容忽视的是，天文历史底片的扫描及再处理具有重要的意义。通过高精度的扫描仪对历史底片进行扫描，可以参考现代星表来研究过去观测的天象和某些感兴趣的天体（包括太阳系天体）精确定位。

五、银河系结构和动力学演化

依巴谷计划的成功实施，不仅建立了光学波段的高精度国际天球参考系，同时为银河系天文学研究提供了极为珍贵的第一手观测资料。20 世纪末开展的斯隆数字巡天（SDSS）计划对银河系的研究也产生了重大的影响。通过其高精度测光数据，新发现了一大批银河系卫星星系以及银晕潮汐子结构。正因为如此，SDSS 二期以及正在实施的三期还开展了针对银河系结构、动力学及化学丰度研究的斯隆银河系研究和探索计划（SEGUE）。高精度 VLBI 天体测量观测被认为是研究银河系结构和动力学的强有力手段，它是利用 VLBI 相位参考观测对银河系内致密且明亮的各类脉泽辐射源进行天文学中基本的三角视差测量，精准地定出源所在处的周年视差和它们的绝对自行，由此不仅可以确定距离，还可以通过测定脉泽的绕转速度来研究整个银河系的动力学结构。近年来通过高精度 VLBI 观测，银河系的结构和动力学特征正逐渐显露出来，已有的结果表明银河系的质量大约是之前所知的 1.5 倍，其旋转速度也比过去预计的快，约为 250 km/s。然而，仍然有一些重要区域尚未被很好地观测研究，如 10kpc 以外的银河系恒星盘的边缘和银河系的内区域（5kpc 环）。

目前已完成研制或正在研制并将在 2013～2020 年投入使用，对银河系结构、星族及其动力学和化学演化等天体物理前沿研究方向将产生重要影响的大型地面和空间设备包括 LAMOST、Gaia、JWST、ALMA、Pan-STARRS、LSST、TMT、GMT、ELT 等。其中尤为重要、可以预期将对银河系研究产生革命性影响的是我国自主研制的 LAMOST 以及欧洲空间局新一代天体测量卫星 Gaia。这些计划的实施，将得到巨量的银河系巡天资料，不仅对银河系的结构、形成和演化研究有重大意义，同时对基本物理学问题也将发挥特殊作用。

目前，欧洲空间局第二代空间天体测量卫星计划 Gaia 正在实施。Gaia 巡天将是迄今为止测量精度最高的观测计划，它将在 5 年的巡天观测中，对银河系 1%的天体进行光学成像观测，得到约十亿颗极限星等 V=20，空间分辨率为 25μas（G=15）恒星的测光数据，获取这些恒星的视差、自行、亮度等物理量；对约 1500 万颗 V<16 的恒星获得中等分辨率（R=11500）的光谱，测定它们的视向速度，其中约 500 万颗 V<12 的恒星将能够测量恒星的星际红化、大气参数、自转速度等信息。Gaia 计划的最大特点在于其高精度的空间分辨本领，这将为精确测量恒星视差和自行提供条件，尤其是三角视差的广泛应用将使得对银河系恒星距离的测量精度大大提高。结合恒星的视向速度信息，人类将有望真正得到高精度的银河系三维全天星图，其中恒星的数量和其坐标精度都是之前的巡天数据所无法比拟的，这将对银河系结构、运动学和动力学的研究现状产生革命性的影响。

六、银河系距离尺度测量

三角视差是宇宙距离尺度的基础阶梯。在地心坐标系中观测恒星的位置，由于地球的绕日运动和恒星距离的有限性，观测所得的视位置将在天球上形成一个视差椭圆。椭圆的长轴沿黄经方向，长半轴大小在数值上等于该恒星的视差，称为三角视差；椭圆的短轴沿黄纬方向，大小为长轴的 $\sin \beta$ 倍。在日心坐标系中，恒星的真位置位于该视差椭圆的中心，因此，恒星三角视差的测量原理极其简单。但由于测量技术上的困难，直到 1838 年第一颗恒星 61 Cygn 的三角视差才由 F.W.Bessel 测得，为（314±20）mas。除了测量技术之外，由于作为参考源的背景星并非是无限远的天体，因此，往往测量的三角视差都为相对视差，而相对视差到绝对视差的校准则并非易事。目前，三角视差测量技术多种多样，包括地面技术和空间技术、光学技术和射电技术、广角度天体测量技术和窄角度天体测量技术等。

银河系星团，包括球状星团和疏散星团，在银河系探索历史上曾经起过关键作用。例如，疏散星团中包含很亮的蓝星，它是研究大质量恒星形成和演化的重要样本；疏散星团属于星族 I 天体，对示踪银盘结构和旋臂尤为重要，同时疏散星团被认为是银盘的发源地，因而其特性可能在一定程度上影响着整个银盘的性质；近距的毕星团曾是建立整个宇宙距离尺度的一个基准点，对整个距离尺度起着至关重要的作用[1]。

作为星族 I 的经典造父变星（δ Cephei stars），其光变周期为数天至数十天，为大质量的超巨星，是沉积在银盘上和分布于旋臂及疏散星团之中的 O、B 型主序星。经典造父变星的周光关系是众所周知的重要宇宙距离尺度，并与哈勃定律并列，是 20 世纪最重要的天文发现。天琴 RR 变星为星族 II 天体，存在于球状星团等晚型星族中，为水平支巨星，周期小于 1 天，在银河系中已知的天琴 RR 变星约为 6500 余颗。两种变星都以其高亮度而成为标准烛光。过去，在没有可靠的三角视差之前，这些变星的周光关系都只能采用间接的方法来测量（如光度视差等），因而可能存在比较大的不确定性。自从依巴谷高精度三角视差观测结果发表以来，使得采用直接的几何方法来重新校准周光关系的零点成为可能。

太阳-银心距 R_0 是银河系基本常数，对银河系结构、运动学和动力学、银河系质量等都是一个关键参数，同时，该常数也是宇宙距离尺度中的重要阶梯[2]。在微角秒精度水平上，银心距对于估计银河系长期光行差也是一个不可或缺的参数，因而对未来参考系具有特别意义。长期以来，由于观测上和方法上的种种困难，银心距的测定一直是一项非常艰难的任务。在 IAU1964 所推荐的银河系常数中，$R_0=10$kpc 被建议为"标准值"，而 IAU1985 决议将该常数修正为（8.5±1.1）kpc。综合近一二十年的各种观测结果，对 R_0 的建议值仍然存在各种不同意见，例如 Gillessen 等[3]认为 R_0 应介于 8.15～8.25kpc，其精度为 0.35kpc；而 Malkin[4]经统计分析后建议 $R_0=$（8.0±0.25）kpc。由于目前直接测定银心距仍然是非常困难的，围绕 R_0 可靠采用值的争议将会持续下去。

第三节 发 展 现 状

在进入 20 世纪 80 年代以来，天体测量学步入了迅猛发展的超高速快车道，其发展的速度几乎难以想象。从 VLBI 技术的成熟到空间天体测量取代地面光学观测，从依巴谷卫星到 Gaia 卫星，天体测量观测无论是在效率上还是在观测数据的质量上都以数量级的变化迅猛提高。这种迅猛变化的现状一改过去人们对天体测量学的认识，使其研究领域也迅速渗透到天文学的各个方向。

一、微角秒和多波段天球参考架发展现状

目前，天文参考系的实现主要在射电 VLBI 和光学波段，特别是刚发射的 Gaia 空间天体测量卫星，可望获得微角秒级的天体测量精度水平。同时在红外等波段，天体测量近来也获得了重要进展。

（一）国际天球参考架 ICRF（射电 VLBI）

国际天球参考架 ICRF1 是一部由 VLBI 观测得到的 608 颗河外射电源星表，流量在 S（波长 13cm）和 X（波长 3.6cm）波段大于 0.1Jy。星表中大多数射电源的光学对应体光度较弱（$m_V>18\text{mag}$）。在 608 颗射电源中，212 颗是定义源，用来定义 ICRS 的坐标轴指向，定义源的位置精度约为 0.25mas，由这组射电源确定的坐标轴指向好于 0.02mas。剩下的 396 颗射电源中，294 颗称为候选源，因为它们不满足定义源要求的精度和观测历时要求，但在未来有可能被列为定义源。余下的 102 颗称为其他源，它们有较明显的位置变化，天体测量精度也较低。自从 ICRF 建立以来，IERS 和 IVS 先后开始对参考架进行监测和改进，以发现射电源的喷流结构和辐射中心的位置变化，并补充位置和结构稳定的源，使射电源在天空中的分布更加均匀。

2006 年开始，IAU 开始推进建立新一代的天球参考架，这主要是考虑到 VLBI 观测在 ICRF1 建立之后有了很大的改进，对射电源的观测历史也更长。在 2009 年的 IAU 大会上决定，从 2010 年开始，ICRF2 取代 ICRF1，成为新的基本参考架。到 2009 年采纳 ICRF2 为止，VLBI 的观测已经经历了 30 年，一共进行了 650 万多次的 VLBI 观测才建立了 ICRF2 射电源星表，它一共包括 3414 颗射电源，大约是 ICRF1 中的 5 倍。ICRF2 中射电源的位置精度大约为 40μas，比 ICRF1 好 4～6 倍，坐标轴指向的稳定性大约为 10 μas，比 ICRF1 的稳定度提高了 1 倍。ICRF2 中的射电源也分为定义源和非定义源。定义源用来确定 ICRS 轴的指向，它们的选择是基于位置的稳定性和天空中的分布，有明显喷流结构的源通常都归为非定义源。最终，ICRF2 中包含 295 个定义源。VLBI 建立的射电参考架随着观测的增加不断的改进，也在向着更高频率的观测发展，如 24 GHz、32GHz 和 42GHz 的观测，也可以用来比较射电源在不同波段下的位置变化。通常来说，非点源位置观测的系统误差随着频率的增加而变小。

（二）光学参考架和 Gaia 参考架

IAU 1997 决议推荐使用依巴谷星表作为 ICRS 在光学波段的主要实现，并命名为依巴谷天球参考架（HCRF）。依巴谷星表包含覆盖全天的 117 955 颗恒星，其中亮于 9mag 的恒星的位置、视差及自行精度大约为 1mas 和 1mas/a。依巴谷星表比之前的任何光学天体测量星表都精确，而且没有明显的星等差和区域误差。事实上，整个依巴谷计划分为"依巴谷计划"和"第谷实验"两部分。前者目标是精确测量约 120 000 颗恒星的 5 个天体测量参数；后者目标是测量另外 400 000 颗恒星的天体测量参数及 B 波段和 V 波段的测光数据，但位置精度稍逊（20~30）mas。Tycho-1 星表即是后一个计划产生的巡天（star mapper）星表。

基于依巴谷卫星的观测，最重要的一个星表是第谷星表，即 Tycho-2，它结合了依巴谷的巡天观测和地面天体测量观测，包含了超过 2 500 000 颗恒星，对于亮于 11mag 的恒星，它的完备性达到了 99%，覆盖全天，每平方度的平均星数为 250 颗。对于亮于 9mag 的亮星，Tycho-2 恒星的位置精度为 7mas，而自行精度约为 2.5mas/a。在 Tycho-2 星表的基础上，有很多高密度的天体测量和测光星表。USNO B1.0 星表是美国海军天文台发布的最大的一部天体测量星表，恒星数超过了 10 亿。USNO B1.0 处理了上千张施密特照相底片，并且用 Tycho-2 星表中的星进行校准，恒星位置的平均精度为 200 mas。另一个大星表的例子是第二代导星星表（GSC2.3），是数字巡天观测的结果。GSC2.3 星表包含大约 945 000 000 颗恒星，完备到 20mag。利用 Tycho-2 星表校准之后，它的恒星位置标准误差大约为 300mas。

在利用 CCD 的窄角天体测量的数据处理中，Tycho-2 星表经常作为参考星表，提供参考星的位置和自行，保证处理得到的目标星的位置有较高的精度，并且在依巴谷参考系中。在高精度天体测量星表中，AC2000、绝对自行星表 NPM、SPM、美国海军天文台的 CCD 星表 UCAC4 和德国海德堡历算所的 PPMX 星表都是较为重要的星表。另外，综合编制星表 PPMXL 作为最大的绝对自行星表也有着重要的意义。在天体测量和参考系扩充的工作中应用比较广泛的是 UCAC 星表，它的最终版本 UCAC4 在 2012 年的 IAU 大会上公布。

依巴谷卫星的发射开辟了空间天体测量的新纪元，随后，各国纷纷提出第二代天体测量计划，最受关注的是 Gaia 卫星，已于 2013 年下半年发射，运行 5 年，最终星表将于 2021 年左右发表。Gaia 将精确测定天体的三维位置和三维速度，完备星等达到 20 mag，预计将观测 10 亿个天体，其中星系数目为

$10^6 \sim 10^7$，类星体数目是 10^5。根据 Gaia 的扫描规律，5 年内对天区平均观测 $25 \sim 30$ 次，每个天体观测几十次到 200 次不等，平均为 86 次。表 1-1 是关于 Gaia 卫星和依巴谷卫星的比较，我们可以清楚地看到新一代天体测量卫星的潜力并能预见到它将给整个天文学带来的深刻影响。

表 1-1 Gaia 卫星与依巴谷卫星的比较

参数	依巴谷卫星	Gaia
极限星等	V=12.4mag	G=20mag
完备星等	V=7.3$\sim$9.0mag	G=20mag
天体数量	120 000	2 600 000（G=15mag）
		250 000 000（G=18mag）
		1 000 000 000（G=20mag）
天体密度	3 平方度$^{-1}$	25 000 平方度$^{-1}$
类星体数量	无	500 000$\sim$1 000 000
河外星系数量	无	1 000 000$\sim$10 000 000
目标选择	输入星表	全天扫描至极限星等
天体测量精度	1000μas	2$\sim$3μas（G<10mag）
		5$\sim$15μas（G=15mag）
		40$\sim$200μas（G=20mag）
宽带测光	2（B_T，V_T）	4$\sim$5 个波段
中带测光	无	10$\sim$12 个波段
光谱观测	无	848$\sim$874nm（R=11 500）
视向速度	无	σ=1$\sim$10km/s（G=17$\sim$18mag）

　　Gaia 卫星对大量天体的绝对测量对于基本天文学也将起到不可替代的关键作用，尤其是它将建立微角秒精度的 Gaia 光学参考架，这与两个问题有关：Gaia 参考架将选择怎样的天体作为基准、它与 VLBI 实现的参考架 ICRF 的关系是怎样的。

　　未来，前两部分（Gaia 观测的河外射电源）或许将形成新的 ICRF，它比 ICRF2 包含更多的射电源，观测精度更高。Gaia-CRF 要求相对于宇宙背景没有整体旋转，未来可以将它作为唯一的参考系标准，即所有恒星的位置和自行都在 Gaia-CRF 中描述，太阳系天体的运动也包含在其中。为了参考架的延续性，未来的 Gaia 参考架必须和现在的标准参考架 ICRF2 相符，即通过共同的射电源位置确定它们之间的指向之差，并且评估光学和射电参考架的指向差和相互旋转，尽管它们都是由 Gaia 统一观测的。

　　由于观测精度达到微角秒量级，长期光行差引起的 Gaia-CRF 中射电源的视自行将不能被忽略，这个视自行是一个系统效应，当射电源分布不均匀时会造成参考架的整体旋转，因此未来的 Gaia 参考架可能需要用到银河系常数

（包括银河系自转速度和银心距）来修正长期光行差项。

（三）红外和其他波段的参考架

ICRS 最重要的是在光学波段的实现和连接，而在其他波段，则由相关的星表来实现。

2MASS（two micron all sky survey）是 1997 年 6 月和 1998 年 3 月分别用美国 Mt. Hopkins 和智利 CTIO 1.3m 望远镜对北天和南天在近红外的波段：J（1.25μm）、H（1.65μm）和 Ks（2.17μm）的观测计划，观测已在 2001 年 2 月 15 日完成。2003 年年初正式发表了 2MASS 全天的观测成果。与 UCAC 的 $51×10^6$ 共同星（8~10mag）比较，系统差仅为 10~20mas。它是 ICRF 在近红外波段的实现；2MASS 的扩充星表包含了大约 $1×10^6$ 个星系的位置，扩充源的极限星等为 J < 15.0mag、H <14.3mag 和 Ks < 13.5mag。

DENIS（Deep Near - Infrared Survey of the Southern Sky）是第一个红外大尺度结构的数字巡天计划，观测计划从 1995 年 12 月至 2001 年 9 月。用智利 La Silla ESO 1m 望远镜的 3 个通道的照相仪进行观测，观测波长分别为 I（0.82μm）、J（1.25μm）和 Ks（2.15μm），相应的极限星等分别为 18.5 mag、16.5mag 和 14.0mag。尽管 DENIS 与 2MASS 的观测大部分是重叠的，但是 DENIS 巡天的 I 波段在 0.81μm 处，而 2MASS 的最短波长在 J 波段 1.2μm 处。该星表包括在 2000 年附近 $1120×10^6$ 源（I 波段的源数为 $1000×10^6$）的位置，其精度约为 300 mas，星等精度好于 0.1mag。

1983 年 1 月 26 日 IRAS（Infrared Astronomical Satellite）发射，共作了 300 天的巡天观测，观测在 12μm、25μm、60μm 和 100μm 波段进行。由这颗卫星巡天观测编制两个红外星表：①CPIRSS 星表（Catalogue of Positions of Infrared Stellar Sources）。1987 年发表的 IRAS 点源星表包括 250 000 颗点源，其位置精度为 10mas。通过各类恒星星表的证认，已得到 33 678 颗星的红外源表，精度为 0.2mas。②IRAS FSS（IRAS Faint Source Survey）星表，给出高银纬的 173 000 个天体。

XPM 星表结合了 2MASS 和海军天文台的 USNO-A2.0 星表数据，包含覆盖全天的 300 万颗恒星、星系和类星体的绝对自行数据，星等范围为 10mag<B<22mag。绝对自行的零点是由 2MASS 星表中的超过 100 万个星系的位置确定的，北天的自行精度大约为 0.3mas/a，南天的精度为 1mas/a。XPM 星表独立实现了在光学波段和红外波段的参考架，它与河外射电源参考架的相互旋转大约为 1 mas/a。

二、天球和地球参考系的联结发展现状

在 Gaia 发射之前，已经有关于光学类星体的观测研究和相关星表的编制工作。例如，法国巴黎天文台和巴西瓦隆吉（Valongo）天文台合作编制的 LQAC 星表，包括了 113 666 颗类星体的资料，如最佳位置、ubvgriz 波段测光、红移以及几个射电波段的流量和绝对星等。将 LQAC、USNO B1.0、GSC2.3 和 SDSS 星表互相比较认证，得到了在 ICRS 框架下的光学类星体对照表 LQRF，其中包括了 100 165 颗类星体，Gaia 参考架将在 LQRF 中选择。Gaia 观测精度随着星等的变暗而降低，为保证参考架的精度能达到 1μas，将选择亮于 18mag 的类星体作为主要候选定标天体。这些候选射电源还必须是致密的射电源，在毫角秒的尺度上保持结构稳定。根据这个标准，ICRF1 中只有大约 10% 的源可以用来作为 ICRF 和 Gaia 参考架的连接。利用新的观测，可以找到一些光学亮但射电波段较弱的源，以满足两个参考架的连接。模拟研究表明，利用 Gaia 观测的至少 10 000 个类星体，Gaia 参考架的剩余旋转（即惯性）将好于 0.5μas/a。

未来，连接 Gaia 和 VLBI 参考架对于射电源和恒星高精度观测的一致性将非常重要，不仅是转换射电和光学参考架的需要，也是在参考架中得到高精度观测数据的需要。参考架的连接也能保证天体物理研究精度更高。例如，精确地了解 AGN 射电和光学中心的相对位置等。选择在两个波段都有较高精度的源，需要以下几个步骤：①VLBI 探测，即探测候选的光学亮源（一般亮于 18mag），得到它们的辐射流量；②VLBI 成像，目的是对第一步探测到的源进行成像观测，以了解它们的结构，找到致密源；观测结果显示，光学上较暗的源结构比光学上的亮源要好；③VLBI 天体测量，对致密源进行长时间观测，得到射电源的精确位置或者位置变化。最后，结构致密、位置稳定、在两个波段都足够亮的射电源可以选择作为连接 Gaia 参考架和 ICRF 的候选。另外，为了解光心与星等变化以及射电和光学位置的关系，需要在光学波段监测射电源光学流量的短期和长期变化，如法国波尔多天文台和佛罗里达大学开展的对类星体和 AGN 的光学流量的监测。Sloan 巡天星表 SDSS 给出了类星体光度变化最大的样本，约 25 000 个类星体，该样本包括 2000 年 4 月～2002 年 9 月 EDR（early data release）和 DR1（first data release）的 479 份光底片资料（每张底片包括约 500 个星系、50 颗类星体和 50 颗恒星），讨论了光度幅度变化与时滞、光度、波长和红移的关系，是开展这方面研究的重要资料。

对于未来 Gaia 参考架和 ICRF 及 IAU 决议的关系，目前认为 Gaia 参考架应该和 ICRS 的定义保持一致，并且 Gaia 参考架应该向 ICRF 连接，以保证参考架实用上的延续性，也就是说，Gaia 是 ICRS 的最佳光学实现，见图 1-2。

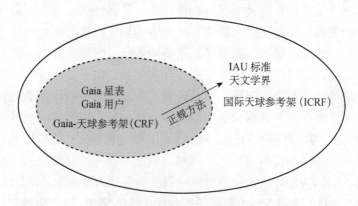

图 1-2　Gaia 参考架和当前 IAU 定义的 ICRF 之间的关系

作为天文地球动力学范畴的天球地球参考架连接，中国科学院上海天文台自 20 世纪 80 年代开始建立了 SLR、VLBI、GPS 等空间地对地观测系统，是国内唯一拥有多种空间对地观测手段的研究机构，也是中国 SLR 网（上海、武汉、长春、北京、昆明和两个流动站）、VLBI 网（上海、乌鲁木齐、昆明和北京）和中国科学院的 GPS 网的负责单位。长期以来，国内在参考架综合与连接方面的工作主要通过 VLBI、SLR、GNSS 技术分别处理，提交 IERS，通过 IERS 进行技术综合。国内多技术综合能力需要进一步提高，这也是未来的一个重要目标。

三、高精度天体测量及其应用研究发展现状

早期天文测时所依赖的是地球自转，而地球自转的不均匀性使得天文方法所得到的时间（世界时）精度只能达到 10^{-9}，无法满足 20 世纪中叶社会经济各方面的需求。一种更为精确和稳定的时间标准应运而生，这就是"原子钟"。目前世界各国都采用原子钟来产生和保持标准时间，这就是"时间基准"，然后，通过各种手段和媒介将时间信号送达用户，这些手段包括短波、长波、电话网、互联网、卫星等。这整个工序称为"授时系统"。随着深空探测事业的发展，对于时间基准、时间比对和时间传播的需求越来越大，同时在时空参考系研究领域，相对论时空参考系理论对于高精度深空探测也发挥着越来

越重要的作用。目前，我国的时频技术研究领域为国家的空间技术、测绘、地震、交通、通信、气象、地质等诸多行业和部门提供了可靠的高精度授时服务。

方位测量在天文导航领域起着特殊作用。经典经纬仪的发明最初与航海有着密切的关系，并由此大大提高了航海中的导航精度，同时简化了测量和计算的过程，也为绘制航图提供了更精确的数据。随着火箭、导弹和宇航事业的飞速发展，新型经纬仪集中应用了现代光学和电子技术，如红外跟踪、电视跟踪测量、激光测距跟踪、微型计算机参与实时控制和图像处理等。除了经纬仪外，还有一些观测设备如漂移扫描 CCD 光电设备、旋转漂移扫描 CCD 光电设备等，其基本原理是利用 CCD 电荷转移方式跟踪空间目标和恒星，增加积分时间，提高信噪比，同时以恒星为参考，获得空间目标的精确方向信息。另外，VLBI 技术目前也应用到空间目标的精密测量，如我国 VLBI 网承担的"嫦娥"卫星 VLBI 测控任务，就是提供 VLBI 技术实现对嫦娥卫星的精密测角观测。将来该技术还可用于更远距离的深空飞行器测控。

激光测距的基本工作原理是，利用望远镜把激光脉冲发射向空间某一方向，并接收从空间目标反射回的激光光子，通过发射时刻和接收时刻的比对，处理后获得空间目标至观测设备的距离和距离变化率（视向速度）。此外，从激光测距设备的轴系码盘读数或者辅助的光学测角设备还可以归算出目标的方位和俯仰等方向信息。从而获得空间目标的三维位置（距离、方位和俯仰），为空间目标精密定轨提供数据。目前对带激光反射器的空间目标（合作目标）测距精度可达厘米级，对不带激光反射器的空间目标（非合作目标）漫反射测距精度可达分米级。

另外，在人造天体与目标搜寻、监测、定位定轨和目标识别等重要研究领域，天体测量亦越来越多地得到广泛应用。

四、太阳系天体测量发展现状

在行星卫星 CCD 天体测量方面，我国工作者经过 20 多年的不懈努力，无论是在观测方法、观测技术还是在轨道理论的研究等方面，均取得了瞩目的成绩，并赢得了国际同行的好评。中国科学院国家授时中心研究组和暨南大学研究组利用国内大口径望远镜获取的观测资料的数量和精度都已进入了国际先进水平的行列。近年来，中国科学院的上海天文台和云南天文台等单位也正在积极参与。例如，土星及其卫星（包括土卫九）观测方面，已经发表了大量高精度的观测资料，资料的数量和精度得到了国外学者的肯定和好评[5-7]。观测对象也涉及木星伽利略卫星、天王星乃至海王星卫星的高精度天体测量。在观测方法、观测技术的创新方面，我国工作者开发的图像处理技术、定标技术对观测资料的改进具有明显的效果。中国科学院国家授时中心研究组在天然卫星轨道理论的研究方面也做出了有显示度的工作，研究对象涉及土星、天王星和海王星的卫星。

大行星（主要是木星和土星）卫星互掩互食的测光观测可以导出高精度的天体测量资料，这被称为"测光"天体测量技术。国际上从 1973 年就开始了此类观测。随着观测设备的改进（使用 CCD 探测器），法国巴黎天文台IMCCE 研究所组织了多次国际联测，获得了大量高精度的观测资料。利用这些观测（及切平面成像等其他观测资料），数百年的难题——木星卫星系统的潮汐现象的解释得到了重要的推进[6,8]。新近的观测技术和资料分析方法[9]表明，这种观测资料的精度可以好于 3mas。

暨南大学研究组使用 CCD "测光" 天体测量技术是从 2003 年开始的。此后在 2009 年，多个研究单位，如暨南大学、中国科学院云南天文台、中国科学院国家授时中心以及中国科学院上海天文台等，都积极参与了此类观测，获取了珍贵的观测资料。

在小行星的 CCD 观测方面，中国科学院紫金山天文台盱眙观测站 1.2m 近地天体望远镜发挥了重要作用，尤其在小行星、彗星等发现和观测方面赢得了国际小行星中心的好评。

国际上，太阳系小天体的 CCD 观测有了重要进展。首先是空间天体测量的进展，包括哈勃望远镜的观测、Cassini 的观测以及欧洲空间局已发射的 Gaia 卫星的观测。它们要么通过定标、测量技术的改进，获取了比地面观测数倍至数十倍精度的提高（哈勃望远镜），要么是临近行星卫星的近距离观测，从根本上改进位置测量的精度（Cassini 观测），或者从观测原理上彻底改造，获取数十倍甚至成百倍精度的提高（Gaia 观测）。

此外，地面大视场、长焦距望远镜的观测也带来新的机遇，它们可以高效观测主带小行星（兼顾观测近地天体，尤其是对地球有威胁的小行星的观测），开展太阳系行星物理的研究。

目前一个重要的机遇是，欧洲空间局新一代天体测量卫星 Gaia 的观测需要地面的观测配合（Gaia-FUP-SSO 观测）。我国 3 台光学望远镜（云南天文台 2.4m 望远镜、紫金山天文台 1.2 m 望远镜以及山东威海天文台的 1m 望远镜）已正式参加了这一国际组织，并取得了试观测的初步成功。

五、银河系结构和动力学演化发展现状

近 10 年来我国银河系结构天体测量研究领域取得了长足的进步,获得了多项有国际显示度的成果。

依巴谷计划的成功实施,不仅建立了光学波段的高精度国际天球参考系,同时为银河系天文学研究提供了极为珍贵的第一手观测资料。我国学者从依巴谷空间观测资料公开发表开始,在利用高精度观测资料研究银河系结构、运动学和动力学及其演化等方面,精确测定出相关的结构与演化等特征参数,并且指明了过去这类测量方法的不足和存在的问题,这些成为国际相关研究的重要引用文献。其中银河系运动学研究获得了新的银河系常数,如奥尔特常数、银心距以及银河系自转速度等,这些常数值都明显有别于 IAU 1985 关于银河系常数的推荐值。

此外,在疏散星团研究方面,对年轻星团质量分层效应与动力学演化研究、银河系薄盘结构及其演化、运动学特征和性质、银河系基本参数、动力学模型和旋臂形成及演化等问题做了深入研究[10]。这些工作都将对未来开展 Gaia 和 LAMOST 观测银河系结构和演化研究奠定良好的基础。

在银河系双星研究方面,通过拟合改进的依巴谷中间天体测量数据,获得了第九分光双星轨道星表中分光双星的光心轨道解。对于其中已知子星质量比的双谱线分光双星,得到了它们的完整轨道解和子星的动力学质量。在拟合过程中,通过减少非线性模型参数的方法,提高了拟合的效率和可靠性。

近年来,国内在利用高精度天体测量参数研究银河系结构方面,形成了较具特色的研究方向。尤其是银河系结构高精度 VLBI 天体测量技术的发展,取得了突破性的成果。其代表性的天体测量研究成果包括:

(1)借助目前世界上分辨率最高的甚长基线干涉阵(VLBA),利用相位参考的高精度 VLBI 方法,通过对英仙臂中大质量恒星形成区 W3(OH)的三角视差法精确测距,直接测定了距离太阳最近的英仙臂距离为(1.95±0.04)kpc [(5.86±0.12)×10^{16} km],精度达到 2%。解决了天文学中关于英仙臂距离的长期争论[11];发现英仙臂具有较强的运动学反常,这种反常运动的方向与旋臂密度波理论的预计基本一致,但速率要比大多数模型预言的稍大。这项工作开创了银河系高精度距离测定领域的新纪元。鉴于该项成果对银河系结构和动力学研究的意义,*Science* 在 2006 年 1 月 6 日登载了封面文章。运用这种 VLBI 高精度的视差测量手段是传统三角视差测量的一个极大进展,不仅

可以将天体的距离、银河系结构等基本天文测量的精度带来根本的提高，将来也可能为暗物质分布等重大问题提供精确的测量结果。

（2）通过对银河系中心超大质量黑洞候选体人马座 A*（Sgr A*）的高分辨率毫米波 VLBI 观测研究等，发现了支持"银河系中心存在超大质量黑洞"这个观点迄今为止最令人信服的证据[12]；研究结果 2005 年 11 月发表在 *Nature* 上并引起重大反响，被评为 2005 年度中国基础研究十大新闻。

在过去的近 10 年间，天体测量界积极参与我国大科学工程郭守敬望远镜（LAMOST）银河系巡天项目。中国科学院上海天文台天体测量研究团组承担了 LAMOST 工程天体测量支持系统的研发工作，根据该望远镜施密特反射改正镜、主镜和焦面板分处三个独立基墩的实际情况，提出了一套完整的天体测量支持系统方案，实现了精确导星、跟踪和修正施密特成像畸变等任务。上海天文台星团组基于郭守敬望远镜的特点，制定了完整的疏散星团巡天观测计划，为郭守敬望远镜性能测试、试观测和先导巡天做出了贡献；2012 年又参与完成制定了郭守敬望远镜银河系巡天（银晕和银盘）的观测方案和输入星表，为望远镜顺利开展银河系正式巡天提供了保障。

六、银河系距离尺度测量发展现状

（一）恒星的三角视差

近年来，随着 CCD 技术尤其是近红外 CCD 技术的应用，三角视差测定工作得到了飞速发展。在近红外波段，CCD 探测可以得到太阳附近近距星更完备的视差测定，包括对太阳附近至冷天体（如晚型 M、L 和 T 型星）的研究。目前，在光学和近红外波段的视差探测计划很多，包括 USNO 计划、ESO/NTT 计划、都灵的 TOPP 计划、CTIO 的 RECONS 计划、ESO 的 PARSEC 计划等。这些视差测量精度已经可以达到 1~5mas，其中有些测量精度更是达到 1mas 以内。

VLBI 和相位参考技术在射电波段可以精确测定银河系天体三角视差，包括对脉冲星的观测、恒星形成区脉泽源的测定和强射电辐射双星的观测等。利用国际 VLBI 网，目前已经观测了数 10 颗射电星的三角视差。例如，Ratner 等[13]测定的猎犬 RS 型双星 IM Peg 的三角视差为（10.37±0.07）mas，与依巴谷天体测量卫星观测结果（10.33±0.76）mas 相符甚好，而测量精度则提高了 10 倍。目前，脉冲星的视差测定精度已达到 0.02 mas，而脉冲星视差和自行等天体测量参数的精确测定对研究中子星的诞生地及其演化等都具有关键性作用。对于恒星形成区及冷巨星星周包层的非热辐射，它们主要来源于甲醇（6.7GHz，12.2GHz）、水（22GHz）和一氧化硅（43GHz），这些天体是示踪银河系旋臂和盘结构、研究恒星形成和演化以及银河系运动学的重要靶标。Reid 等[14]近年来通过对银心附近恒星形成区 Sgr B2 源的观测，首次得到其视差为（0.129±0.012）mas，这也是第一次直接采用三角视差的方法得到银心距的估计值。值得一提的是，正在开展的中国、美国等国合作大型银河系巡天 BeSSel 计划，将对银河系旋臂结构及银河系中心区黑洞质量和动力学等重要科学问题，给出直接的观测成果。相对于恒星三角视差观测而言，目前射电方法的测量精度是最高的。但对脉泽源的观测也存在几个需要思考的问题：①观测历元少；②源的结构可能非常复杂且结构随时间变化；③可观测源的数量和种类非常有限；④相较空间光学观测而言，观测效率低。为了克服这些问题，空间天体测量将会发挥更为重要的作用。

首颗空间天体测量依巴谷卫星采用了绝对视差的设计理念，即通过广角度天体测量，将两个视场中的恒星成像在同一焦面上。由于两颗恒星相距约为 1rad，视差因子相差很大，这样理论上可以在观测法方程中独立解算出两颗星的视差估计值。由于解算三角视差没有先验的假设，如照相天体测量中相对参考星之相对视差的假设，依巴谷测量在理论上能直接得到待测星的绝对视差。通过与已有视差测量结果的大量分析比较发现，依巴谷视差在整体上不存在显著的系统零点差问题，尽管目前在较小尺度上仍然存在某些争议。Van Leeuwen 经过对依巴谷观测资料的重新归算，使得亮星的视差测量精度得到了极大的提高，其中对 V 亮于 5mag 的视差精度好于 0.2mas，相对误差好于 0.01 的恒星共有 700 余颗，而对所有 11 万多颗依巴谷星的视差精度的中值约为 0.9mas。HST 的精密导星传感器 FGS 被用于空间望远镜的指向和天体测量观测，对于 V=3~17mag 的恒星，其天体测量精度约为 1mas，多历元的视差观测，精度为 0.2mas。HST 的视差观测计划主要包括对造父变星和天琴 RR 变星的观测，包含了昴星团和毕星团的成员星及一些暗星的观测，用这些星的三角视差测量结果来直接校准变星的周光关系。由于 FGS 窄角度天体测量所给出的视差为相对"视差"，视差的校准是一个必须面对的问题。

下一代天体测量卫星 Gaia 已在 2013 年发射，它的测量原理与依巴谷卫星相同，广角天体测量将可以获得 6~20mag 的 10 亿颗星的三角视差，精度水平在 0.01~0.3mas，它的高精度部分将包含数百万颗相对误差优于 1%的恒星，构造出一幅"完美"的赫罗图，其中含有许多特殊的稀有天体和处在快速演化阶段的恒星。仪器的稳定性，尤其是两个广角观测所跨度的视场间（仪器基本角）的稳定性，对绝对视差的测量起到非常关键的作用。在不采用系统改正的情况下，按基本角稳定性的设计要求，可以保证视差的零点系统差小于 3.5μas。采用干涉法实时监测基本角的变化，并在数据处理中加以改正之后，视差系统的零点差将可以达到 0.1μas 以下。因此，Gaia 三角视差测量不仅对银河系距离尺度意义特别重大，并且在统计意义上将对河外星系的距离尺度产生重要影响。

（二）星团距离测定

目前大约有 2000 多个已知的疏散星团，但能够测定距离的星团并不多，主要困难在于测量精度（包括天体测量精度和测光精度）、消光和模型等问题。而估计其距离的方法也多种多样，并且在实际应用上各有自身的局限性。在缺乏高精度三角视差测量结果之前，星团成员星的主序拟合法是应用最为广泛和有效的方法之一。高精度天体测量数据对星团的距离测定也具有重要作用，特别是对于近距星团的距离估计。

以在历史上占有特殊意义的毕星团为例，近百年来多种方法被用来估计它的距离，除了天体物理上利用各种测光系统的光度视差方法、HR 图方法和质光关系等方法来粗略估计其距离之外，天体测量上采用过移动星团法、长期视差法、统计视差法、双星系统的力学视差法以及三角视差法等来测定星团的距离。所谓移动星团方法即假设星团成员星以同一速度远离观测者时，成员星的运动视方向在天球上汇聚一固定点（汇聚点），反之，运动方向朝向观测者时，则形成一发散点。一般情况下，利用恒星的自行和视向速度便能得到汇聚点和测定星团的距离。长期视差法是假设恒星的光度和视亮度相同的所有恒星的距离相同，那么利用自行和太阳本动速度便可以估计出星团的距离。在恒星本动速度各向同性的假设下，还可以采用类似于长期视差的方法来估计星团的统计视差。对于双星系统，轨道周期和半长轴之间满足开普勒定律，由满足开普勒定律的视角距测量结果便能获得星团中双星系统的力学视差。在大量的文章中，利用不同方法和不同观测数据所得到的毕星团的视差值有很大区别，而只有三角视差测量结果被认为是最可靠的。例如，van Altena 采用地面三角视差给出毕星团的距离模数为（3.32±0.06）mag，这一结果与依巴谷视差测量结果极其相符。

值得一提的是，昴星团距离的测定曾引起过关于依巴谷视差系统误差问题的争议。van Leeuwen 等根据依巴谷视差得到昴星团的距离为（118±4）pc，而 Pan 等采用地面光干涉方法测量昴星团中的双星，得到星团的距离为 133～137pc，该结果与过去大多数结果相符合，因而怀疑由依巴谷视差所得到的距离尺度可能低估了约 10%。

对于球状星团，其距离主要由星团水平支成员星的绝对星等和天琴 RR 变星来估计。由于天体测量方法目前限于精度等问题，很难用来直接测定球状星团的距离。

（三）变星距离尺度

对于经典造父变星，周光关系的斜率一般能够采用大麦哲云 LMC 中的数十颗造父变星的观测数据来很好的测定，而依巴谷三角视差则可以用来校正其零点。依巴谷观测给出了 223 颗经典造父变星的视差，但平均精度只约为 1.5mas，大多数星的距离都大于 500pc，视差值都非常小，其中最近的一颗是 α UMi ［HIP 11767，$\pi = (7.72 \pm 0.12)$ mas］。Feast 和 Catchpole[15] 根据 26 颗最大权的依巴谷造父变星（同时考虑测光精度和天体测量精度），首次直接测定了造父变星周光关系的零点：$\langle M_V \rangle = -2.81\log P - 1.43 \pm 0.10$，其中斜率值采用了 88 颗 LMC 造父变星所给出的结果。此结果预示大麦哲云的距离模数为 (18.70 ± 0.10) mag，而一直以来普遍认可的值为 18.50mag，显示依巴谷视差给出的 LMC 距离模数比过去普遍采用值要亮 0.2mag，由此暗示哈勃常数 H_0 需要减小 10%。此结果引起关于距离尺度问题的巨大争议，不同作者从不同的方法、数据处理和资料等方面出发，重新分析了相同的视差数据，包括认为现有 26 颗星可能存在双星系统、视差采用值的有偏性、采用大麦哲云斜率值的可行性等方面。在新编依巴谷数据发表之后，周光关系（或周光色关系）再次成为关注焦点。综合新依巴谷数据和 HST 视差观测，van Leeuwen 和 Freeman 等分别得到基于 V-I 波段和 J-K 波段的周光色关系，并估算相应的哈勃常数在 70～76km/（s·mpc）。

绝大多数天琴 RR 变星的视亮度都暗于依巴谷和第谷星表的极限星等。在依巴谷星表中，共有 179 颗天琴 RR 变星，其中新发现的星有 17 颗，而在第谷星表中还包含另外 20 颗。为了测定天琴 RR 变星的星等-丰度关系，需要均匀一致和准确校准的丰度测定值。同时，在三角视差测量数据匮乏时，除了星等和自行数据外，为了得到统计视差还需要视向速度观测结果。为了结合依巴谷观测，在 1997 年前后开展了大量 RR 变星的测光和光谱观测计划。Martinez-Delgado 等采用对钙 II 线的低分辨率光谱观测，测定了 30 颗依巴谷 RR 变星的丰度，而 Solano 等测定了 50 多颗依巴谷 RR 变星的铁丰度和视向速度。Mennessier 等结合已知的 RR 变星，从 Tycho 2 星表中再认证了 172 颗银河系 RR 变星。一般，星等-丰度关系 M_V（RR）=α［Fe/H］+β 中的斜率 α 很难得到一致的精确结果，而零点值一般对应于在［Fe/H］=−1.5 时的估计，相当对应于典型的贫金属丰度的球状星团。依巴谷观测只给出了几颗 RR 变星的有价值视差结果，其中仅一颗星（HIP 95497）的视差［（4.38±0.59）mas］精度比较高。利用 HST 的 FGS 观测，改进后的视差为（3.82±0.20）mas，而最终推荐的加权平均结果为（3.87±0.19）mas。由此 Benedict 得到 M_V（RR）= 0.58±0.13，其中取［Fe/H］=−1.5，该结果与采用各种方法的统计平均值非常一致。而利用依巴谷自行资料和视向速度观测数据所得到的统计视差的估计结果为 M_V（RR）=0.78±0.12，显示统计视差方法在应用上存在诸多问题。

另外，依巴谷视差对于刍藁变星、O-B 型星、红巨星等距离尺度的校准，都发挥了非常重要的作用，这对整个银河系距离尺度的研究和不同星族距离尺度的校准都做出了极其出色的贡献。相关的研究和结果分别发表在大量的文献之中，这里不再细述。

（四）太阳–银心距

为了估计 R_0，在观测上一般选取三类不同天体，包括对银心区附近源的观测、晕族天体的观测和对盘星的观测等。在观测技术上，VLBI、VLA、红外及光学天体测量等是主要的观测手段。从研究方法上分类，主要采用所谓的"直接"方法、间接方法和模型估算方法等。

在对 R_0 的直接测量中，可以假设大质量黑洞的辐射对应体 Sgr A* 为银心的靶标，VLBI 对该源的自行测定便能够反算出银心距。更为直接的测量是对 Sgr A* 附近大质量恒星形成区中水脉泽源及 Sgr B2 等的三角视差观测，由运动学方法得知，Sgr B2 距离银心约为 130 pc，Reid 等[14]由 Sgr B2 的视差测定得到 R_0=（7.9±0.8）kpc。另外，利用近红外主动光学的天体测量并由自行和视向速度观测结果，可以得到银心区附近大质量恒星（如 S2）的轨道根数，并连同中心黑洞的位置、运动和质量等 13 个参数的估计来得到 R_0。近几年中，该项研究已经取得了重要进展，不同作者给出的 R_0 介于 7.7～8.4kpc，而内部误差均为±0.4kpc 左右。

R_0 的间接测量方法主要依赖于对观测目标距离尺度的校准，即对目标源绝对星等的校准。由于严重的消光问题，目标源距离校准将直接影响 R_0 测定的系统精度。通过对天琴 RR 变星绝对星等的校准，并对银心附近 RR 变星的测光观测和统计，可以估算出银心距。Baade[16]最早（1951）采用光学波段对巴德窗附近的 RR 变星测光观测，并取其绝对星等 M=0mag，得出 R_0=8.7kpc。RR 变星的最新观测结果是 R_0=(7.6±0.4)kpc[17]和 R_0=(8.1±0.6)kpc[18]。利用核球区造父变星以及对刍藁变星的观测，是估计银心距的另外途径，这方面的研究在最近几年有许多文章发表，所得到银心距的估计值均与 8.0kpc 相差不远。值得一提的是，银河系球状星团是被最早用来测定 R_0 的方法。根据球状星团的光度距离校准，在几何上假设所有星团以银心为中心均匀分布，则统计平均后即可以得到银心距。Shapley（1918）[19]利用 69 颗球状星团首次得到 R_0 的估计，其值为 13kpc。目前，球状星团对 R_0 的估计方法仍然被一些研究人员采用。

模型估算方法主要是依赖一运动学模型，将 R_0 连同运动学参数（如奥尔特常数或银河系旋转曲线参数等）一起，由运动学方程及天体的运动学观测资料（自行、视向速度等）来做参数估计。在运动学模型应用中，一般薄盘星族，如水脉泽、经典造父变星、疏散星团、O-B 型星、HII 气体等都是可选的对象，并且假设这些盘星都满足奥尔特运动。依赖于运动学模型的测量方法有一定的局限性，特别是太阳附近的本地运动学一般难以描述较大尺度的银河系运动，如受本地翘曲、旋臂及本地星流等问题的影响。近 10 多年来，模型估计方法给出了 R_0 的大量测量结果，其值一般在 7～9kpc。

银河系距离尺度及其测定是天文学中非常重要的研究内容，新的测定方法和测量精度的提高往往具有特别重要的价值和科学意义。例如，采用光干涉方法测量昴星团距离[20]、VLBA 英仙臂脉泽源三角视差的测定[11]、银心核球区 200pc 以内 3 颗造父变星的发现[21]等，不仅对银河系距离尺度有重要贡献，对相关的天体物理研究亦产生非常重要的影响。

第四节　发展目标与建议

一、天体测量学科总体发展目标

随着 Gaia 空间天体测量卫星的成功上天和我国深空探测的迅猛发展及科学探测的需求，天体测量学正面临历史上一个极其难得的发展机遇。Gaia 微角秒精度水平的巡天探测，可望对天文参考系研究产生巨大的影响，并大大推动整个天文学的发展。

在参考系研究领域，新的 Gaia 参考系将一别历史上在天球、地球参考架建立过程中相互依赖的关系，即基本参考架均由地面上的观测数据而得到，如过去的 FK 系统或当今的 ICRF。天球参考架与地球参考架相互关联，它们之间的转换关系（岁差章动模型等）实际上也依赖两者之间不可分割的耦合关系。对于 Gaia 参考架而言，第一次由空间直接观测数 10 万颗河外源并建立与地球运动无关的天球参考架（尽管 Gaia 卫星的定轨与历表相关，但对于卫星扫描观测而言，地球运动的影响几乎为零），这个参考架不依赖于地球的运动理论。因此，Gaia 首次实现了不依赖地面观测的天球参考架。地面 VLBI 技术是目前建立 ICRF 的主要手段，而在 Gaia 之后，VLBI 将可能主要担负起地球参考架的观测。因而，在 Gaia 参考架建立之后，天球参考架和地球参考架之间的联系将可以通过地面 VLBI 对 Gaia 河外源的观测来实现，这对岁差章动等问题的研究而言将是前所未有的机遇。由此可以理解，未来 Gaia 参考架可能成为基本参考架，使得基本参考架实现由光学到射电，再由射电到光学的再次轮回，但这种回归光学系统已不是简单意义上的轮回，而是在实质意义上对参考架的改变。

由于 Gaia 提供了约 10 亿颗天体的高精度六维空间和运动学资料，这将对太阳系天体的研究、银河系结构、距离尺度、系外行星等几乎所有的天文学领域产生重大和深远的影响，为天体测量学者提供了广阔的研究空间。

在应用天文学领域我国深空探测亟须高精度天体测量研究的基础和技术支持，包括深空探测的跟踪定位、深空探测的时空参考架和天文导航等方面。

基于当前非常有利的发展形势，天体测量在发展目标上将面临重大机遇。集中力量和加大队伍建设是获得重要突破的关键性问题。为此立足在参考系研究的优势，大力开展与银河系结构及太阳系天体测量的相关研究是目前和今后一二十年发展的主要突破点。借助现有的研究力量，开展与深空探测中天体测量问题的研究将对加强队伍建设十分有利，并为国家重大项目发挥天体测量学科的积极作用。

二、天文参考系研究发展目标

近 20 年来，随着国际天球参考系 ICRS 的引入和 VLBI 技术的发展，开启了基本天文学的新时代。ICRS 和相应的参考架取代了由亮星实现的 FK5 参考架，并将依巴谷卫星星表作为其在光学波段的主要实现。未来随着第二代天体测量卫星 Gaia 的发射和数据释放，微角秒精度的参考架将成为可能，而参考系的概念也将产生更深刻的变化。为了满足天体物理观测的需要，未来的参考系将在各个波段（射电、光学、红外、X射电）有对应的实现，它们的观测精度通常是不同的，应统一归算到ICRS的框架下。微角秒精度的多波段参考系对天文学各个领域，包括天体物理、宇宙学和基本物理学都有着重要的意义。例如，测量太阳的加速度、研究引力波、测量行星与彗星的运动、研究类星体辐射起源和检验引力理论等。另一个空间天体卫星SIM Lite和Gaia互为补充，它观测的天体比Gaia少，但是单次测量精度和最终的天体测量精度都好于Gaia，观测次数也较多。结合SIM Lite和Gaia各自的天体测量结果，有望使参考架的精度有进一步的提高。尽管SIMLite计划目前无法实现，但相关的观测原理和方法仍然在不断的研讨之中。我国未来深空天体测量计划STEP，将可能实现焦平面观测精度达到0.5mas的观测水平，实现我国空间天体测量研究的突破，并为相关研究开辟广阔领域。

关于多波段参考系，现在正在进行的较为重要的工作包括：①考虑ICRF3和光学参考架的关系，即VLBI建立的ICRF3和Gaia参考架的未来作用；②美国海军天文台的URAT天体测量计划，以达到扩充光学参考架的目的；③星表的自行改进，如日本Nano-Jasmine计划对依巴谷星自行的改进；④用SDSS的观测数据研究类星体的结构和光学流量变化等；⑤特殊恒星星表的编制，如大自行星表、T型和L型星的视差计划等。

我国在参考系的工作起步较晚，基础也较薄弱，但近年来发展非常迅速，已经形成了自主的VLBI观测网，并参与IVS的全球联测，对ICRF的建立有非常重要的贡献。我们也需要更多有质量和显示度的工作，以建立我国在参考系研究方面的地位。

将来，在参考架研究方面，至少以下几个课题值得仔细考虑：①利用Gaia建立光学波段的ICRF及其Gaia参考架特性的研究；②实施我国自己的近红外观测计划的可行性、相应的科学目标和技术方法研究；③不同波段参考架的关系；④射电参考架向更暗的星等更高频观测的扩充；⑤在Gaia参考架中建立新的微角秒精度的岁差章动模型；⑥与新参考系匹配的天文常数系统，尤其是银河系常数的引入。

在高精度天体测量领域，根据相关领域对高精度天体测量的需求，结合天文仪器与技术领域的最新成果，提出满足需求的天体测量解决方案，使测量精度逐步迈向微角秒级测角/毫米级测距/皮秒级计时。利用现代空间观测技术观测进行高精度的分析研究，不仅具有重要的科学意义，也是我国国民经济发展、国家安全的重要需求。随着我国陆态网络工程、二代卫星导航系统等重大工程项目的建立，从观测技术、观测数据方面我们已经达到了相当的规模。

同时也具备了利用我国的观测数据开展独立自主的研究工作的条件。

（1）针对 GGOS 需求：建立新一代观测系统，研究 VLBI、ILRS 和 GNSS 处理的新理论和新方法，达到毫米精度，在国际合作中占有重要地位。

（2）针对我国新的空天参考架需求：必须有独立的软件和处理成果，提高时效性，摆脱依赖国外结果的格局，满足我国卫星导航、军事测绘、航天、空间探测和对地观测需求。

（3）针对地壳运动监测工程 2 期、3 期需求：解决我国地壳运动监测中面临的科学问题，提高多技术综合处理能力和实时监测能力。

通过以上研究工作使我国具备独立自主地建立地球参考架和天球参考架的能力，实现地球自转参数的测量能力。

三、太阳系天体测量研究发展目标

针对国际上太阳系天体测量观测的飞速发展，建议我国在该方向的科研工作在如下几个方面进行逐步的发展与壮大。

20 多年来，我国学者在大行星卫星天体测量领域从事了持续的观测，储备了良好的观测经验、技术开发的能力以及资料归算的经验。建议在不断改进观测技术、资料归算精度稳步提高的基础上，逐步增加观测对象，建立自己的观测资料数据库。例如，火星卫星的观测，木星、土星等外围暗卫星的观测等。此外，建议在持续开展行星卫星观测的同时，强化卫星轨道理论的改进等方面的理论研究工作。一方面，轨道理论能用于空间导航、历表构建和其他理论研究；另一方面，我们也可以利用轨道理论来预报观测、检验观测资料的精度等。我国在这方面的人才非常稀缺，亟待加强和培养。也因此，建议我国紫金山天文台历算组积极参与到大行星卫星的天体测量观测中，并重点在轨道理论的研究、天象预报等方面做出贡献。

太阳系小行星的天体测量观测，大多依赖于切平面 CCD 成像。根据国际上的发展趋势，我国应该重视发展高精度位置测量基础上的大视场 CCD 观测，特别是拼接 CCD 技术的应用，着力发展国内中等口径（2～4m 级）光学望远镜的建设。此时，海量数据的处理，高精度资料的分析和归算具有新的意义。

这种观测技术具有良好的发展空间和潜力。我国学者在该领域具有一定的观测经验和资料分析基础。建议今后 5～10 年内重点改进观测手段和技术，取得高精度的原始测光资料。此外，需要重视资料归算方法的改进，发挥测光资料应有的天体测量精度。争取观测资料的精度达到约 1mas 的水平。

四、银河系结构与距离尺度研究发展目标

作为一门观测驱动、发现导向的实测科学，天文学研究依赖于大规模天体样本的获取和证认。要全面揭示银河系的三维空间结构、运动状态及其随时间的演化，揭示影响和制约银河系形成和演化的过程和规律，需要对散布在全天 4π 立体角的数以亿计的恒星进行观测，获取其空间位置、运动速度以及基本恒星参数等数据。高精度的成像观测可以提供天体在天球面上的二维坐标、星等（亮度）等信息，获取高精度的天体距离（三角视差）和在天球面上的切向速度（自行）则需要多历元高精度成像观测。

银盘是银河系恒星分布的主体，它包含了银河系 90% 的重子物质及绝大部分角动量，是恒星形成及星系动力学演化的主要场所，呈现众多复杂、起源不甚清楚的结构[22]。研究银盘内这些不同结构的起源及动力学演化，对理解银河系整体的形成和演化具有重要的意义。银河系厚盘的存在已为天文学家所普遍接受，许多河外星系也发现存在厚盘[23]。然而薄盘与厚盘是否是两个独立结构成分、其形成机制是什么至今仍无定论。近年来，Bovy 等[24]通过分析 SDSS/SEGUE 光谱巡天给出的 28 000 颗不同标高的 G 矮星的分布，甚至提出银河系不存在厚盘。在该领域，目前亟待针对银盘天区覆盖连续、统计上完备的大规模天体测量巡天，以提供决定性的观测证据。

由于银河系的银盘区域恒星数密度极高，并且存在大量的星际气体和尘埃物质，星际消光非常严重，可见光观测难以全面了解银河系盘的真实结构和物理状态，而红外辐射几乎不受星际消光的影响，因此，红外巡天观测在研究银河系盘特别是银心方向的盘和核球的结构方面具有光学观测所无法比拟的巨大优势，成为人类进一步认识和研究银河系结构的重要手段。

另外，充分发挥地面红外大视场巡天观测计划（ground infrared large area survey-GIRLS），可以与 Gaia 项目形成良好的优势互补。

天体距离尺度测定或估计对整个天文学具有非常特别的意义，在此方向上的任何研究进展对相关学科都将产生重要的推动作用。天体测量方法所获得的三角视差测定对宇宙距离尺度的建立至关重要，现代天体测量已在射电波段取得了亚微角秒量级的精度水平，而即将发射的 Gaia 空间天体测量卫星预计将获得大量恒星的三角视差高精度测量。在发展目标上，除了持续开展 VLBA、VLBI 银河系脉泽源的三角视差测量之外，应积极开展与 Gaia 空间天体测量团队在银河系距离尺度方面的合作研究，包括对双星及多星系统的视

差研究等。另外，视差研究是一项长期的任务，对于不同方法和手段所获得的视差测定需要通过尽可能独立的观测技术来检验其系统精度。我国在此方向具备一定的研究优势，建议特别关注和组织开展对未来 Gaia 视差的系统分析，尤其可以考虑采用射电手段对 Gaia 视差系统进行独立的观测和检验。

五、建设红外望远镜的建议

红外观测技术目前在国际上受到广泛关注，包括红外测光、天体测量观测等。红外参考系研究将是未来一项具有重要发展前景的方向。目前在近红外波段，2MASS 星表是最主要的和被广泛应用的全天参考星表，该星表是基于测光观测为目的的星表，精度和观测极限星等都非常有限，难以满足高精度观测的需求。即将发射的日本 Jasmine 空间天体测量卫星的观测波段主要在 z 波段，而其观测目标集中在银盘和银心区，无法建立全天高精度天文参考架。我国南极观测站也已投入运行，其良好的观测条件为红外天体测量的开展提供了极佳的台址。

红外天体测量不仅具有非常重要的研究价值，包括对银心区的高精度观测以测定银心区中心黑洞的质量和银心区大质量恒星动力学、银河系中心棒结构及其形成和演化等，同时对银河系盘结构、旋臂结构、星团形成和演化等都有特殊意义。另外，红外天体测量对于研究太阳系天体也具有一定的优势，包括太阳系天体的红外定位和空间目标的搜寻等。

我们建议在南极冰穹 A（Dome A）和我国西部合适的台址（比如西藏阿里地区）分别建设 3～4m 级的大视场红外光学天体测量望远镜，主要用于天体测量巡天和开展银盘天体测量观测，将首次实现对银盘相当大空间范围、涵盖薄盘与厚盘的大规模红外多波段巡天，提供高精度的海量银盘恒星位置和自行及恒星光谱型等基本参数。结合其他巡天（包括南天 RAVE、北天 APOGEE 和 LAMOST 以及未来 Gaia）提供的恒星视向速度及距离数据，将有可能对数以亿计的各类银盘恒星研究其在三维位置、速度空间里的分布，从而为银盘的结构、物质分布、星族及其动力学演化，探讨银河系整体形成和演化方面的研究实现重大突破做出关键性贡献。

南极冰穹 A 是地面天文观测最好的台址，它极好的视宁度（约 0.27arcsec）、极端干燥、低温和极低的红外背景环境等独特观测条件，为发展红外天文观测提供了难得的机遇。

建议南极大视场红外光学天体测量望远镜基本性能要素为：口径 3～4m；

巡天完备星等 Ks 为 20～22mag；1°以上大视场；30k×30k 的 CCD。结合上述红外多波段、大视场、高分辨率诸项要素和冰穹 A 的优越观测条件，我们预期在 5～8 年的巡天观测周期中，获取低银纬天区密集星场 10^8 量级恒星的高精度位置、自行和恒星光谱型等基本参数以及太阳附近 1kpc 内大样本银盘恒星的三角视差数据；同时，利用南极连续 130 多天极夜的特点，进行长时间连续成像观测，开展变星和系外行星搜寻等时域天文研究。

利用南极大视场红外光学天体测量望远镜获得的海量恒星位置与自行数据，结合 RAVE 和 APOGEE 巡天资料，将得到银盘天区大样本恒星的高精度六维相空间信息，为研究银盘运动学和动力学结构与演化提供关键性的观测约束。

在北半球，建议在多年来我国西部地区天文台站选址工作的基础上，充分利用西部台址（比如西藏阿里）的优越观测条件，建造相对应的北天大视场 3～4m 红外光学天体测量望远镜，完成对整个银盘天区的全覆盖观测。其基本性能参数应与南天的设备相似。

南极是目前已知开展红外和毫米/亚毫米波段观测的最好台址，目前的观测数据已经初步证明了冰穹 A 作为天文台址的巨大优越性。我国天文界提出建立南极天文台站的近中期建设规划是：①利用 CSTAR 和 PLATO 继续开展冰穹 A 台址的天文试观测；②安装 3 架南极 50/70cm 改进型施密特望远镜阵 AST3，开展科学试观测和关键技术试验；③5 年内研制一架 2.5m 的光学/红外望远镜。在前期的技术研发积累和南极现场小型与中等口径望远镜等实际运行所积累的经验基础上，南极天文台的建设应当是完全可行的。

由于西方国家的禁运，我国的红外天文仪器和探测器几乎是空白，但是红外是目前天体物理最热的观测波段，建议重视发展我国天文红外探测器技术。我国应当利用南极天文台建设的机遇，突破红外波段的观测瓶颈，开展针对银盘天区的红外波段天体测量巡天观测。

红外技术的国际合作由于国家之间技术上的保密和互相竞争，存在着一定的难度。特别是我国的技术水平日益提高逼近西方，对我们的防范就更加明显。建议走强项互补的国际合作与交流，并通过南极望远镜的研制合作加强实质性的技术交流。

在银河系巡天观测方面，本计划与 Gaia 计划形成一定的互补。首先，Gaia 是在可见光波段作测光和低分辨光谱观测，在银盘天区将极大地受限于星际消光的制约；而本计划将对银盘区域开展多历元、多波段红外观测，将在探测深度和统计完备性上都独具优势；其次，地面大视场红外望远镜，针对低银纬密集星场，可以延续进行更长的多历元巡天观测周期，这对获取银盘天体更高精度的自行数据尤为关键；最后，相对于空间设备而言，地面望远镜的建设、运行维护等的可行性更有保障，风险较低。而优异的台址观测条件可以有效地保证红外巡天科学目标的实施。

通过本计划将首次在国际上实现全银盘天区连续覆盖、统计上完备无偏的极大样本银盘天区红外巡天，获取高精度的海量银盘恒星位置、自行及恒星光谱型等基本参数。建立红外天文参考架，并研究相关红外参考架的若干问题。结合其他巡天（包括南天 RAVE、北天 APOGEE 和 LAMOST 以及未来 Gaia）提供的恒星视向速度及距离数据，可望得到银盘天区大样本恒星的高精度六维相空间信息，开展银盘三维空间、运动分布及星族动力学性质研究，揭示银河系集成历史及相关天体物理过程和规律，阐释 21 世纪天体物理学重大问题——星系的形成与演化。

据估计，每架 4 m 级的大视场红外光学天体测量望远镜为 5 亿元。

六、月球极地天体测量望远镜建设建议

在月球极地放置一架两两夹角近 135° 的三反射镜面单镜筒天体测量望远镜，单镜筒中主镜的有效口径约为 25cm，三反射镜面由一整块无膨胀镜子磨成，以确保两两反射面的角距固定，这里对望远镜的安放无任何精度要求，如果望远镜横躺在月面，可使三反射镜面的光轴均指向低仰角（俯仰角约 45°）天空。该望远镜开展 CCD 照相天体测量观测，每个像素的比例尺约为 100 毫角秒/像素。随着月球姿态的变化，获得 3 个反射光轴在恒星背景上的轨迹。每个光轴在一个月球日中扫出一个"周日圈"。周日圈的中心是月球自转轴的空间指向，周日圈半径的变化体现月球自转轴的本体运动即极移，周日圈中心的位移体现月球自转轴的空间运动即岁差章动。3 个反射镜等效于 3 个经度相距近 90° 的低纬度台站的观测，长期（几年）连续观测可分析出月球自转角、极移、岁差和章动，获得完整的月球 5 个空间定向参数变化序列。预期这 5 个参数的解算精度（单倍中误差）均可好于 1mas，这比现在基于地面观测给出的月球姿态参数精度（100mas）提高了近两个数量级。

迄今，行星（和月球）探测主要依靠遥感技术，所得的信息仅限于行星表层和次表层的物理信息，其理论核心是地质学、地球物理学等。即使像阿波罗月球岩石采样那样的高成本高难度的登陆探测，也只能通过有限的样本采集对遥感信息提供定标和认证，仍然无法获得月球内部信息。而长期连续

的月球定向参数序列则可以与月球的地形数据、重力场数据、遥感数据相结合，用动力学理论研究月球的圈层结构、圈层间的相互作用、月壳和月幔的弹性、自转的激发和耗散等多方面课题。这将极大地扩展和深化月球的地质学研究。而且本方案也可应用于行星，利用星基望远镜观测数据来研究行星自转，推进行星地质学和比较行星学的深入和扩展。

月球的地基激光测距的测量精度尽管已经好于 1cm，但激光测月对于月球绕月固坐标 X 轴方向的旋转不能感知，不能完全分离 5 个定向参数序列，因此其对月球自转动力学研究的作用有限。

日本人提出建立月面天顶筒以监测月球自转。但月面天顶筒不能置于极地，因为极地的天顶在恒星间几乎没有周日运动。该仪器必须置于中低纬度地带。但在这些地方望远镜如何应对日夜超过 300°的温差，如何实现望远镜的高精度装调并维持其高稳定度，是极大的难题，恐难实现。我们的方案拟将望远镜放置于极地，就是为了避开中低纬度地带白天的高温。在极地最高温度也只有−50℃，日温差极小，年温差也仅 100℃左右。对望远镜的安装参数也无精度要求，只要将望远镜横躺在坚固的月面就可以，方案简单易行。

计划的推进建议如下：①建立和行星探测、行星地质学研究等有关单位的交流合作，细化和充实本方案。最好有多项极地研究课题共同推进极地登陆。②对月球极区的地形环境做精细调研，研究着陆的可行性。③极地可能是今后月球参测的热点，关注国际上极地探测进展，比如寻找水资源等计划。④对月球自转研究做相关的理论准备。

本计划硬件和软件系统的粗估费用为 5000 万元（地面样机+最终设备），这主要包括望远镜镜筒和架子、CCD 相机、制冷系统、供电系统等设备的研制和总成、所有硬件控制和科学数据采集处理分析软件的设计和研发、实验室和地面各种试验等。该粗估费用不包括搭载探月火箭着陆月球的费用。

第五节 天体测量学科优先发展领域 和重要研究方向

一、天体测量学科优先发展领域

随着 Gaia 卫星的发射，微角秒天文参考系将是未来若干年内天体测量的重要研究方向。微角秒天文参考系问题涉及相对论天体测量与天体力学、太阳系天体历表、地球自转等所有基本天文领域，既包括与参考系相关的理论问题，又包含观测技术等实测问题，同时也直接涉及参考系应用规范等实用天文学问题。从参考系发展历史来看，天文参考系的改进必定带来参考系理论及其与之相关理论和方法上的重大变化，同时对参考系的应用规范也会产生一系列重大变革。例如，由 FK4 到 FK5 系统的改变以及从 FK5 到 ICRS 的变化，都引起过参考系理论甚至参考系中许多重要概念的变革，并由此形成 IAU 一系列关于天文参考系问题的新决议和 IERS 关于参考系应用的一系列新规范等。

Gaia 空间卫星观测从参考系概念上将再次突破现有的一系列方法。目前国际上正在讨论的 ICRF3 准备引入一些新的概念，如银河系光行差问题等。此项工作我们已经参与其中，并为这些问题的解决方案做出了有价值的贡献。在 Gaia 参考架建立的过程中和建立之后，将会有很多重大问题需要解决，包括 Gaia 天球参考系问题、Gaia 恒星参考架、Gaia 天球参考系和 VLBI 参考系的关系及其各自的作用、未来天球参考系和地球参考系之间的新关系等，这些问题都将可能引起一系列参考系理论的新变革，包括岁差章动理论和相关天文常数的变化等。

我国在参考系理论的研究中具有比较强的优势，并有很好的国际合作资源和条件。同时微角秒精度水平参考系问题的研究将能带动我国在天体测量相关领域的理论研究、观测研究和应用研究，从而极大地提升我国天体测量的整体研究水平。

二、天体测量学科重要发展方向

在应用天文学方面，激光测距，特别是漫反射激光测距技术，是实现空间目标精密测距的必要手段，在激光测距望远镜上安装辅助的测角设备，就可以实现对空间目标的三维定位，可为空间目标轨道测量提供关键数据。随着红外技术的发展，有必要开展空间目标在红外波段测角与测距，不仅可以弥补可见光波段在夜间和有云天气不能观测的限制，还可以提供空间目标的红外辐射强度，为空间目标识别提供资料。

在射电天体测量领域，VLBI、SLR、GNSS 空间测量技术综合理论研究、处理方法实现；积极发展行星测地技术，鼓励并支持相关技术方法的研制研究。

CCD 切平面成像观测是所有天体测量观测方法的基础，是太阳系天体测量的支柱[25]，它适用于太阳系几乎所有天体的天体测量观测（太阳、月亮和类地行星除外）。因此，优先发展长焦距望远镜 CCD 观测大行星及其卫星具有基础的意义。历史上，美国海军天文台长期从事大行星及其卫星的观测，并在旅行者任务（voyager missions）期间达到鼎盛时期。此外，法国、英国、俄罗斯以及巴西等国也长期从事这类天体的观测。重要的研究方向有：长焦距望远镜的定标技术开发，大视场条件下的拼接 CCD 观测定标技术。此外，需要重视近红外技术和自适应光学技术的开发与研究。

开展银河系低银纬区域红外多波段天体测量巡天。首次在国际上实现全银盘天区连续覆盖、统计上完备无偏的极大样本银盘红外巡天，开展银盘三维空间、运动分布及星族动力学性质研究，揭示银河系集成历史及相关天体物理过程和规律，阐释 21 世纪天文学重大问题——星系的形成与演化。利用高精度 VLBI 天体测量进一步精确测定距离我们太阳系 10kpc 以外的银河系星盘边缘恒星的距离，并获得在距银心 10kpc 以外的旋转曲线（恒星运动速度场）；通过 VLBI 观测，高精度测量水脉泽相对于河外类星体的绝对自行；可用来估计脉泽源到太阳系距离的远近，解决"运动学距离疑难"问题，并获得比过去更清晰的银河系 5kpc 环的结构和动力学信息。利用改进后的依巴谷高精度观测资料开展对太阳邻域银河系精细结构、距离尺度等问题的研究；利用 UCAC、2MASS 以及改进中的 GSC 星表中的海量天体测量观测数据，开展大尺度银河系空间结构、运动学和动力学及演化等方面的研究。作为衔接天体测量空间观测由依巴谷卫星到 Gaia 的"空挡"时期重要地面观测研究，利用 LAMOST 观测星团或盘星应是积极开展的重要方向之一，特别是利用 LAMOST 独有的竞争力，通过较短的观测周期，获取世界上最完备的疏散星团成员星光谱样本，将为银盘的结构和演化模型提供最好的观测约束。

第六节 国际合作

在参考系研究方面已建立起与美国、法国、日本、俄罗斯等本研究领域顶尖的研究专家的长期合作关系，并一直保持具有实质意义的良好合作关系。相关的研究成果得到国际同行的关注。国际地球自转服务（International Earth Rotation Service，IERS）是 VLBI、SLR、GNSS 对技术综合的国际组织，法国巴黎天文台在天球参考架、地球参考架的多技术综合以及地球自转参数研究方面具有传统优势,德国 GFZ、GIUB、BKG 等研究所、美国 GSFC、USNO 等单位在这方面都有长期的工作积累,国内在这方面的工作可以优先与这些机构开展国际合作交流,促进国内本领域工作的开展。

空间目标精密监测方面,中国科学院上海天文台与乌克兰尼古拉耶夫天文台、基辅主台、敖德萨大学天文台、利乌夫大学天文台、乌支格勒大学空间实验室、巴西国立天文台、圣保罗大学天文台、意大利都灵天文台等单位已经在漂移扫描 CCD 与旋转漂移扫描 CCD 方面开展了富有成效的合作,目前已经改造了乌克兰、巴西和意大利的 4 架光学望远镜,安装了漂移扫描CCD,开展各类空间目标的精密定位观测。

我国学者在太阳系天体测量领域一向有良好的合作基础和经验,与英国、法国、俄罗斯等国学者有良好的合作基础,建立了联合实验室、互派学者、联合培养研究生、联合主办国际学术会议等。希望继续扩大和加强国际交流与合作。例如,与俄罗斯和南美(如阿根廷、巴西等)等的合作与交流。

通过国际合作介入 Gaia 的工作,其中包括观测资料处理的预研究和观测结果的应用。充分发挥我们在银河系结构研究方面的良好基础,利用 Gaia 等空间计划获得的巨量银河系巡天资料,争取在银河系结构研究方面取得国际一流的成果。依巴谷天体测量参数测定结果存在一定缺陷,改进后的资料对太阳邻域银河系精细结构的研究、距离尺度问题等,都会有极大的推进作用,这项重新研究也是国际上所积极关注的。

LAMOST 是一台光谱巡天望远镜,不具备成像测光能力。LAMOST 银河系巡天,虽然可得到恒星的视向速度,以及有效温度、表面重力、金属丰度等物理量,但缺少恒星距离、自行等高精度的数据。与 Gaia 等大型视差和自行巡天项目合作,可获得银河系恒星的三维位置空间和速度空间分布,从而极大地提升 LAMOST 数据的价值,对建立银河系整体结构图像具有极为重要的意义。不仅在观测数据的获取、分析和后续观测上,对 LAMOST 数据的理论分析和模拟同样需要加强国际合作,以最大限度地发挥其科学能力。

光学/红外技术的国际合作由于国家之间技术上的保密和互相竞争,存在着一定的难度。特别是我国的技术水平日益提高逼近西方,对我们的防范就更加明显。建议走强项互补的国际合作与交流,并通过南极望远镜的研制合作加强实质性的技术交流。

第七节　保障措施

天体测量学是天文学的基础，天文参考系、太阳系天体的天体测量、银河系结构等研究是适合我国学者研究的重要领域，而且与我国空间探测、国防和军事等有密切的关系。为了保障本领域研究工作的稳步发展，基本的保障是科研活动（观测与资料分析）经费的保障和望远镜观测时间的保障。此外，人力资源的配备，特别是研究生的培养是本领域赖以发展的基础。

通过国家自然科学基金委员会的大力支持和天体测量重点项目的实施，保持一支人员精干的研究队伍和相对集中并适合当前国内需求和发展的研究领域。加强国际交流和国际合作，提高和拓宽研究方向。加强人才的培养以解决人员队伍不足的问题。加强与相邻学科的交叉，特别是和天体物理相关研究领域的交叉。

致谢：本章作者感谢王广利、彭青玉、唐正宏、刘佳成、金文敬、赵铭等提供了相关资料。

参考文献

[1] Freedman W L, et al. Final results from the Hubble Space Telescope Key Project to measure the Hubble Constant. ApJ, 2001,553(1): 47-72.

[2] Kerr F J, Lynden-Bell D. Review of galactic constants, MNRAS, 1986, 221: 1023.

[3] Gillessen S, et al.The distance to the Galactic center//Richard de Grijs. Advancing the Physics of Cosmic Distance. Proc. IAU Symp. 289, 2012: 29.

[4] Malkin Z M.Analysis of determinations of the distance between the sun and the galactic center. Astronomy Reports, 2013, 57(2): 128.

[5] Jacobson R A. The orbits of the major saturnian satellites and the gravity field of saturn from spacecraft and earth-based observations. ApJ, 2004, 128: 492-501.

[6] Lainey V, Özgür K, Desmars J, et al. Strong tidal dissipation in saturn and constraints on enceladus' thermal state from astrometry. ApJ, 2012, 752: 14L.

[7] Desmars J, Li S N, Tajeddine R, et al. Phoebe's orbit from ground-based and space-based observations. IAU Joint Discussion, 2012, 7: 21.

[8] Lainey V, Arlot J E, Karatekin O, et al. Strong tidal dissipation in Io and Jupiter from astrometric observations. Nature, 2009, 459(7249): 957.

[9] Dias-Oliveira A, Vieira-Martins R, Assafin M, et al. Analysis of 25 mutual eclipses and

occultations between the Galilean satellites observed from Brazil in 2009, MNRAS, 2013, 432(1): 225-242.

[10] Chen L, Hou J L, Wang J J. On the galactic disk metallicity distribution from open clusters I. New Catalogs and Abundance Gradient,.AJ, 2003,125(3): 1397-1406.

[11] Xu X, et al.The distance to the Perseus Spiral Arm in the Milky Way. Science, 2006, 311: 54.

[12] Shen Z Q, Lo K Y, Liang M C, et al. A size of ~1 AU for the radio source Sgr A* at the centre of the Milky Way. Nature, 2005, 438(7064): 62-64.

[13] Ratner M I, et al. VLBI for Gravity Probe B. V. Proper Motion and Parallax of the Guide Star, IM Pegasi. ApJ, 2012, 201: 5.

[14] Reid M J, et al. Trigonometric Parallaxes of Massive Star-Forming Regions. I. S 252 & G232.6+1.0. ApJ, 2009, 693: 397.

[15] Feast M W, Catchpole RM.The Cepheid period-luminosity zero-point from Hipparcos trigonometrical parallaxes. MNRAS, 1997, 286(1): L1-L5.

[16] Baade W.Galaxies-present day problems. Publ. Obs. Mich., 1951, 10: 7.

[17] Dambis A K. The kinematics and zero-point of the logP-<MK> relation for Galactic RR Lyrae variables via statistical parallax. MNRAS, 2009, 396: 553.

[18] Majaess D. Concerning the distance to the center of the Milky Way and its structure. Acta astron., 2010, 60: 55.

[19] Shapley H. Studies based on the colors and magnitudes in stellar clusters. VII. The distances, distribution in space, and dimensions of 69 globular clusters. ApJ, 1918, 48: 154.

[20] Pan X P, Shao M, Kulkami S R. A distance of 133-137 parsecs to the Pleiades star cluster. Nature, 2004, 427(6972): 326.

[21] Matsunaga N, et al. Three classical Cepheid variable stars in the nuclear bulge of the Milky Way. Nature, 2011, 477: 188.

[22] Helmi A, Navarro J F, Nordström B, et al. Pieces of the puzzle: ancient substructure in the Galactic disc. MNRAS, 2006, 365(4): 1309-1323.

[23] Dalcanton J J, Bernstein R A. A structural and dynamical study of late-type, edge-on galaxies. II. Vertical color gradients and the detection of ubiquitous thick disks. AJ, 2002,124(3): 1328-1359.

[24] Bovy J, Tremaine S.On the local dark matter density.ApJ, 2012,756(1): 609-612.

[25] Pascu D, Johnson T J, Rohde J R, et al. Solar System Astrometry, The Future of Solar System Exploration, 2003-2013, ASP Conference Series, 2002, 272: 361-374.

第二章
天体力学

第一节　天体力学的发展规律和研究特点

　　探索太阳系天体、太阳系外行星的起源和稳定性是现代天体力学的重要任务。通常，人们将实际天体系统（如太阳系行星系统）简化为在牛顿引力作用下的 N 体（质点）模型。由于系统的不可积性，我们无法了解任意初始条件下解的形式和稳定性。天体力学定性理论根据天体的运动方程本身来研究天体的运动性态，如系统的稳定性，天体运动中的俘获、逃逸、碰撞以及运动的允许区和禁区等。由于太阳系中太阳的质量占太阳系总质量的 98.86%，因此太阳系天体主要受太阳引力的作用，其他大行星的质量相比太阳都比较小，例如最大的行星——木星的质量也只有太阳质量的千分之一，因此行星之间的相互作用可以考虑为一种"扰动"，在天体力学中称为摄动，由此发展了天体运动的摄动理论。在摄动理论研究中经常要利用太阳系天体的一个特点，即太阳系大行星和小天体基本共面，并大多在近圆轨道运动。历史上，摄动理论的成功范例包括对海王星存在的预言，以及人造天体轨道的精确预报。20 世纪中叶以来，快速计算机的广泛应用，并以此发展的天体力学数值方法使得人类对天体系统动力学演化的认识有了长足的进步，同时也在人造卫星轨道力学等领域产生了广泛的应用。

　　随着 20 世纪 60 年代非线性科学的发展，人们对 N 体系统运动的复杂性有了更深刻的认识。以天体系统中有序与混沌运动为主要内容的非线性天体力学迅速发展起来，并应用到太阳系天体的运动研究，同时为非线性动力系统中保守系统的研究提供了重要的范例[1]。精密行星、月球历表的研究一直是天体力学学科的重要分支，特别是进入空间时代后，由于计算机技术的发展、太阳系天体雷达测距和月球激光测距的实现以及空间探测的需要，行星历表研究得以长足的发展。20 世纪 90 年代以来，来自高精度天体测量和高精度空间计划的需求，促进了后牛顿天体力学的迅速发展[2]。

目前国际天体力学研究非常活跃的领域包括行星系统（太阳系柯依伯带天体动力学、太阳系外行星系统动力学），非线性天体力学、后牛顿天体力学、行星月球历表等方向的研究。以下分别就非线性天体力学、柯依伯带天体动力学、太阳系外行星系统的探测与行星系统动力学等几个领域介绍近年来的国际动态与研究特点[1,2]。

一、非线性天体力学

经典天体力学的研究对象集中在太阳系，包括太阳系大行星、小行星带天体以及彗星等。20 世纪 90 年代柯依伯带（海王星轨道外的小天体）和太阳系外行星系统的发现，不仅给天体力学带来了大量崭新的研究对象，也给天体力学的研究方法带来了变革。太阳系外的行星系统与太阳系在行星轨道特征上有极大的不同。例如，许多大质量的行星位于非常靠近主星的轨道，一些行星具有非常大的轨道偏心率等。而柯依伯带天体相比于人们所熟知的主带小行星，在空间分布、轨道特征方面也有一些鲜明的特点，这些天体的物理、化学性质（如大小、颜色）与其轨道特征之间还可能存在相互关联。对太阳系外行星系统和柯依伯带天体的研究促进了天体力学和太阳系形成演化理论的发展。例如，现代天体力学发展了适用于高偏心率和高轨道倾角的摄动理论等，并促进了天体力学与天体物理在行星形成与行星系统起源等领域进行交叉融合。

非线性天体力学目前主要研究保守系统的轨道扩散规律并应用到具体天体系统中。例如，对保守系统相空间中轨道扩散黏滞性效应的研究，对保守系统中各种扩散机制的研究，包括由共振重叠引起的快速 Chirikov 扩散、一般保守系统的缓慢 Nekhoroshev 扩散、高维哈密顿系统中处处存在不变环面但仍能进行扩散的 Arnold 扩散、扩散中相点在空间分布不满足高斯分布的反常扩散等。其中关于 Nekhoroshev 扩散的研究已经应用到太阳系主带小行星的稳定性问题，但由于天体系统是一个退化的动力系统，离最终解决还有一定的距离。

太阳系稳定性问题则是天体力学基本问题之一。近年来的研究使得人们对太阳系天体混沌运动的产生机制有了进一步的了解。例如，现在认为混沌主要是由于共振重叠引起的，最显著的例子是共振重叠导致了小行星 Kirkwood 空隙的形成，并以此可预言外带中非常窄的空隙的存在。通过与海王星平运动轨道共振以及长期共振，从柯依伯带平均每年产生一颗"新"的短周期彗星。此外，大行星本身的运动也存在混沌。例如，研究发现水星可能在 50 亿年内与金星会有密近交会。对外太阳系行星（木星、土星、天王星、海王星）三体混沌（如木星、土星、天王星之间的 3∶5∶7 共振，土星、天王星、海王星之间的 3∶5∶7 共振）可能导致系统在 10 亿年混沌。最近 Lasker 等考虑了月球摄动和广义相对论进动后，对非平均化的轨道进行数值积分，结果表明，水星在 50 亿年内与金星会有密近交会的概率大约为 1%。

鉴于天体力学问题的不可积性，天体力学数值方法发展迅速，对于不同的具体问题，发展了不同的数值方法。传统的轨道积分方法包括 Runge-Kutta 方法、Hermit 方法、Lie 级数方法等。20 世纪 80 年代开始发展起来的辛算法，可以很好地保持长期动力学演化中的能量和辛结构。目前，国际上许多通用的行星系统演化模拟软件（如 SWIFT）以及由此发展起来的 MERCURY 等，有不少是基于辛算法的原理。但由于辛算法不可变步长，在处理碰撞、吸积等问题时，通常还需要其他处理方法，如正规化变换等。此外，N 体轨道积分程序与流体计算程序开始在一定程度上相结合，可以对行星系统早期同时存在行星盘和行星胚胎等特殊条件下的系统演化进行数值模拟。在人造卫星与航天器轨道测定轨道方面，根据不同的精度要求，形成了一些专门的算法。

二、柯依伯带天体动力学

柯依伯带天体结构的形成与动力学是近年来天体力学的热点前沿领域之一。1992 年 Jewitt 和 Luu 观测到第一颗位于海王星轨道外（除冥王星外）的小天体 1992 QB1。此后，在太阳系海王星轨道之外（距离太阳 30 天文单位以上）发现了一批小天体，到目前总数已经超过 1600 颗，大小在几十到上千千米，最大的比冥王星略大，被称为柯依伯带天体（Kuiper Belt Objects，KBO），也有人称为海王星外天体（Trans-Neptunian Objects，TNO）[3]。由于柯依伯带天体是太阳系早期星云盘的残存物，研究其动力学对揭示太阳系演化有重要意义。

根据它们的轨道特征，柯依伯带天体被分成"经典"（classical）、"共振"

（resonant）和"散射"（scattered）3 类，如图 2-1 所示，分别指那些处于 39～
50AU 间轨道未激发的"原始"天体、处于与海王星发生平运动共振的天体以
及具有较高轨道偏心率和较大轨道半长径但近日点仍在海王星作用范围内的
"激发轨道"的天体。但近年来的发现表明，柯依伯带中还有为数众多的另一
类天体，它们具有极大的轨道半长径同时其近日点距离很大，因而远离海王
星引力范围，这一类天体现在被称为"游离"（detached）的柯依伯带天体。

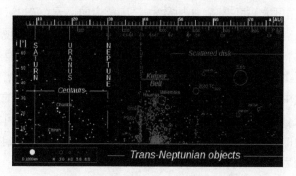

图 2-1　柯依伯带天体的轨道特征

横轴为半长径，纵轴为轨道倾角，大小为天体的绝对星等。红色为处于海王星共振位置的
"共振"天体，蓝色为所谓"经典"天体，白色为"散射"天体，黄色为"半人马座天体"

　　Malhotra 等为了解释冥王星轨道的形成，提出了太阳系大行星形成后，行
星在与星子盘作用下经历了大型的径向迁移，在迁移的过程中与海王星发生
3:2 共振的位置扫过星子盘，俘获了其中的冥王星并将它约束在共振中直至到
达目前的轨道。这一模型也可以成功地解释柯依伯带天体在空间中分布的一
些重要特征。其后也有一系列的工作对这一"轨道迁移、共振俘获"的机制
进行详细的分析与模拟，给出了大行星的初始轨道位置、原星子盘的质量与
空间分布范围等一些限制条件。2003 年，为了解释太阳系行星形成后约 650
百万年内月球表面经历的一场明显的陨击高峰期（称为晚期重轰击，late heavy
bombardment），法国尼斯（Nice）天文台的研究团队提出了一个大行星迁移模
型（现被称为尼斯模型），该模型的核心内容是大行星形成后，轨道结构较为
紧致，行星与星子盘相互作用导致木星、土星迁移并经过 1:2 轨道共振。在
共振穿越时木星、土星的轨道偏心率被激发，导致行星系统轨道构型的显著
变化（天王星和海王星的轨道半长径显著增大，到达当前的轨道），对原星子
盘的摄动大大加强，诱发了大量星子散射到内行星轨道上，形成对内行星（及
月球）的轰炸。该模型较为成功地解释了太阳系 4 个大行星目前的轨道构型、
内太阳系的晚期大型轰炸、巨行星的一些不规则卫星的形成，以及相当多的

柯依伯带天体分布特征，部分地解释了木星和海王星的特洛伊（Trojan）小行星形成。尼斯模型提出后又经历了几次改进和修正，目前最新版本的尼斯模型中包含了 5 颗大行星（其中一颗在演化过程中被散射出太阳系）。尼斯模型是一个成功的模型，但目前仍然存在一些该模型不能解决的问题，包括木星和海王星俘获星子形成特洛伊天体的效率太低、难以解释木星和海王星的特洛伊天体的高轨道倾角的形成、太阳系原始星云盘的边界无法准确确定等问题。

随着观测精度大幅度提高，如加拿大–法国黄道面巡天 CFEPS（Canada-France Ecliptic Plane Survey）、智利的 La Silla-QUEST 巡天等[4]，发现了柯依伯带许多新的、更加精细的特征。例如，在海王星的高阶共振区也有相当数量的柯依伯带天体聚集、50 天文单位之外的所谓"散射盘"也存在着复杂的动力学结构、散射盘中的小天体数目甚至可能超过 47 天文单位之内的小天体之和。散射盘中的天体——特别是其中那些"游离"天体，其轨道可能曾经到达太阳系附近其他的行星系统，并发生物质交换（特别是水和有机物分子），因而这些天体的动力学演化引起了人们的极大兴趣。

总体而言，柯依伯带天体在空间的分布特征，特别是在与海王星发生低阶共振位置的聚集，即共振柯依伯带天体的来源，已经被行星轨道迁移、共振俘获机制（包括 Malhotra、Gomes 等提出的原始模型和各修正模型、Nice 模型等）基本解决。具有典型的小偏心率、小倾角轨道的所谓"经典"柯依伯带天体的来源和轨道演化，也基本得到了合理的阐释[5]。然而，越来越多的观测发现却不断出现新的问题，那些具有与众不同特性的柯依伯天体越来越多，给传统的理论、模型带来了新的挑战。

在迄今观测到的 1600 多颗柯依伯带小天体（包括数量不多的位于木星轨道和海王星轨道之间的所谓"半人马座小天体"，Centaurs）中，约 60% 的轨道倾角超过 5°，属于所谓动力学"热"（dynamically hot）的小天体；其中具有超过 40° 的极大倾角的柯依伯带小天体也有约 30 颗，而且它们归属于传统分类的所有类型之中。如 2004 DG77（轨道倾角 47°）是经典柯依伯带天体、散射小天体 2004XR190 的轨道倾角则为 47°、半人马座型小行星 2002 XU93 的轨道倾角为 78°，甚至还有处于逆行轨道上的小天体 2008 KV42（轨道倾角 104°）。考虑到观测的选择性效应，倾角越高的小天体在黄道面附近的运行时间越短，因此被发现的概率越低。根据 2011 年加拿大–法国黄道面巡天 CFEPS 的观测结果及分析，超过 90% 的柯依伯带小天体可能都处于高倾角轨道上。海王星轨道以外，倾角高达 40° 以上的小天体可能遍布于整个柯依伯带，而现在对它们的研究和观测均甚少。

　　一些观测数据表明，柯依伯带天体的表面性质与它们的轨道倾角相关[6]，甚至一些观测还显示轨道倾角与柯依伯带天体的大小也有一定关联[7]。但最近更多更仔细的观测表明这种关联比较复杂。在不同类型的柯依伯带天体当中，这种关联关系体现出不同的特征，为研究柯依伯带天体的起源和演化提供了新线索也带来了新限制。柯依伯带天体颜色与轨道倾角的关联如图2-2所示。

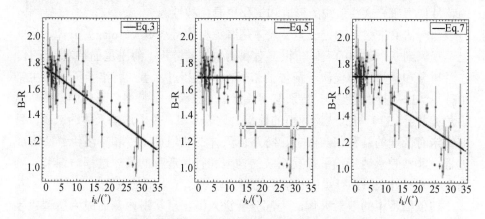

图 2-2　柯依伯带天体颜色与轨道倾角的关联
横坐标为柯依伯带天体轨道倾角，纵坐标为色指数 B-R（带误差棒的点为观测资料，实线为不同的拟合）

　　对于柯依伯带小天体倾角的激发机制，国际上已经有了较多的研究工作，包括诸如大行星迁移、大星子散射、长期共振、混沌俘获等，以及著名的尼斯模型。然而这些工作的轨道激发效果都有限，柯依伯带小天体的倾角最高只能被激发到 30°～35° 的量级。特别重要的是，在小天体轨道倾角被激发的同时，还伴随着轨道偏心率的激发，因此这些模型都无法解释众多同时具有高轨道倾角和低轨道偏心率的轨道来源。

　　实际上，柯依伯带小天体的高倾角很可能形成于类木行星发生轨道迁移之前，或在行星完全形成之前。因此可以猜想，在太阳系行星系统形成初期，残余星子盘可能就有着较大范围的空间分布，这将为揭示其他太阳系小天体，如主带小天体、木星的特洛伊小天体、木星族彗星、行星的卫星等的真实空间分布提供新的线索。

　　柯依伯带中还存在相当多的"多体系统"。例如，冥王星除了冥卫一Charon 之外目前已经发现了另外 4 颗卫星，而柯依伯带中的双子系统（Binary）的比例估计超过了 10%，高于主带小行星。此类双子系统形成之前一般具有较高的动能，直接的引力俘获无法提供足够的能量耗散。而柯依伯带天体之间通过低速碰撞可以较容易地形成行星卫星系统。这一解释存在两个问题。

一是 100km 大小的柯依伯带天体发生碰撞的概率很小，无法形成相应数量的双子系统；二是形成的双子系统成员星之间质量比通常较大，与柯依伯带双子系统中成员星的质量之比接近这一观测事实不吻合。除去质量比较大的两个天体外，这些系统还可能拥有质量很小的卫星。例如，冥王星和 Chron 系统中 4 颗卫星的轨道都被发现处于近圆共面和近共振关系。这些轨道动力学的特性使得研究这些系统的形成和演化更具挑战性。

与柯依伯带相关的另一类小天体是海王星的特洛伊（Trojan）天体，目前已经观测到 9 个这样的天体。根据对观测数据的分析，海王星的特洛伊天体，在总质量和数量上都仅次于柯依伯带天体而远超过木星的特洛伊天体和主带小行星（1~2 个数量级）。特别值得注意的是，海王星特洛伊天体中，高轨道倾角（大于 15°）与低轨道倾角的数量之比为 4∶1，关于这些天体的来源，目前仍未有合理的解释。实际上，特洛伊天体的轨道稳定性和特洛伊群的形成过程，非常敏感地依赖于行星系统的构型和行星迁移的具体过程与细节，因而近年来对外太阳系行星的特洛伊的研究也引起了人们的关注。

柯依伯带中的散射天体，一部分会进入海王星轨道内侧而成为所谓"半人马座小天体"，而它们往往处于不稳定的轨道上，更加靠近太阳时往往表现出彗星的特征。所以半人马座天体实际上是太阳系外围天体向内转移的桥梁。它们的空间分布、典型寿命、轨道演化途径等也是天体力学研究的重要对象。

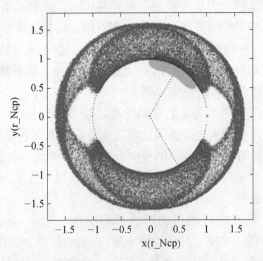

图 2-3　一个 3∶2 共振的柯依伯带天体轨道（红色）与一个 1∶1 共振的柯依伯带天体即海王星特洛伊的轨道（绿色）在空间上相互重合

共振柯依伯带天体在轨道根数空间中占据着不同的共振，并没有交互作用。然而考虑到众多柯依伯带天体具有较大的轨道偏心率或处于较大振幅的共振轨道上，一些共振天体的轨道在构型空间中却可能相互重叠（图2-3），为这些天体在不同共振直接的跳转、交换提供了可能。这对太阳系发展演化过程中的物质混合和输运，具有重要的意义。

此外近年来的观测还发现柯依伯带中也如同小行星主带一样存在着小天体的"族"（family），对这些小天体族的证认、轨道演化分析随着更多更好的观测资料的积累正逐渐开展起来。

专为探测柯依伯天体而设计的美国国家航空航天局（NASA）的新地平线（New Horizons）探测器于2006年发射，经过7年的空间飞行飞过海王星轨道，在2015年年中接近冥王星及其卫星系统。所带来大量的新观测数据，将掀起一股柯依伯带研究的新热潮。

三、太阳系外行星系统的探测与行星系统动力学

（一）系外行星的探测

行星是宇宙中的基本天体之一，是生命和文明的载体。行星在宇宙中的存在是非常普遍的，有相当多的太阳质量量级恒星可能有稳定的行星系统。由于观测技术的限制，20世纪末以前，太阳系是唯一被人类探测的行星系统。1995年Mayor和Queloz在主序恒星51Peg附近发现了一颗木星质量量级的行星[8]，该发现揭开了人类搜索太阳系以外行星系统（以下简称系外行星系统）的序幕。截至2014年4月14日，已经被确认的系外行星有1490颗，其中绝大多数是在近10年发现的。系外行星的探测和研究呈现越来越热、越来越快的势头。探测系外行星的方法主要有视向速度方法、凌星法、直接观测法、微引力透镜法、脉冲星法以及天体测位（astrometry）法。其中视向速度法和凌星法是目前效率最高、最流行的方法（图2-4）。

视向速度法以地面巡天观测为主。国际上这方面比较成功的工作小组主要有：①欧洲日内瓦的欧洲南方天文台系外行星巡天。他们的主要设备是欧洲南方天文台La Silla的3.6m望远镜专门配置的高分辨率摄谱仪（HARPS）[9]。整个摄谱仪放置在一个真空恒温的容器中。该设备利用同步定标原理，视向速度精度可以达到1m/s。HARPS自从2003年投入工作以来一共发现了130多颗系外行星。②美国加州的Lick系外行星巡天[10]。他们主要利用Lick天文台的3m

望远镜，在近 25 年里也发现了几十颗系外行星。③澳大利亚的 Anglo-Australian 的系外行星搜寻小组[11]也在近十几年里发现了几十颗系外行星。在方法上，最近主要的技术进展为激光频率梳技术的应用，有望将现有的视向速度测量精度提高 2～3 个数量级，从而在搜寻太阳系外的类地行星方面取得突破性的进展。

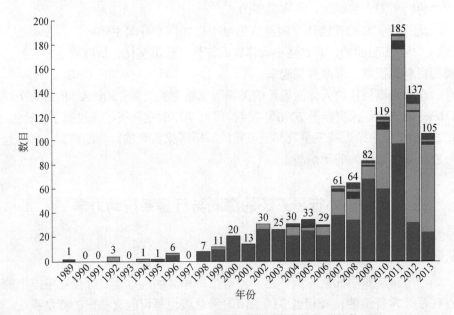

图 2-4　近年来用不同方法探测到的系外行星探测的数目

蓝色是用视向速度方法确认的行星，绿色为首先是凌星方法探测到，之后用视向速度方法确认的行星

　　凌星法是近几年来发展最迅速的系外行星探测方法。地面观测主要以全球联网大视场巡天为主。这方面较成功的有：①国际大视角凌星搜寻小组 SuperWASP[12]。该组在南北半球分别设有一个观测台，每个观测台由 8 个 20cm 的小望远镜阵列组成，可以实现同步超大视场巡天（视场达 490 平方度）。自 2006 年该小组的第一颗系外行星发现以来到 2013 年，SuperWASP 已经成功发现了 100 多颗系外行星。②美国哈佛大学领导的国际系外行星凌星联网搜寻小组 HATNet[13]。该组的特点是在全球设置多个小望远镜组网，可以实现对同一片天区的不间断检测，从而提高凌星的搜寻效率。从 2001 年运行以来，HATNet 一共发现了 50 多颗系外行星。此外 XO[14]、TrES[15]等地面凌星搜寻小组也发现了些系外行星。

　　地面观测受到大气消光和视宁度的影响，测光精度很难达到毫星等以下，几乎无法发现地球大小的行星。同时必须全球联网才能发现那些轨道周期较长的凌星行星，这极大地降低了行星探测的效率。而随着近年来对南极科考的发展，人们发现极地地区有着得天独厚的环境，可以达到亚空间的观测条件，太阳系外行星的观测也随之发展到了南极，利用极地的极夜干燥等天气条件提高凌星的搜寻效率[16]。

国际上许多国家都已经在南北极地区开展了天文学观测。加拿大在北极圈附近的系外行星搜寻[17]。美国在南极点已建成长久的科学研究极地，以此基地为依托进行微波背景辐射和中微子宇宙学相关的观测。而法国、意大利、澳大利亚的天文学家也在南极内陆冰穹 C 等地开展了长期的台址监测和系外行星搜寻观测（Astep）[18]，结果显示南极冰穹区域温度极低（常年低于−60℃），因此大气水汽含量极低、地表湍流层薄，大气消光和抖动很弱，视宁度可达到 0.3mas，接近空间观测水平。而且全年晴夜数多，在极夜时可以连续 2～3 个月进行 24 h 观测，极大地提高了对中短周期行星（10～30 天）的探测概率，并且这种长时间连续观测数据在进行行星凌星周期变化（TTV）的研究中有着巨大的优势。这些特点使得南极冰穹地区成为地面上进行时域高精度测光观测的最佳地点之一，也是在地面进行太阳系外行星搜寻的首选台址。

我国南极内陆科考队于 2005 年实现了人类首次从地面到达南极冰盖最高点冰穹 A，并在冰穹 A 点建立了中国南极昆仑站（图 2-5）。国内天文学家抓住了这一契机发展南极天文战略，于 2008 年在冰穹 A（昆仑站）建立了中国南极天文台，并成功安装了第一台科学级望远镜 CSTAR[16]。在随后的 3 年内设计建造了第一台 AST3[19]望远镜，并于 2012 年极夜期间成功在昆仑站运行。在极短的时间内，使得我国在南极测光观测方面从零发展到世界前列。

图 2-5 南极冰穹 A 点及 520 中继站

目前南极天文台主要依托于中国南极昆仑站进行建设，已经建立了完整的通信、电力和人员保障等支持设施。根据我国的"十二五"规划，南极天文台将被建成一个功能完备的综合性天文台，主要进行多波段、大视场、高精度的时域测光观测，而太阳系外行星的搜寻是主要的科学目标之一。在随后的几年内，CSTAR 将被升级改造，而 AST3 后续两台望远镜也将安装到位形成观测阵列。在 2020 年前后，2.5m 的昆仑暗宇宙巡天望远镜（KDUST）也将安装在昆仑站。这些望远镜将组成一个包含小、中、大口径、覆盖可见光到红外波段的系列望远镜阵列。这些望远镜的使用，将极大地在探测系外行星方面发挥出强大的能力。

由于地面观测条件的限制，地面凌星观测到的系外行星主要以体积较大，轨道周期较短（10 天以内）的类木行星为主。类地行星的探测和发现需要精度更高更稳定的空间望远镜。第一架以探测系外行星为主要科学目标的空间望远镜是欧洲在 2006 年年底发射的 CoRoT[20]。在 6 年多的时间里，CoRoT 目前共发现了 600 多颗系外行星的候选天体，其中有 20 多颗已经被确认，包括发现的当时最小系外行星 CoRoT-7b。CoRoT 卫星已于 2013 年 6 月退役，它的成功为之后的 Kepler 以及将来的 TESS 和 PLATO 等空间望远镜搜寻系外行星计划铺平了前进的道路。第二架升空的系外行星探测器是 NASA 研制并于 2009 年 3 月发射的 Kepler[21]（图 2-6）。通过对银河系内 105 平方度视场的连续高精度测光观测，Kepler 已经发现了 4302 多颗系外行星候选天体，其中包括 1284 颗已经被确认的。2013 年 5 月 Kepler 太空望远镜的 4 个控制方向的反应轮中，已经有两个反应轮停止工作，望远镜自动进入安全模式，已经不能进行高精度测光。未来 Kepler 将继续在 2 个控制轮下开展一些系外行星的搜寻工作，但是具体科学目标会随着测光精度的下降而改变。

 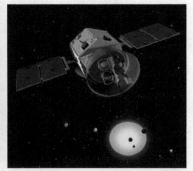

(a) Kepler 系外行星探测器　　　(b)TESS（全球系外行星巡天卫星，
(2009 年 5 月升空)　　　　　　　 2017 年发射)

图 2-6　系外行星探测器

未来的通过掩星法探测系外行星的空间计划主要有：

（1）NASA 近年刚批准了全球系外行星巡天卫星（Transiting Exoplanet

Survey Satellite，TESS）[22]，计划在 2017 年上天，上天后将对全天亮星的行星系统进行搜索。该计划（图 2-6）将对全天 50 万颗 G、K 型且视星等亮于 12 mag 的亮星（包括最近邻的 1000 颗红矮星）进行巡天，以期发现太阳系附近的类地行星。TESS 预期发现 1000～10 000 颗地球大小或更大的行星，为地面 HARPS 高精度光谱仪和未来 JWST 空间望远镜选源。

（2）欧洲空间局批准的小型空间卫星项目 CHEOPS[23]，也将计划于 2017 年升天。CHEOPS 的探测目标将主要锁定在那些通过视向速度观测已知的系统以及一些地球附近的亮星上。结合地面望远镜的视向速度观测数据，以及 CHEOPS 自身的掩星观测，此项目的主要科学目标是建立一个行星参数（大小、质量、结构）精确化的样本，以期对行星的多向性及其形成和演化有更加全面深刻的理解。

除此之外，目前正在准备立项，未来有可能上天的计划有欧洲的 PLATO（PLAnetary Transits and Oscillation of stars）2.0[24]以及国内正在积极努力推进的亮星巡天空间项目（Bright Star Survey Telescopes，BSST）等。

总的来说，目前用凌星法探测系外行星是目前国际上的一个热点，从地面到空间，从现在到将来都集结了许多大的天文观测设备和项目计划，吸引了越来越多的天文工作者。

（二）系外行星的形成及其动力学

随着系外行星探测的开展，行星系统形成的理论研究也在不断深入。根据经典的核吸积模型，行星形成是一个长期的动力学过程，大约经过以下几个阶段：①恒星盘中重元素物质通过凝集、相互碰撞并和，形成千米级的星子；②星子相互碰撞产生尺寸为 100km 级的行星胚胎；③行星胚胎在与原恒星盘相互作用下发生迁移和更大规模的碰撞；④约 10 个地球质量以上的胚胎显著吸收恒星盘中的气体形成类似木星的气态巨行星，小的胚胎形成类地行星。在原恒星盘消失后，这些行星之间通过相互作用进一步演化，经过几十亿年，才形成目前观测到的行星系统。但是上述基本图像面临几个大的困难。主要困难首先在于厘米星子凝聚形成千米级星子的机制还不清楚，而通过碰撞形成行星胚胎的时间非常长，在远距离轨道上（>10AU）形成 10 个地球质量的胚胎的时间会超过盘的平均寿命。因此胚胎形成后如何在远距离轨道上形成气态巨行星或类似海王星的类冰行星是个问题。根据气体盘与行星胚胎相互作用的线性理论估计，地球质量大小的行星胚胎在气体盘的作用下向内发生快速迁移（称为 I 型迁移），这也使得在中等距离上通过行星胚胎形成气态行星非常困难。另外，目前观测到的多数系外行星在椭圆轨道上，凌星观测表明系外气态巨行星的平均密度有一个量级左右的差异，气态行星不同结构及其轨道偏心率的起源也是目前行星形成和动力学理论所需要解决的重要问题。此外，行星盘角动量转移机制、引起原行星盘黏滞性的物理机制（可能是 MRI 不稳定性引发的湍流）、球粒陨星结构的形成等还没有得到很好的解释。

近年来，国际上行星系统形成与演化理论研究在上述部分问题上取得了一些重要进展，其中之一就是在行星胚胎 I 型迁移的停留机制。例如，流体数值模拟发现，原恒星盘面密度的一个 50%的突起可以使得 I 型迁移得以停止，此外在原恒星盘雪线（温度 170K）或气体物质升华处（温度约 1000K），气体黏滞 $q2$ 系数的不同可导致气体面密度产生所需峰值，从而减缓直至停止 I 型迁移。蒙特卡罗方法模拟的行星形成与演化，在 I 型迁移的速度比线性估计小一个量级左右的前提下，可以得到与观测基本相符的气态巨行星的周期与质量理论分布。

此外，大量观测到的行星系统的统计特征可以为行星形成理论提供约束和初始条件。Kepler 行星候选体的大量发现，完善和更新了之前关于行星系统统计方面的一些重要结论。例如，超过 20%的行星处于多行星系统[25]（图 2-1），可能有超过 20%～30%的类太阳恒星拥有地球半径以上大小的行星[26,27]。之前发现拥有类木行星的主星重元素丰度较高[28]，最近发现中小质量行星的拥有率则可能与主星重元素丰度无关[29]。

目前国际系外行星探测与理论研究的一些热点问题有：

（1）行星系统拥有率的研究（occurrence rate）[30-32]。目前，结合 RV 和 Kepler 凌星的数据，大体上 10%左右的类太阳恒星在 3AU 内拥有类木巨行星，20%～30%的拥有地球半径（质量）以上大小的中小行星[33]，并且有超过 20%的这些行星系统是多行星系统[34]。之前发现拥有类木行星的主星重元素丰度较高[35]，最近发现中小质量行星的拥有率则可能与主星重元素丰度无关[36]。此外随着系外行星样本的迅速增大，研究系外不同类型行星系统（如根据行星的大小和周期分类）的拥有率与宿主恒星的其他属性，如质量[37]、自转[38]、光谱型[39,40]、年龄[41]成为了研究行星形成的另一个新的突破点。此外，与拥有率密切相关的是观测数据本身的完整性（completeness）[42]、偏差（bias）[43]、假阳性率（false positive rate）[44,45]。对它们的理解和研究为开展系外行星的深入研究提供了最基本的观测基础。

（2）系外行星系统的轨道动力学构型及其形成演化。系统轨道构型最基本的几个参数是，系统内行星的个数（multiplicity）、大小、质量、周期、轨道偏心率、倾角及其分布。目前 Kepler 的观测发现了大批多行星系统[34]。这些行星系统大部分是由中小行星（大小在 4 个地球半径以下）组成[46]，和太阳系相比这些行星系统内的行星轨道也基本相互共面[47,48]，不同的是大多数行星聚集在离宿主恒星非常近的区域，形成非常紧凑的轨道构型。通过凌星时长（transit duration）的统计研究显示，Kepler 发现的行星轨道偏心率总体来说平均在 0.1 左右[49]，而通过凌星中心时刻变化（TTV）给出的其中处在平运动共振（MMR）附近的行星偏心率则更小，平均在 0.01 左右[50]。通过对多行星系统中的行星周期比分布研究显示行星的周期分布在大体上基本符合随机分布，但在一些平运动共振（如 2 : 1 和 3 : 2 MMR）附近会有些聚集。更有趣的是这些聚集都是在 MMR 中心以外[51,52]。此外通过对 TTV 的统计研究发现，TTV 的出现率与系统内行星的个数成正相关，表明 Kepler 发现的行星样本在动力学上的构型，起源不是单一性的而是多样的[53]。系外行星尤其是多行星系统的主要问题是动力学演化问题。最近几年，特别是 Kepler 项目以来，系外行星样本迅速增大，为系外行星系统的轨道动力学构型及其形成演化研究提供了前所未有的丰富观测资料。

（3）系外行星的内部结构组成及大气成分。行星的半径大小一般可以通过凌星测量得到，而行星质量则一般可以通过 RV 和 TTV 估算出。二者结合可以估算出行星密度并进而推算行星本身的物质结构组成。目前有密度估计的行星候选天体已经超过 200 个。总的特征呈多样性——最大和最小密度跨越两个量级，且即使是同一系统相邻两个行星的密度也能有一个量级以上的差别[54]。这些样本行星的大小以 1.5~2 倍地球半径处为界形成双峰分布[55]。半径小的这边行星一般认为主要以纯岩石类行星为主，而半径大的这边行星一般由一个岩石类的核以及一个气体包层组成。对行星的密度组成及其分布的研究为了解行星形成早期原行星盘的组成和演化、行星-恒星之间的潮汐演化以及行星大气蒸发[56]提供了非常重要的线索。

（4）行星系统中宿主恒星的赤道面倾斜度。一般认为恒星的赤道面和其周围的行星系统轨道面应该是基本共面的。这种猜想符合我们来自太阳系的经验，同时也符合现在行星形成理论的大框架——行星诞生于绕恒星旋转的原恒星盘中。但是观测发现有的系统并不共面，有些相互倾角甚至大于 90°。更多的观测还显示倾角大的系统多在质量大、表面温度高的恒星周围[57]。在对宿主恒星的赤道面倾斜度分布的解释上目前存在着多种模型，主要涉及恒星与原恒星盘的相互作用[58]、行星的轨道迁移、行星间相互散射[59]、长期相互摄动[60]、伴星对主星行星系统扰动以及潮汐演化[61,62]等。邻近主星的行星与主星之间的潮汐作用研究也是目前系外行星研究的重要课题。传统测量恒星赤道面倾角的方法主要是通过视向速度的 Rossiter-Mclaughlin 效应观测得到[63]，近几年在 Kepler 数据的推动下发展出了借助恒星表面黑子和星震等新方法探测恒星赤道面倾角[64,65]，最近重要的进展是发现了第一个多行星系统围绕一颗高赤道面倾角的恒星[66]。随着这方面观测资料的迅速增加，这方面的研究也更加的丰富和深入，对各种理论模型给出了新的约束和启发[67]。

（5）宿主恒星基本属性的精确化诊断。Kepler 卫星通过凌星观测找到了几千个系外行星的候选天体。由于凌星观测直接得到的是行星对其宿主恒星的相对大小，要获取行星自身的大小、质量等基本属性需要对其宿主恒星的基本属性有一个比较精确的测量。传统的方法是对目标恒星进行高分辨率光谱观测分析[68]，但是这往往对亮星更加有效，且需要昂贵的望远镜时间。近几年，借助 Kepler 数据，在诊断恒星上有了重大的进展，发展起了通过测量恒星自转[69]、恒星震动（seismology）[70]、恒星光变（photometry）[71]来推测恒星属性的方法。这些方法的应用对准确刻画行星系统，探索行星与恒星的关系以及恒星本身的结构和演化产生了深远影响。目前这方面的一个发展方向是如何综合各种方法将其应用到更加暗的恒星——Kepler 探测的目标大多是非常暗的恒星。

（6）双星或者多恒星系统中的行星形成和演化。这个研究方向的重要性不言而喻，因为超过一半的恒星诞生在多恒星系统中[72]。在之前，Kepler 这个方向发展比较缓慢，主要是因为探测系外行星的方法由视向速度法主导，后者对探测多恒星系统中的系外行星效率较低。Kepler 上天后发现了大量的凌食双星[73]，并确认了第一颗围绕双星的行星系统[74]——目前这样的系统 Kepler 已经发现了 10 多个。此外，Kepler 还发现了第一颗处在四星系统中的行星[25]和疏散星团中的行星[26]，这些发现极大地开拓了人们对各种恒星环境下行星形成和演化的新视野。

（7）类地行星、宜居行星的搜寻和刻画[27]。探测太阳系外行星的一大推动力来自于人类对地球以外的生命和文明的向往。随着近些年太阳系外行星探测的蓬勃发展，公众们在这方面的兴趣得到前所未有的激发。这方面的里程碑目标是首先寻找到第一颗类似地球的适合生命存在的行星[28]，进而估算整个太阳系附近以及整个银河系宜居行星的拥有率，然后对一些宜居行星进行各种详细的后续诊断研究得到它们的结构组成、大气信息以及生命存在证据。目前 Kepler 已经探测到 100 多个可宜居行星的候选天体，并等待进一步的确认。此外关于如何定义和刻画宜居行星也成了这方面的研究热点[29]。总的来说，对宜居行星的探测和研究目前热度空前，且有逐渐向多个学科（如地质、生物等）综合发展的趋势。

目前国际系外行星探测与理论研究特征和趋势有：

（1）行星探测从地面发展到空间，地面搜寻以小望远镜组网为主。2009年之前的系外行星探测主要是以利用视向速度方法为主，利用中等口径望远镜，如 High Accuracy Radial velocity Planetary Search project（HARPS，智利欧洲南方天文台 ESO，3.6m）以及北天的 HARPS-N；California & Carnegie Planet Search（Keck，10m）；Anglo-Australian Planet Search Program（澳大利亚 AAT，3.9m）等。利用行星凌食主星来探测行星的凌星方法近年来得到了极大的发展，由于地面的测光精度受到大气的影响，空间望远镜是探测行星凌星事件的最佳方式。例如，法国领导的 CoRoT 计划（http://smsc.cnes.fr/COROT/）和美国的 Kepler 计划。而地面的凌星探测则以大视场的巡天望远镜组成地理经度覆盖全球的网络，以弥补单站点的观测窗口问题。如 WASP、OGLE（微引力透镜和凌星）、HAT & HAT-South 等，都取得了很好的成效。图 2-7 为 WASP 凌星方法地面巡天的区域图。

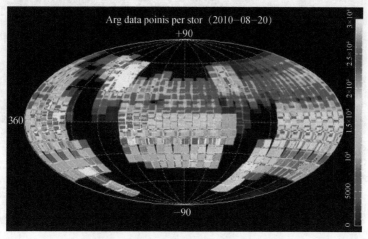

图 2-7　WASP 凌星方法地面巡天的区域

（2）行星物理特征刻画以空间望远镜为主，辅以地面大型望远镜。除了直接成像外，其他方法探测到的系外行星都是间接的。对于行星内部结构和大气的刻画（characterization），由于行星自身辐射微弱，要探测来自行星的光子，需要更大口径的地面或空间望远镜，最佳的波段是红外和近红外波段[75]。近年来，通过 Hubble、Spitzer 等空间望远镜和 VLT 等地面大望远镜，利用多波段测光或光谱连续观测恒星在凌星期间和凌星前后信号强弱的变化，已经获得了数个行星的吸收光谱或者发射光谱，并通过模型拟合表明行星大气中存在甲烷、二氧化碳等成分（如文献[3]）。

（3）宜居类地行星的搜寻和刻画仍是目前系外行星探测的首要目标。探测系外行星的重要目标之一是寻找适宜生物系统存在的类地行星。Kepler 探测到的 48 个位于宜居区的行星候选体中，有不少可能具有固体表面。由于 Kepler 探测到的行星候选体大多主星较暗，所以不适宜视向速度方法的证认。利用视向速度方法搜寻到的几个位于宜居区的行星，也可能是固态行星。例如，HD 40307g 与母恒星的距离接近一个天文单位，可能存在液态水（文献[4]）。但由于处于宜居区的类地行星引起的恒星视向速度大多在 1m/s 以下，接近目前国际视向速度方法的极限，因此这些行星的存在还没有被完全认可或者经过其他独立方法证实。图 2-8 显示了行星系统适居区与主星质量之间的关系。图中横坐标为相对地球的轨道半径，纵坐标为宿主恒星相对太阳的质量。

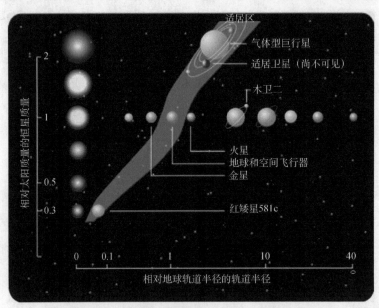

图 2-8　行星系统适居区与主星质量之间的关系

第二节　近年来天体力学领域的研究现状和研究动态

IAU 天体力学专业委员会（commission 7）的正式成员有 275 名，其中我国大陆成员有 22 名。国内活跃在天体力学相关领域、太阳系外行星系统探测的研究人员近 60 人，包括来自南京大学、北京师范大学、中国科学技术大学、中国科学院紫金山天文台、中国科学院上海天文台、中国科学院国家天文台、中国科学院云南天文台等的专家学者。主要研究方向有：非线性天体力学、柯依伯带天体的探测与研究、系外行星探测与行星系统动力学。

一、非线性天体力学

近年来的工作集中在保守系统的轨道扩散及其在太阳系小天体的应用。以二维和三维保测度映射为模型研究了保守系统中的轨道扩散规律，提出了双曲结构是引起保守系统轨道扩散黏滞性效应的本质原因的观点，这对于理解太阳系稳定性有重要意义。将上述研究应用到彗星运动、小行星运动、行星环、点质量系统等保守系统中，揭示了这些系统中轨道扩散的一些本质特性。例如，发现彗星在穿越木星轨道时，其能量演化遵循 Levy 飞行，纠正了自 Oort（1950）以来，人们一直认为太阳系长周期彗星能量动力学演化遵循 Gauss 无规行走的片面看法。

二、柯依伯带天体的探测与研究

国内近期还没有开展柯依伯带天体探测的计划。在柯依伯带天体动力学理论研究方面，主要工作集中在对柯依伯带天体结构与动力学稳定性的研究上。例如，探讨了类冥王星分布区域中有共振保护而轨道最为稳定的区域。用数值方法系统地搜索了类冥王星的稳定区域，发现有 6 个区域同时存在 3 个共振，给出了它们中心点的位置预报。研究大行星长时标轨道迁移对柯依伯带天体动力学演化的影响。在考虑了行星迁移过程中随机效应的情况下，发现缓慢的轨道迁移过程可解释目前柯依伯带的结构，特别是柯依伯带天体在与海王星发生 2∶3 平运动轨道共振处的聚集和 1∶2 轨道共振处的缺失。研究了海王星在与星子盘相互作用下发生轨道迁移时俘获小天体而成为其特洛伊的机制。描绘了海王星特洛伊型小天体的动力学地图，揭示了长期共振使得轨道倾角 40°左右有不稳定带等。

柯依伯带天体因距离遥远，视星等一般都在 20mag 以下，但随着国内一些较大口径的望远镜建成并投入使用，对柯依伯带天体进行一些观测也成为可能。比如，考虑到南极天文望远镜的独特位置和观测条件，未来有可能有针对性地对南极天文台的观测数据进行发掘；对于一些亮度较高的柯依伯带天体可利用国内 2m 级望远镜开展一些测光、光谱观测；考虑到柯依伯带天体对背景星的凌星效应，研究利用小望远镜进行巡天观测等。

三、系外行星探测与行星系统动力学

我国在太阳系外行星探测方面起步较晚，但最近几年发展迅速。2004 年，中国科学院国家天文台与日本国立天文台启动搜寻带行星系统的恒星项目。双方天文学家利用探测主星视向速度变化的方法，通过国家天文台 2.16m 望远镜和日本冈山天文台 1.88m 望远镜联合观测，在 400 颗中等质量的红巨星周围搜寻系外行星系统，并于 2008 年和 2009 年发现第一颗褐矮星和第一颗行星。2007 年云南天文台、中国科学技术大学、南京大学与美国佛罗里达大学合作，旨在为丽江 2.4m 望远镜安装行星探测仪器，利用视向速度方法进行行星探测。目前该探测仪已经安装到位，初步的观测表明其视向速度探测的精度（对 8~10mag 亮星）在 10m/s 左右，还有提高的余地。

随着中国南极战略的实施与发展，中国天文学界获得了在南极建立观测站的机会。2008 年位于南极海拔最高点（冰穹 A 点）的昆仑站正式建立，我国首架南极望远镜 CSTAR 也开始运行。CSTAR 由 4 台口径为 15cm（有效通光口径 10cm）的望远镜组成，其中 1 台为白光，另外 3 台分别配备 r、i、g 滤光片。4 台望远镜固定指向南天极天区，覆盖约 20 平方度的范围。CSTAR 为全自动模式，在极夜期间可对大约 4 万颗恒星进行 24h 连续高精度测光观测。作为我国第一台南极望远镜，CSTAR 项目带有实验性质，其主要的科学目标为监测冰穹 A 点的天光、视宁度、云量等台址信息，同时搜寻变星和太阳系外行星候选体，并为望远镜的远程控制和自动化运行提供经验。2008 年成功安装后，CSTAR 连续工作了 4 年，2011 年被运回国内进行升级改造。CSTAR 升级后将加装指向跟踪设备、提高测光精度，然后会重新安装在昆仑站，主要用于在亮星周围搜寻太阳系外行星候选体。

在工作期间，CSTAR 总共采集了超过 80 万张南天极天区的观测图片，为冰穹 A 南极天文台的建设提供了丰富的台址监测信息。经过对这些数据的整理和挖掘，我国天文学家在其中找到了大量有价值的行星、双星和变星源。通过对 2008 年数据的处理，南京大学天文与空间科学院行星组找到了 10 颗太阳系外行星候选体（图 2-9）和 45 颗掩食双星系统。图（a）横坐标为相位，纵坐标为相对星等；图（b）横坐标为频率，纵坐标为功率。由于需要南半球的大口径望远镜进行后续观测，澳大利亚的合作者正在对这些行星候选体进行视像速度测量。而对于新发现的凌星双星系统，行星组通过动力学的方法研究了它们主掩和副掩的周期长度变化（ETV），并发现了至少有两个系统存在着周期变化的正相关性（图 2-10），这提示了这些系统里可能存在着第三个伴星，可能是大质量行星或者褐矮星。

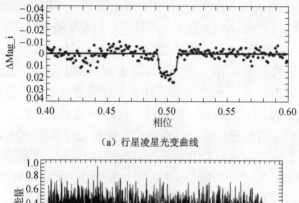

（a）行星凌星光变曲线

（b）光变曲线周期谱（Wang et al. 2014）

图 2-9　CSTAR 找到的太阳系外行星候选体之一

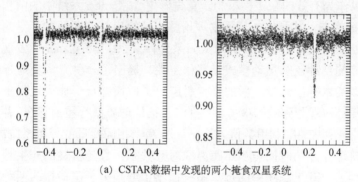

（a）CSTAR数据中发现的两个掩食双星系统

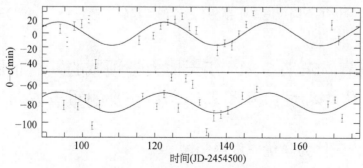

（b）对其中一个系统的ETV分析主掩和次掩显示出正相关性

图 2-10　CSTAR 凌星数据的分析

为了进一步加强南极天文台的观测能力，新的 AST3 项目计划在南极安装 3 台 50cm 大视场巡天望远镜，主要用于搜寻太阳系外行星和超新星。除了口径比 CSTAR 大很多以外，AST3 望远镜可以进行跟踪与指向，同时 CCD 的尺寸更大、空间分辨率更高，可以观测银道面或球状星团等密集星场区域，能够大大提升系外行星的探测效率。2011 年，第 1 架 AST3 望远镜已经成功安装在昆仑站。在随后 2012 年的极夜阶段，这台望远镜通过遥控的方式工作了一个月，采集了超过 10 万张高分辨率的图片。2013 年这批数据被南极科考团队带回国内，正在紧张的处理之中。目前 AST3 项目已经得到 973 计划的支持，成为我国"十二五"南极战略的重要一环。后续的第二台望远镜已经制造完成，正处于测试阶段，预计 2017 年之前全部 3 台 AST3 望远镜都将投入工作，届时我国在南极的太阳系外行星探测工作将走到世界前列。

进入 21 世纪以来，我国及时开展了行星系统的形成与演化方面的理论研究，并跻身国际前沿。目前主要研究课题为行星系统的稳定性、行星晚期的形成以及双星中星子吸积。主要成果有：系统地研究了 GJ 876、HD 82943、HD 69830 等多行星系统中的行星运动特性，发现行星之间的轨道通约和长期共振可以作为有效的稳定性机制。首先确定 55 Cancri 系统中的两颗行星处于 3∶1 共振状态，并利用长期摄动理论解析地给出了判断两颗行星的近星点之差是否处于相位锁定状态。针对太阳系外行星系统 55 Cancri，发现了它们并解释可能的几种复杂运动模式及其稳定性。提出了一种形成类地行星的有效机制，即类木行星形成之后的迁移引起星子碰撞并合形成类地行星。该机制可以解释目前观测到的 GJ876 系统的 7.5 倍地球质量行星的存在，并预言此类行星的广泛存在性。利用数值方法研究了 N 个相同质量的行星系统的稳定性，发现其轨道穿越的时间与初始距离成对数关系，且随机性的产生是一个缓慢扩散过程。对双星系统中的行星系统提出了增强星子碰撞律的两种机制：盘快速耗散导致了不同尺度星子锁相、适度的双星轨道倾角（小于 10°）的存在。

第三节　未来 5～10 年天体力学领域的发展布局、优先领域以及与其他学科交叉的重点方向

一、天体力学优先发展领域

天体力学基础理论方面的研究，决定了天体力学的本身内涵及其发展，

尽管目前国际天体力学基础理论方面的研究不是很活跃，但是作为我国基础科学的战略规划，继续深入天体力学基础理论方面的研究是十分必要的。行星系统动力学是天体力学目前在国际上的主流方向。参考我国现有的基础，今后5~10年天体力学需要继续和加强以下几个领域的研究：

保守系统的轨道扩散基础理论及其在太阳系天体中的应用研究。在揭示一般保守系统扩散规律的同时，可结合深空探测中轨道设计等方面的应用。在行星系统动力学方面，太阳系小天体动力学仍然是近年来天体力学的重要研究课题，其中小行星、彗星、柯依伯带天体等的动力学研究非常活跃。近年来行星轨道迁移理论的提出，给太阳系的形成（包括气态巨行星、类地行星的形成）理论带来了许多新的观点和挑战。结合太阳系演化历史，对太阳系小行星带、柯依伯带乃至Oort云的形成以及动力学结构进行研究，太阳系小天体在近地轨道、小行星主带、半人马座天体、特洛伊天体、柯依伯带天体之间身份转换的过程与路径，这些小天体在太阳系内（以及可能的太阳系和邻近恒星之间）的物质疏运当中扮演的角色，也将是非常值得研究的问题。行星的特洛伊天体，起着行星系形成与演化模型的"试金石"的重要作用，同时也是深空探测的理想目标天体，对这一类天体的研究也有必要加强，尽快开展太阳系小天体尤其是柯依伯带天体物理特性的研究，结合近地天体、柯依伯带天体的光谱观测等，以揭示太阳系残留盘（debris disk）的特性并推广到一般行星系统残留盘的结构及演化，将是最近太阳系动力学的热点课题之一。此外，太阳系大行星的自转与内部结构、太阳系行星的卫星系统的形成与动力学（主要是潮汐演化），行星环的形成与动力学等课题，也应予以大力支持。

太阳系外行星系统动力学是近年国际天体力学的重要研究领域之一。这一领域也是目前我国天体力学研究具有较好基础的一个领域。结合我国已经并且即将开展的系外行星探测，开展行星形成中的轨道迁移、行星系统的确认、动力学稳定性、双星系统中行星吸积等有一定基础的课题，同时积极开拓行星内部结构等新课题，将我国行星形成与动力学的研究队伍做强，在国际上形成一定影响。

"十二五"期间我国可以用于太阳系外行星探测的设备有：①南极AST3的巡天项目，预期在"十二五"期间在冰穹A安装3个50cm的望远镜（AST3），其中第1架已经于2011年安装完毕，并开始观测。其巡天内容包括系外行星巡天。②国家天文台2.16m望远镜将配备1台高效光纤光谱仪。配备新光纤光谱仪的2.16m望远镜视向速度搜寻的精度将好于6m/s。国家天文台和物理研究所正在合作研制用于 2.16m 望远镜光纤光谱仪的激光频率梳。配备激光频率梳后的 2.16m 望远镜及附属高分辨率光谱仪，将有望找到类地行星。③丽江 2.4m 望远镜以及山东大学 1m 望远镜等，也都开始利用视向速度方法开展系外行星探测。

充分发挥国内现有的丰富的中小望远镜资源，包括兴隆 2.16m 望远镜，高美谷 2.4m 望远镜等，同时通过参与国际合作，积极利用恒星震动和系外行星观测网络 SONG 所提供的恒星内部结构的直接观测，发展和完善恒星理论模型，将有望进一步推动恒星演化和恒星振动理论的发展，争取获得重要的科学成果。

上述除了 AST3 巡天望远镜外，其他都是证认用的。到目前为止，我国学者发现的系外行星只有 2 颗，对此需要加强系外行星候选体的凌星搜寻。美国 Kepler 卫星取得了巨大的成功，截至 2014 年 4 月 14 日，已经发现了 3845 颗系外行星候选体，其中通过视向速度、TTV 等方法证认了 961 颗，由于 Kepler 视场中大多数恒星都是暗星，候选体证认比较困难。为了弥补这一不足，美国计划 2017 年发射 TESS 望远镜进行全球亮星巡天，搜寻全天球的亮星系外行星，以便发现宜居区行星，并被后续地面大望远镜以及未来空间大望远镜如 JWST 直接成像。TESS 望远镜就是测光，原理简单、技术成熟，我们国家也完全具备相关的技术和能力。可以考虑在 TESS 上天之前在地面或者空间开展全天区亮星行星的搜寻。在南极我们已经开始这方面的工作，如果巡天空间计划 NEarth 能启动、开展，宜居行星搜寻将有可能取得重大的突破。

积极开展基于 LAMOST 大口径多目标的太阳系外行星搜寻仪的研制，以及基于南极望远镜的凌星观测等项目，与我国在系外行星形成、系外行星系统动力学等理论研究工作相结合，形成我国自己有特色的研究成果。优先支持利用视向速度方法探测太阳系外行星，优先支持将激光频率梳技术用于兴隆 2.16m 望远镜光谱仪和 LAMOST 望远镜多目标光谱仪、支持丽江 2.4m 望远镜的探测项目，以及与国外大望远镜合作的行星探测计划。支持利用凌星法探测太阳系外行星，优先支持利用南极望远镜及国内小口径（50cm、80cm 和 100cm 等）望远镜进行太阳系外行星探测工作。

总之，天体力学在今后几年，除了在现有已经跻身国际前沿行列的领域继续深入研究以期取得系统和突破性成果外，应该注重积极开拓新的研究方向和生长点，尤其注意与天文学观测、深空探测相结合的课题，密切结合我国正在开展的天文学大科学工程，开展天体力学主导的研究项目。研究方法方面，在传统轨道动力学研究的基础上应有所扩展和突破，充分利用流体力学、天体物理的手段和方法，密切注意国际国内行星探测计划以及深空探测的最新结果。及时开展我国对柯依伯带天体的观测和物理性质的研究，注重保护经典而目前欠活跃的方向，注重优秀青年人才的选拔和培养。

今后重点支持方向：

（1）优先发展高精度测光巡天尤其是空间巡天项目（如 NEarth），因为只有空间测光巡天才有可能发现类地行星。该方法相对技术较成熟，大批量的巡天结果也会有较大的国际影响，并极大提高我国对国际系外行星探测的贡献。利用我国现有资源开展太阳系外行星的探测，包括南极系外行星巡天项目，以及国内一些中小望远镜项目。南极冰穹 A 具备了国际一流的台址，具备了相关的条件，结合我国自主探测与国际探测结果开展行星统计与动力学研究。

（2）太阳系小天体（近地天体、小行星、彗星、柯依伯带天体、行星特洛依天体）的起源、物理特性与动力学的影响，如有可能，开展柯依伯带天体探测项目，并结合我国火星计划和太阳系小天体探测计划，开展对行星特洛依的观测研究。

（3）行星系统稳定性与轨道扩散，结合我国深空探测计划的轨道设计与动力学。

二、未来 5～10 年建议项目

宜居行星凌星搜寻的巡天空间计划（NEarth）

NEarth 是 Nearby Earth 的缩写，是一个以寻找宜居带类地行星为目标的大天区亮星巡天空间计划。该计划预期通过 6 年时间，对位于黄道面两极区的各直径为 90°的视场（6300 平方度），即全天 30%天区（12600 平方度）的亮于 12mag 的恒星（包含光谱型为 G、K、M 的类太阳恒星）周围的行星系统进行长时序（3 年）的连续测光监测，以期利用凌星法发现位于宜居带的类地行星，并为下一代地面和空间望远镜寻找探测源。NEarth 主要载荷是一个有效口径为 25cm 的望远镜，采用国际上最先进的球镜技术，以达到同时观测90°直径天区的要求，焦平面将放置 27 个 4k×4k 的光学波段相机（图 2-11）。通过 1h 曝光叠加，9～12 等星可达到千分之一以上的精度，5.5～9 等星达到万分之一的精度，后者可以发现类地行星的凌星信号。

尽管 Kepler 已经发现了 3000 多颗系外行星候选体,但由于其集中在 100°

的天区，多数是非常遥远（几十个秒差距以外）的暗星（14mag 或者更暗），不利于系外行星证认（目前地面最大的 Keck 望远镜，视向速度证认只能到 12mag），以及未来行星的精确刻画。利用未来大望远镜（30m 望远镜和 JWST 空间望远镜等）探测类地行星大气，尤其是宜居带类地行星大气，必然需要一批邻近亮星的类地行星源。

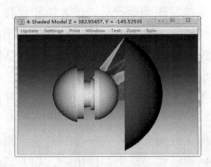

图 2-11　NEarth 球径系统光路和结构示意图

红色为焦平面，可放置数百 CCD

　　NEarth 的主要科学目标分为两大方面：①全天 30%亮星的系外行星搜寻（尤其是宜居带类地行星），完备太阳系近邻的亮星系外行星的样本，为未来大望远镜进行宜居行星的大气刻画和生命起源研究选取样本；②全天 30%亮星的光变与星震学研究。此外，还可能发现全天区内亮于 14mag 的机会源和变源。根据 Kepler 的统计，经过 6 年的探测，NEarth 能够发现超过 2 万颗行星候选体，其中约 800 颗类地行星，包括有超过 1/6 的类地行星位于宜居带，100 颗左右主星亮于 9mag 的类太阳恒星（G、K、M 型）周围的宜居行星，是欧洲计划 PLATO 的 2.7 倍。

　　该计划由南京大学牵头，还包括来自中国科学院紫金山天文台，中国科学院国家天文台等单位的科学团队，并已列入中国科学院空间科学 2016～2030 战略先导规划项目。NEarth 空间载荷造价约 3 亿元人民币，希望能在 2022 年左右发射。如果能立项并发射成功，它将是未来 10～20 年以内国际上最大视场的高精度空间巡天项目。目前南京大学等已经在开展用以验证球镜技术的地面系统研制。地面系统的主镜也是 25cm，直径为 60°的视场（3000 平方度），焦平面放置 12 个 4k×4k 的光学波段相机。预期 2016 年年底前建成，造价 2000 万～3000 万元，2017 年投入科学观测。地面系统可以对 5.5～9mag 以上的亮星寻找比海王星大的行星，同时也可以对美国将于 2017 年发射的 TESS 卫星（该卫星对全天大部分天区进行 1 个月的高精度时序观测）做后随观测，以期发现一批新的系外行星，丰富亮星系外行星系统，并利用国内现有 2m 级望远镜进行新发现系外行星的刻画研究（恒星参数、行星的质量、大气的观测等）。

第四节 未来 5～10 年天体力学开展国际合作 与交流的需求分析和优先领域

国际交流应该结合国际发展前沿以及我国战略发展主方向，依托我国现有以及未来的大科学工程项目，开展平等互利的合作，以此带动学科发展，科研研究与人才培养。

我国天体力学国际合作经历了大约以下几个阶段：

（1）以与西方国家学术交流为主，主要是 20 世纪八九十年代。我国一些优秀的学术带头人通过个人优秀的学术声誉，开展相关领域尤其是天体力学传统领域（如天体力学定性理论、非线性天体力学、相对论天体力学、天体力学数值方法、人造天体运动理论等）的学术交流。通过交流，对于这些学者在国内开创这些领域的国内研究是非常有益的。这些合作也奠定了我国天体力学界与国外一些著名天体力学研究机构之间的长期友好合作的局面。

（2）利用国外研究机构的望远镜或者数据，联合开展大型的合作项目。21 世纪以来，系外行星探测等新领域的兴起，给国际合作带来了新的元素。鉴于早期我国天体力学方面侧重于理论研究，没有开展大规模的观测，因此，该阶段的主要合作均基于国外的观测设备，我国的研究尽管能在一些前沿领域（如系外行星形成与动力学、柯依伯带天体动力学等）取得一些成绩，但整体看来，工作的国际影响力有限。

（3）结合我国自主望远镜观测数据，开展以我为主的大型科研合作项目。随着我国系外行星探测（如南极系外行星巡天等项目）的开展，这一类的国际合作项目会逐步开展起来。这类项目的特点是我国必须有相应的团队，在设备、观测和理论各方面均有较好的基础，科学目标具有很强的国际创新和特色，以此来吸引国外学者进行优势互补的国际合作（如国外望远镜利用地理优势开展后续观测和验证等），并带动我国天文学人才的国际化培养模式，这是发挥我国大科学工程项目成果国际化、争取科学产出最大化、提高国际影响的良好途径。抓住我国经济发展的势头以及国外科研经费缩减的形势，尽快开展以我为主、双方互赢的国际合作不仅是现实的，也是非常急迫的。

根据以上不同阶段以及合作模式的不同特点，近期我国天体力学的国际合作应该瞄准第三阶段的模式，即基于大科学工程的国际合作和人才培养，目前已经或正在开展的合作有：

（1）南极系外行星巡天合作。由于南极系外巡天得到的行星候选体在南天，因此需要与南天观测设备的拥有国家开展合作。中国科学院已经与澳大利亚相关机构签署了基于南极巡天项目的合作协议，就系外行星探测领域，合作内容包括对南极冰穹 A 观测到的系外行星候选体进行高精度测光和视向速度方法的证认。该合作已经开展起来，在系外行星领域已经有包括新南威尔士大学等5~6 名澳大利亚科学家参与，并已经有科研合作成果和人才的联合培养。随着南极项目的进一步开展［未来 2.5m 口径的昆仑暗物质巡天望远镜（KDUST）的投入使用］，有关科学研究和人才培养将会更加活跃。鉴于2013 年起国家天文台在推动中国与智利在天文学方面开展的合作等，依托南极项目的合作将会有更多的合作伙伴。

（2）利用我国国内中小望远镜开展的国际合作。我国几大天文台现有的一些中小望远镜，完全可以自主或者采取与国际合作的方式发挥作用，如包括 LAMOST 等望远镜开展系外行星的探测，使我们能够拥有自己的第一手数据，促进行星形成以及行星系统动力学演化的理论研究。目前已经和正在开展的系外行星国际联合探测包括国家天文台开展的中日韩三国联测计划，中国科学技术大学、云南天文台、南京大学与美国佛罗里达大学正在开展的丽江 2.4m 望远镜的 LIJET 计划。在系外行星探测上还可以通过国际合作，开展凌星、微引力透镜等多种途径的行星探测。

（3）密切注意国家在国际合作领域的新动向，结合天体力学重点发展方向，适时开展重要的国际合作，尤其对我们没有开展的一些重要迁移方向，如我国尚无对柯依伯带小天体的空间探测计划，而 NASA 的"新地平线号"飞过海王星轨道并开始观测，应该争取与相关的国外机构开展合作。尽快开展我国在柯依伯带天体上的观测，以此带动我们在柯依伯带天体上的动力学和物理特性、太阳系起源等课题的研究。在行星系统动力学理论研究方面，提倡开展适度的国际合作，进一步提高我们的国际影响。在后牛顿天体力学等我们基础相对比较薄弱的领域，通过自己培养与国外联合培养相结合的方式，为我国培养优秀的后备人才。

第五节 未来5～10年天体力学领域 发展的保障措施

目前，国际天文联合会基本天文学（Division A）有注册会员1219名，占国际天文联合会所有注册会员（9255名）的7.3%。我国基本天文的人才队伍大约有140人，而IAU天体力学专业委员会（commission 7）的正式成员中，我国大陆成员仅22名，在我国天文学队伍中是较小的队伍。与国际上的主要差距在于，在该领域上一辈的专家学者退休后，一些年轻工作者还没能完全在各个领域承担并将其发扬光大，尤其缺乏该领域的优秀青年人才。与我国天文学其他学科如天体物理一些活跃领域相比，天体力学的青年人才问题显得尤为突出。这可能与现行评价体制有关。鉴于天体力学的重要地位以及研究工作的基础性，如何在政策上适当倾斜，以鼓励和扶持从事该领域的优秀青年人才，使得我国天体力学的研究继续深入开展下去，并在国际上有一定的显示度，是亟待解决的重要问题。

在天体力学教育方面，一些主要单位如国内几所高校和中国科学院各天文台都具有培养研究生的能力。如何适度整合教学和科研资源，吸引广大有德、有志、有识的青年从事天体力学研究，恐怕也不是一朝一夕的事情。从国内国际天体力学的发展来看，结合国际、国内重大科学装备开展研究和人才培养是一条重要的人才培养思路，以此可以吸引优秀青年加入，并将其培养成具有大科学设备使用基础的优秀人才，以适应天文学国际化和自主创新的需求。鉴于大科学工程在国内天文台的基本现状，鼓励以团组协同，不同单位协同培养，以适应天体力学乃至天文学学科融合日益增强的趋势。

结合我国即将开展的深空探测、太阳系天体探测、系外行星探测等，以及国际相关探测项目，尽快在我国形成有一些特色和优势方向的研究小组，对带动整个国内天体力学的发展、吸引优秀后备人才非常有益。

致谢：本章作者感谢谢基伟、张辉等提供了相关资料。

参考文献

[1] 国家自然科学基金委员会数学物理科学部. 天文学科、数学学科发展研究报告. 北京：科学出版社, 2008.

[2] 中国科学技术协会，中国天文学会. 天文学学科发展报告. 北京：中国科学技术出版社，2008.

[3] Noll K S, Grundy W M, Chiang E I, et al. The Solar System Beyond Neptune. 1st ed. Tucson: Arizona: Binaries in the Kuiper Belt, 2008: 345-363.

[4] Petit J M, et al. The Canada-France ecliptic plane survey—full data release: the orbital structure of the kuiper belt. AJ, 2011, 142: 131.

[5] Delsanti A, Jewitt, D.The Solar System beyond the planets.in: Blondel, P., Mason, J.(Eds.), Solar System Update, Berlin: Springer, 2006: 267-294.

[6] Peixinho N, Lacerda P, Jewitt D. Color-inclination relation of the classical kuiper belt objects. AJ, 2008, 136:1837-1845.

[7] Pike R, Kavelaars J. On a possible size/color relationship in the kuiper belt. AJ, 2013, 146: 75.

[8] Mayor M, Queloz D. A jupiter-mass companion to a solar-type star.Nature, 1995, 378:355.

[9] Pepe F, Mayor M, Queloz D, et al. The HARPS search for southern extra-solar planets. I. HD 330075 b: A new "hot Jupiter". A&A, 2004, 423(1):385-390.

[10] Fischer D A, Marcy G W, Spronck J F P. The twenty-five year lick planet search. arXiv: 2013,1310:7315.

[11] Tinney C G, Butler R P, Marcy G W, et al. First results from the Anglo-Australian Planet search: A brown dwarf candidate and a 51 Peg-like Planet. ApJ, 2001,551:507.

[12] Pollacco D L, Skillen I, Collier Cameron A, et al. The WASP project and SuperWASP camera. PASP, 2006,118: 1407.

[13] Bakos G, Noyes R W, Kovacs G, et al. Wide-field millimagnitude photometry with HAT: A tool for extra-solar planet detection. PASP, 2004, 116: 266-277.

[14] McCullough P R, Stys J E, Valenti J A, et al. The XO Project: Searching for transiting extra solar planet candidates. PASP, 2005, 117:783.

[15] Alonso R, Brown T M, Torres G, et al. TrES-1: The Transiting Planet of a Bright K0 V Star. ApJL, 2004, 613: L153.

[16] Yuan X, Cui X, Liu G, et al. Chinese small telescope ARray (CSTAR) for Antarctic Dome A. SPIE, 2008, 7012.

[17] Law N M, Carlberg R, Salbi P, et al. Exoplanets from the arctic: The first wide-field survey at 80°N. AJ, 2013, 145: 58.

[18] Crouzet N, Guillot T, Agabi A, et al. ASTEP: Towards the detection and characterization of exoplanets from Dome C. A&A, 2010, 511: A36.

[19] Shang Z, Hu K, Hu Y, et al. Operation, control, and data system for Antarctic Survey Telescope (AST3) . SPIE,2012, 8448(8): 844826-844826-7.

[20] Baglin A, Auvergne M, Boisnard L, et al. Plenary meeting. 36th COSPAR Scientific Assembly, 2006, 36: 3749.

[21] Borucki W J, Koch D, Basri G, et al. Kepler planet-detection mission: Introduction and first results. Science, 2010, 327: 977.

[22] Ricker G R, Latham D W, Vanderspek R K, et al. Transiting exoplanet survey satellite. Bulletin of the American Astronomical Society, 2010, 42: 450.06.

[23] Broeg C, Fortier A, Ehrenreich D, et al. CHEOPS: A transit photometry mission for ESA's small mission programme. European physical journal web of conferences, 2013, 47: 3005.

[24] Rauer H, Catala C, Aerts C, et al. The PLATO 2.0 Mission. Experimental Astronomy, 2013, 38(1-2): 249-330.

[25] Schwamb M E, Orosz J A, Carter J A, et al. Planet hunters: A transiting circumbinary planet in a quadruple star system. ApJ, 2013, 768: 127.

[26] Meibom S, Torres G, Fressin F, et al. The planet frequency in star clusters from the discovery of two transiting mini-neptunes in NGC6811. Nature, 2013, 499: 55.

[27] Seager S. Exoplanet habitability. Science, 2013, 340: 577.

[28] Seager S. Mirror Earth: The Search for Our Planet's Twin. Nature, 2012, 490: 479.

[29] Kaltenegger L, Sasselov D. Exploring the habitable zone for Kepler planetary candidates. ApJL, 2011,736: L25.

[30] Howard A W. et al. The occurrence and mass distribution of close-in super-earths. Neptunes, and Jupiters, Science, 2010, 330: 653-655.

[31] Howard A W et al. Planet Occurrence within 0.25 AU of Solar-type Stars from Kepler. ApJS, 2012, 201(2): 237-241.

[32] Howard A W. Observed properties of extrasolar planets. Science, 2013, 340(6132): 572-576.

[33] Mayor M, Marmier M, Lovis C, et al. The HARPS search for southern extra-solar planets XXXIV. Occurrence, mass distribution and orbital properties of super-Earths and Neptune-mass planets. Physics, 2011, 439(1): 367-373.

[34] Fabrycky D C, Lissauer J J, Ragozzine D, et al. Architecture of Kepler's Multi-transiting Systems: II. New investigations with twice as many candidates. 2012, arXiv: 1202.6328.

[35] Fischer D A, Valenti J. The Planet-Metallicity Correlation. APJ, 2005, 622: 1102-1117.

[36] Buchhave L A, Latham D W, Johansen A, et al. An abundance of small exoplanets around stars with a wide range of metallicities. Nature, 2012, 486: 375-377.

[37] Johnson J A, Aller K M, Howard A W, et al. Giant Planet Occurrence in the Stellar Mass-Metallicity Plane. PASP, 2010, 122: 905.

[38] McQuillan A, Mazeh T, Aigrain S. Stellar Rotation Periods of the Kepler Objects of Interest: A Dearth of Close-in Planets around Fast Rotators. ApJL, 2013, 775: L11.

[39] Bonfils X, Delfosse X, Udry S, et al. The HARPS search for southern extra-solar planets. A&A, 2013, 549: A109.

[40] Dressing C D, Charbonneau D. The occurrence rate of small planets around small stars. ApJ, 2013, 767:95.

[41] Walkowicz L M, Basri G S. Rotation periods, variability properties and ages for Kepler exoplanet candidate host stars. MNRAS, 2013, 436(2): 1883-1895.

[42] Christiansen J L, Clarke B D, Burke C J, et al. Measuring transit signal recovery in the

Kepler pipeline I : Individual events. ApJS, 2013, 207: 35.

[43] Gaidos E, Mann A W. Objects in Kepler's mirror may be larger than they appear: bias and selection effects in transiting planet surveys. ApJ, 2013, 762: 41.

[44] Morton T D, Johnson J A. On the low false positive probabilities of Kepler planet candidates. ApJ, 2011, 738: 170.

[45] Fressin F, Torres G, Charbonneau D, et al. The false positive rate of Kepler and the occurrence of planets. ApJ, 2013, 766: 81.

[46] Batalha N M, Rowe J F, Bryson S T, et al. Planetary candidates observed by Kepler. III. analysis of the first 16 months of data. ApJS, 2013, 204: 24.

[47] Figueira P, Marmier M, Bou_e G, et al. Comparing HARPS and Kepler surveys. A&A, 2012, 541: A139.

[48] Fang J, Margot J L. Architecture of planetary systems based on Kepler data: number of planets and coplanarity. ApJ, 2012,761: 92.

[49] Moorhead A V, Ford E B, Morehead R C, et al. The distribution of transit durations for Kepler planet candidates and implications for their orbital eccentricities. ApJS, 2011,197: 1.

[50] Wu Y, Lithwick Y. Density and eccentricity of Kepler planets. ApJ, 2013, 772: 74.

[51] Lithwick Y, Wu Y. Resonant repulsion of Kepler planet pairs. ApJL, 2012, 756: L11.

[52] Batygin K, Morbidelli A. Dissipative divergence of resonant orbits. 2013, AJ, 145, 1

[53] Xie J W, Wu Y, Lithwick Y. Frequency of close companions among Kepler Planets-a TTV study. 2013, arXiv: 1308.3751.

[54] Carter J A, Agol E, Chaplin W J, et al. Kepler-36: A pair of planets with neighboring orbits and dissimilar densities. Science, 2012, 337: 556.

[55] Hadden S, Lithwick Y. Densities and Eccentricities of 139 Kepler Planets from transit time variations. 2013, arXiv: 1310.7942.

[56] Owen J E, Wu Y. Kepler planets: A tale of evaporation. ApJ, 2013, 775: 105.

[57] Albrecht S, Winn J N, Johnson J A, et al. Obliquities of hot Jupiter host stars: Evidence for tidal interactions and primordial misalignments. ApJ, 2012, 757: 18.

[58] Lai D, Foucart F, Lin D N C. Evolution of spin direction of accreting magnetic Protostars and Spin-Orbit misalignment in exoplanetary systems. MNRAS, 2011, 412: 2790.

[59] Nagasawa M, Ida S, Bessho T. Formation of hot planets by a combination of planet scattering, tidal circularization, and the kozai mechanism. ApJ, 2008, 678: 498.

[60] Wu Y, Lithwick Y. Secular chaos and the production of hot Jupiters. ApJ, 2011, 735:109.

[61] Wu Y, Murray N. Planet Migration and Binary Companions: The Case of HD 80606b. ApJ, 2003, 589: 605.

[62] Naoz S, Farr W M, Lithwick Y, et al. Hot Jupiters from secular planet–planet interactions. Nature, 2011, 473: 187.

[63] Ohta Y, Taruya A, Suto Y. The Rossiter-McLaughlin effect and analytic radial velocity curves for transiting extrasolar planetary systems. ApJ, 2005, 622: 1118.

[64] Sanchis-Ojeda R, Fabrycky D C, Winn J N, et al. Alignment of the stellar spin with the orbits of a three-planet system. Nature, 2012, 487: 449.

[65] Chaplin W J, Sanchis-Ojeda R, Campante T L, et al. Asteroseismic determination of obliquities of the exoplanet systems Kepler-50 and Kepler-65. ApJ, 2013, 766: 101.

[66] Huber D, Carter J A, Barbieri M, et al. Stellar spin-orbit misalignment in a multiplanet system. 2013, arXiv: 1310.4503.

[67] Triaud A H M J, Collier Cameron A, Queloz D, et al. Spin-orbit angle measurements for six southern transiting planets. A&A, 2010, 524: A25.

[68] Valenti J A, Fischer D A. Spectroscopic properties of cool stars. ApJS, 2005, 159: 141.

[69] van Saders J L, Pinsonneault M H. Fast star, slow star; old star, young star: Subgiant rotation as a population and stellar physics diagnostic. ApJ, 2013, 776: 67.

[70] Chaplin W J, Basu S, Huber D, et al. Asteroseismic fundamental properties of solar-type stars observed by the NASA Kepler Mission. 2013, arXiv: 1310.4001.

[71] Bastien F A, Stassun K G, Basri G, et al. An observational correlation between stellar brightness variations and surface gravity. Nature, 2013, 500: 427.

[72] Raghavan D, McAlister H A, Henry T J, et al. A survey of stellar families: Multiplicity of Solar-Type stars. ApJS, 2010, 190: 1.

[73] Slawson R W, Prvsa A, Welsh W F, et al. Kepler eclipsing binary stars. AJ, 2011,142: 160.

[74] Doyle L R, Carter J A, Fabrycky D C, et al. Kepler-16: A transiting circumbinary planet. Science, 2011, 333: 1602.

[75] Swain M et al. A ground-based near-infrared emission spectrum of the exoplanet HD189733b. Nature, 2010, 463(7281): 637-639 .

第三章
时间频率

第一节 战 略 地 位

　　精密时间是基本物理参量。它为一切动力学系统和时序过程的测量和定量研究提供了必不可少的计量基准，是一切科研活动的基础。高精度时间频率已经成为一个国家科技、经济、军事和社会生活中至关重要的涉及国家安全和发展的支撑，其应用范围涉及从基础研究领域（天文学、地球动力学、物理学等）到工程技术领域（信息传递、电力输配、深空探测、空间旅行、导航定位、武器实验、地震监测、计量测试等），以及关系到国计民生的国家诸多重要部门和领域（交通运输、金融证券、邮电通信等）的各个方面，几乎无所不及。

　　精密时间是国防建设和国家安全的需要。现代高技术战争是陆、海、空、天多军兵种高度配合下的立体化战争。体系与体系的对抗广泛涉及信息战、电子战、战场感知、精确打击、导弹攻防及空间作战等各领域。统一高精度的时间标准不但是信息化条件下诸军兵种联合作战的前提，也是提高信息化武器装备作战效能的基础。没有统一的、高精度的时间，就不可能实现体系内各军兵种、各种武器装备的协同作战；没有高精度的频率源，就会影响通信、导航、雷达和电子对抗等各种高技术电子设备的有效性，进而影响部队的战斗力。因此，统一的高精度的时间标准已经成为现代高技术战争的核心技术之一。

　　长期以来，美国、俄罗斯等世界军事强国都非常重视自己时间频率标准的建立和管理工作。早在 1971 年美国国防部就颁布了 5160.51 命令，对其所属单位使用的精密时间和时间间隔标准进行规范。1985 年新颁布的 5160.51

命令进一步阐明了美国国防部标准时间的建立保持、政策协调、使用要求及相关责任，明确规定美国海军天文台实现的标准时间为美国国防部时间标准，实现了美军全球化战略时间标准的高度统一[1,2]。

早在第二次世界大战结束不久，苏联就建立了国家时间频率标准。现在俄罗斯国家时间频率的最高协调机构是由国防部、标准化与计量委员会及其他 9 个部委联合组成的部际委员会，国家标准时间由俄罗斯国家时间频率服务中心（即俄罗斯时间计量与空间研究所）建立和保持。

一、时间频率的定义

时间是表征物质运动的最基本物理量。"时间"含义包含两个概念：时间间隔和时刻。前者描述物质运动的久暂，表示时间的持续长短；后者描述物质运动在某一瞬间对应于绝对时间坐标的量度，也就是描述物质运动在时间坐标中的属性。时间间隔与时刻，两者既有各自的属性，又相互紧密联系，统称为"时间"。频率是单位时间内周期性过程重复、循环或振动的次数，时间和频率紧密关联，频率标准是建立时间系统的基础，统称为时间频率（简称时频）。时间频率是目前实现测量精度最高的基本物理量。

目前，国际上常用的时间尺度有世界时（UT1）、国际原子时（TAI）和协调世界时（UTC）[3,4]。世界时（UT）是基于地球自转运动为基础的时间尺度，改正了地极移动引起的经度变化影响后变为 UT1；利用原子振荡频率确定的时间标准为 TAI；采用原子时秒长，在时刻上尽量靠近 UT1（不超过 0.9s）的时间尺度为 UTC，UTC 先用调频、后用闰秒实现与 UT1 的约束。UTC 既保持了原子时的均匀性能，也保持了世界时与地球自转的相关性能，是当今官方使用的国际标准时间[1]。

二、时间频率对社会发展的重要性

从远古开始，时间频率就是人类活动中不可或缺的组成部分，因此时间频率的重要性不言而喻。

在农业社会，人们对时间的需求主要表现在对农时的要求。为了在合适的时间进行耕种、收获，人们通过天象观测等手段，制定了精确的农历。到了大航海时代，导航成了当时航海家远航的瓶颈：地理纬度很容易用六分仪观测太阳测定，但地理经度的测定有相当的难度，不但需要六分仪定方向，由于地球自转的原因还需要精确的时间，对海上经度测量的瓶颈转化为对高精度时间的要求，要求高精密的机械钟进行守时，促进了时间计量技术的发展；现代社会对时间的需求更是成为人们生产生活的基础，主要特点是：

时间标准可以直接传递到千家万户。7个基本物理量中，唯有时间可以通过电磁波实现远距离高精度传递，与其他物理量分级传递有显著的不同，这也极大地扩展了时间标准的应用空间。

秒长测量是目前世界上能以最高精度测量的基本物理量[5,6]，测量精度达到 3×10^{-15}，即秒长的测量误差对一天的时间积累误差约为 0.3ns，相当于 1000 万年仅差 1s。由于时间和频率可精确测定，国际计量大会（第 17 CGPM，1983 年，决议 1）重新定义了长度单位："光在真空中一秒时间间隔的路程的 1/299 792 458 为 1m"。长度单位 "米"的定义不再依靠保存在国际权度局的原器（没有多少人真正见到过米的原器），新的米定义具有易于传播、易于应用的特点。由于新的"米"定义的精确性，这种定义对当今世界科学和技术迅速发展具有明显的优势。长度和时间的这种密切关系已经被用于导航系统，尤其是令世人瞩目的全球导航系统（GNSS）成就就是用测量电波的传播时间转化为精确的距离测量。完成时间频率这种转换而重新定义的基本物理量还有电压单位伏特（1990 年）和电阻单位欧姆（1990 年）。甚至有的科学家声称，所有的物理量都可以转化为时间测量。由此可见，时间频率计量将成为当今物理量准确计量的基础。

时间和频率也是我们日常生活和工作中最常用的基本参量。时间和频率的应用范围包括重大的科学实验、工业控制、邮电通信、大地测量、现代数字化技术、计算机以及高科技的人造卫星、宇宙飞船、航天飞机、导航、定位乃至人类日常生活，这些都离不开时间频率。

随着社会发展的需要，要求越来越高的信息传输和处理，将需要更高精度的时间频率基准和更精密的时间与频率测量技术。

高精度时间频率研究对科学技术发展具有重要的推动作用。世界著名的科学家门捷列夫认为："测量是科学的基础"。追求认知和改造自然能力的不断提高，驱使着人们不断深入研究时间频率测量，随着时间频率精度的提高，人们可以更深层次地探索自然规律，推动基础科学研究的进步。同样高精度时间频率成果是最前沿的物理理论和最先进的技术结晶，其研究涉及原子分子物理、量子物理、量子电子学、光学、固体物理、材料科学、激光物理与技术、电子技术、微波技术、真空技术和自动控制技术等领域。在诺贝尔物理奖的名单中，迄今已有 14 位获奖者的贡献与时间频率发展有关（近 20 年间，4 次）。里德堡常数 R_∞ 的测量、精细结构常数 α 的稳定性测量、朗德因

子 g 的测量、荷质比 e/m 的测量、引力红移的测量、引力波探测等，这些测量和研究都是在检验物理学基本理论（相对论、量子电动力学、引力场理论等）。物理学基本理论检验需要很高的频率测量精度，通过测量精细结构常数随时间变化检验广义相对论，需要频率测量精度优于 $1 \times 10^{-18[3,4]}$；通过激光干涉进一步检验引力波的存在，需要频率测量精度优于 1×10^{-19}。人们在设法寻找物理关系，将其他物理量的测量转换为时间频率的测量，以提高测量精度。目前已经完成了长度、电流、电压、发光强度和温度等物理量单位的重新定义或测量的转换。原则上所有物理量都可以通过时间频率进行直接或间接测量[1]。显然，通过时间频率的测量将极大地提高各种物理量的测量精度，对整个科学技术的发展将有深远的影响。

高精度时间频率直接关系着国家安全和社会发展。时间频率已经成为一个国家科技、经济、军事和社会生活中至关重要的参量，其应用范围从基础研究渗透到了工程技术应用领域。如具有战略意义的卫星导航定位系统为军、民用户提供精确的位置、速度和时间信息，而卫星导航定位系统的基础是时间频率测量。高精度时间频率是信息化高新军事装备的心脏，是实施一体化联合作战的必备前提。各类军事信息基础设施、数据链装备、"杀手锏"武器及作战平台的建设都离不开统一的高精度时间频率。美国大力发展导航定位授时体系，对时间频率发展做出了长期规划。我国国家时间频率体系的建设规划也正在制定之中。

第二节　发展规律与发展态势

时间频率领域的发展适应人们对生产和生活的需求、人们对自然探索的需求，时间频率随着人们需求的发展而发展。

一、时间频率发展的总体趋势

时间频率应用的领域越来越广，要求越来越高，几乎涉及人类活动的各个方面，显然时间频率的发展有着强烈的应用背景，随着人们需求的发展而发展。

在刀耕火种的农业社会，人们对时间的需求只是限于局部的需求，只需要进行地方时的观测；到了大航海时代，人们的活动范围逐渐增大，航海定位和科学研究对时间精度要求的逐步提高，促进了世界时、原子时的产生和发展。

目前，时间成为 7 个基本物理量中测量精度最高的物理量。人们通过一定的物理关系把其他物理量测量转换成对时间（频率）的测量。对物质世界认识的不断追求，驱使人们不断提高时间频率的测量精度。原子钟作为时间测量的基本设备，是基于原子跃迁的精密准确的电磁振荡信号源，是多学科的集成，涉及原子分子物理、量子物理、激光物理及激光技术、精密光谱技术、光学及精密机械技术、微波技术、电子技术、真空技术和自动化控制技术等学科。从原子钟到时间频率测量比对，再到时间传递和应用，涉及诸多学科领域。时间频率在现代战争中起着关键作用，随着原子钟实用性的提高，常规战术武器展现了前所未有的精确打击能力，在近年来的几次局部战争中发挥了核武器所不能替代的作用。

时间和频率主要解决两个问题[5,6]：①高精度的时间标准产生；②时间标准传递。不同的用户对时间的精度有不同的需求，需要通过各种手段将时间传递到用户，满足用户的需求。将时间频率领域的发展归纳为时间频率测量的发展和时间频率传递的发展，对这两个问题分别说明。

二、时间频率测量的发展历程

时间频率测量的发展随着社会的发展而发展，时间频率测量的发展历程无不体现了人类科学技术的发展。

对时间的测量精度集中体现在历法、历法反映、记录天体运行和时间的流逝。最古老的时间测量工具可以追溯到 3500 年前古埃及人发明的日晷。日晷种类繁多，有巨大的朝天方尖碑状，有地面倾斜小棍式，还有可以随手携带的小型日晷，我国商朝的卜辞甲骨有原始历法的证据。

在农牧社会，人类对时间的需求主要体现在农事的安排时间，要求比较准确的日历。公元前 2000 年的玛雅人已经能够制定比较精确的日历。在公元前 2300 年英国人建造的巨石阵等，用来确定夏至等重要的节日，在正确的时间进行祭祀。

对时间测量更详细的划分是人类的一大进步，在公元前 700 年，巴比伦人就已经开始把一天分成 24h，每小时 60min，每分钟 60s。这种计时方式后来传遍全世界，并一直沿用到现在。与之相对应的，需要进行小时等更精细时间的测量，在公元前 100 年，雅典出现以一天 24h 为基础的机械漏刻，而公元 100 年，中国东汉张衡发明的水钟，实现了当时最为精密的时间测量，每天的误差只有 40s。元朝郭守敬制定的授时历，对一年长度的确定误差只有 26s，是当时的最高水平，欧洲在 300 年后才达到相应的精度。

在大航海时代，海上导航定位对时间提出了更高的要求，很大程度上促进了机械钟的发展。机械钟最关键的擒纵机构起源于我国。1094 年，宋代苏颂发明水运仪象台设计了完善的擒纵机构。1736 年，林肯郡木工约翰·哈里森（1693～1776 年）试验了他的航海时计，哈里森航海时计的精度达到每天 1s，完全解决了当时对海上经度确定精度的需求。哈里森为此获得了当时英国设立的经度奖，使机械钟的发展提高到一个新的高度。

1928 年，美国霍尔顿和莫里斯研制出了石英钟，天误差只有 10μs，1960 年，美国惠普公司研制了 HP105B 石英频率标准，石英钟广泛得到应用[1]。

时钟已经从最早的靠天计时，转变到了依靠人类自己制作的单摆、晶体振荡器等具有周期现象的计时，但这些仍然不能满足人们探索宇宙、追求极限的需求，这就促成了原子钟的研究。

根据量子物理学的基本原理，原子由原子核和电子组成，电子绕原子核高速旋转，电子在不同的旋转轨道具有不同的能量，这些能量是不连续的，称为能级。当电子从一个高能级跃迁至低能级时，它便会释放电磁波。这种电磁波的频率是不连续的，这也就是人们所说的共振频率。同一种原子的同一种跃迁的共振频率是一定的。例如，铯-133 的一个共振频率为 9 192 631 770 Hz，因此铯原子作为一种节拍器用以保持高度精确的时间。

20 世纪 30 年代，拉比和他的学生们在哥伦比亚大学的实验室里研究原子和原子核的基本特性。在其研究过程中，拉比发明了一种被称为磁共振的技术。依靠这项技术，他便能够测量出原子的振荡频率。为此他还获得了 1944 年的诺贝尔物理学奖。同年，他提出用原子的振荡频率来制作高精度的时钟。他还特别提出要利用所谓原子的"超精细跃迁"频率，这种超精细跃迁指的是随原子核和电子之间不同的磁作用变化而引起的两种具有细微能量差别状态之间的跃迁。

1949 年，美国国家标准局率先研制出氨分子原子钟，1955 年，英国国家物理实验室研制出第一台实用原子钟[7-11]，同年在都柏林召开的第 9 届国际天文学会代表大会上定义原子秒为 1900 年回归年的 1/31 556 696.975 时间间隔，实现了秒定义从平太阳时转移到量子频标[7-10]。1964 年，惠普公司研制出商业化的铯原子钟 HP5060A，并用于守时；1991 年高精度 HP5071A 投入使用，提高了守时的精度，成为目前国际上主要的守时原子钟。

在原子时形成过程中，需要基准型原子钟对原子时的频率进行校准，国际上对基准型原子钟的研究非常重视，基准型原子钟的发展也非常迅速。1952 年，美国国家标准局研制出基准型的铯原子钟 NBS1，经过 1500 万年误差才累计 1s，后来，美国国家标准局对基准型原子钟不断改进，1998 年研制的铯喷泉原子钟 NIST-F1，准确度达到了 10^{-15}，相当于运行 3000 万年误差才能累计 1s[1]。

2001 年 8 月，美国国家标准局研制出汞离子光钟，相当于 10 亿年误差 1s。2010 年 2 月，美国国家标准局研制的铝离子钟，相当于 37 亿年误差 1s。目前，精度最高的是 2011 年日本东京大学研制的冷原子锶光钟，相当于 40 亿年误差 1 s[12-15]。图 3-1 给出了时间频率测量的发展概貌。

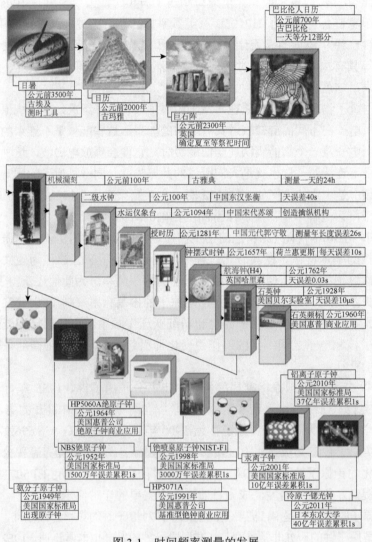

图 3-1　时间频率测量的发展

三、时间频率传递的发展规律

守时系统建立的时间标准需要通过授时系统发送至用户使用。在各个时期，人们利用当时所能达到的最高技术进行授时。图 3-2 给出了不同历史时期的授时方法及其授时精度。

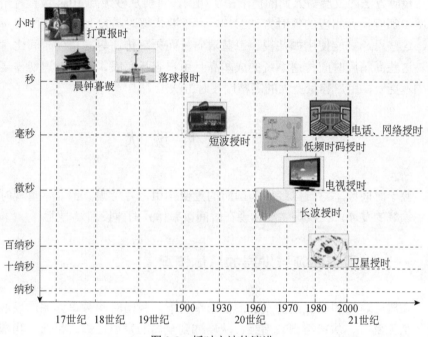

图 3-2 授时方法的演进

在生产力低下的古代，人们对时间的需求处于较低层次，通过类似打更等方式进行授时。后来，虽然发展成为敲钟和击鼓的方法，但基本上还是同水平声音传播的方式。

在航海时代，开始采用落球和闪光等光信号的方式传播时间。人们在重要商埠的码头、港口竖起高杆，在高杆顶端挂上球，按约定时刻落下球，借以向海员报告精确的天文时间；夜间则采用闪光的方式进行授时。这种授时方法精度约为秒级，它为海员忠实服务了近百年之久。

无线电技术的出现，为授时系统的发展带来了划时代的变革。目前，随着现代信息传播技术的进展，许多信息传播手段都被用来进行授时。常用的授时方法有精度在毫秒级的短波、电话、网络授时，微秒级的长波授时，以及几十纳秒级的卫星导航系统授时等[1]。

目前的授时方法可分为陆基和星基两类：短波授时、低频时码授时、长波授时等属于陆基授时方法，这些授时系统的发射站位于地面，一般覆盖范围小，精度在 1ms～0.1μs；星基授时主要是基于卫星导航系统的单向授时，这种授时方法覆盖范围广，实现精度最高达 15ns，是目前精度最高的授时方法。图 3-2 给出了授时方法的发展史。

授时方法的发展与人们的需求密切相关，目前从秒级到 10ns 级授时精度的用户都能找到相应的授时方法[16,17]。对于要求授时精度为纳秒级的用户来说，这些用户只能使用如共视、卫星双向时间频率传递等高精度时间比对系统。这些高精度时间传递系统的成本高且用户容量有限，因此，迫切需要研究成本更低、用户容量更大的高精度授时方法[18,19]。

第三节 发展现状

鉴于时间频率对国家经济和国防的重要作用，各个国家都非常重视时间频率领域的发展，在我国主要体现在时间频率体系的建设和发展上。

一、时间频率领域发展的总体情况

在国防建设和国民经济发展的需求牵引下，我国时间频率体系的发展经历了从无到有、从初级到较高级、从局域到全局的发展过程。目前，我国国家时频体系的建设和发展具备一定的基础。

（1）在不同历史阶段，时频体系满足了国家对时间频率的需求。20 世纪 70 年代，依托中国科学院，在内陆腹地建设了世界时守时系统、短波授时系统，80 年代建成了原子时系统和长波授时系统，基本满足了当时"两弹一星"等尖端武器的研制试验对时间频率的要求。

从 21 世纪开始，我国时间频率领域的发展取得了显著成效。2001 年，为尽快填补国防上高精度标准时间及其守时系统的空白，建设了全军时频中心实验室。2005 年年底，产生了军用标准时间信号；为解决时间系统中核心设备原子钟的国产化问题，国内近 10 家单位开展了国产原子钟的科研攻关工作。经过近 10 年的攻关，原子钟关键技术取得了突破，人才队伍得到了锻炼和培养，初步扭转了在原子钟技术上受制于人的被动局面。

（2）目前时频体系的服务能力不足，不能满足发展的需要。国家基本建成了包括守时和授时的时间频率体系，军用时间保障体系初步建成，具备了产生、保持、发播和使用军用标准时间的能力，但目前时间频率体系的建设还有待发展，主要是：

首先没有实现资源共享。军队虽然有守时实验室，但是军队和地方的守时资源没有实现共享，地方间的守时资源也没有实现共享，各守时实验室还处于孤军作战的局面，没有形成统一的、综合效能最优的守时系统。

其次军、民用户依赖 GPS 授时，这是一个危险的基础，从国家安全考虑急需改善。"北斗一号"卫星授时系统容量有限，"北斗二号"授时系统正在建设中，基于通信卫星的授时系统处于试运行阶段，陆基长波授时没有实现国土全部覆盖，军用时频同步网刚刚完成演示验证，数字卫星电视授时系统正在搭建，多手段、互补、增强的完整授时体系尚未形成，我国尚未形成真正独立完备的授时体系。

最后是核心设备自给率低。主要是核心芯片和元器件自给率低、软件研发能力不足、支撑体系持续发展的基础后劲不强。以原子钟为例，虽然我国组织开展了不同类型原子钟的技术攻关，也取得了重大突破，目前也基本具备了星载铷原子钟的研制能力和星载氢原子钟的后续研发能力。但目前，由于我国原子钟技术在高端原子钟关键制造工艺、关键器件、质量、可靠性等方面与西方强国相比还有一定差距，尚未形成原子钟产业和批量生产能力。

总之，我国的时间频率体系建设已经初具规模，在经济发展和国防建设等领域发挥了重要的作用，但仍不能满足发展的需要，需要大力推进时间频率领域的研究和技术攻关工作。

二、时间频率测量的发展现状

时间频率测量，主要包括原子钟研制、世界时测量、测量设备和守时技术，与国际水平相比，发展呈现不均匀的发展态势。

（一）原子钟研制的发展现状

我国原子钟研究开始于 20 世纪 60 年代。1965 年年底，成功研制了铯气泡原子钟（北京大学、国防科工委 17 所），实现了氨分子主动原子钟（中国科学院上海天文台、中国科学院武汉物理与数学研究所），比国际上最早的原子钟晚了十几年。

进入 20 世纪 70 年代，由于战备需要，我国原子钟研究发展很快。改革开放初期，传统铷原子钟已有多家研究院所和厂家研制成功，并进入批量生产，为我国时间频率系统的早期建立和导弹卫星发射等国防科技试验做出了贡献。成功研制了氢原子钟、大型铯束时间频率基准钟，完成了小型磁选态铯原子钟原理样机。

20 世纪 80 年代以后，由于备战形势变化，加上外国原子钟的大量进口，国内原子钟研制生产陷于停滞状态，仅少数几家坚持下来。继续维持研制或生产的有四川天澳星华时频技术公司的传统铷原子钟，中国科学院上海天文台和中国航天科工集团二院 203 所的氢钟，北京大学与中国科学院武汉物理与数学研究所的铷原子钟，北京大学的光抽运铯束原子钟。我国原子钟研究与国际水平的差距进一步拉大。

21 世纪以来，由于导航的发展，我国军方对原子钟的需求更加迫切，美国加紧了对华高精度时间频率设备的出口限制。国际原子钟科学技术的迅速发展，刺激了我国科技界对原子钟事业的投入。经过了近 10 年的努力，人才队伍和技术水平均有了一定发展，取得了一些可喜成果。

在国家相关部门的有效组织下，传统星载铷原子钟已运行于我国卫星导航定位系统，并具备了生产能力。氢原子钟的性能和可靠性得到了提高，可以用于守时系统。被动型氢钟、光抽运铯束原子钟、铯原子喷泉时间频率基准钟均有长足的进展。新型原子钟的研究也在蓬勃发展，取得了一些阶段性成果。此外，与原子钟相关的技术，如光纤时间频率传递技术、飞秒光梳频率合成技术和窄线宽超稳激光器技术等取得了显著成绩。四川天澳星华时频技术公司能够成规模生产适应于通信、电力系统和武器制导的商品小型铷原子钟，以及相关时间频率产品。

表 3-1 给出了我国原子钟研究的简况。通过下面关于我国 3 个类型原子钟研究现状的简要介绍，可以了解国内外原子钟研究的差距。

表 3-1 我国原子钟研究现状

原子钟	研究单位	研究阶段	精度
传统星载铷钟	中国科学院武汉物理与数学研究所、中国航天科技集团公司五院西安分院（原航天 504 所）、中国航天科工集团二院 203 所、四川星华时频技术有限公司	工程样机	天稳 $<3 \times 10^{-13}$
被动星载氢钟	中国科学院上海天文台、中国航天科工集团二院 203 所	原理样机	天稳 $10^{-14} \sim 10^{-15}$
主动 CPT 钟	中国科学院国家授时中心	技术基础	初步闭环
POP 铷钟	中国科学院国家授时中心	技术基础	初步闭环

续表

原子钟	研究单位	研究阶段	精度
积分球冷原子钟	中国科学院上海光学精密机械研究所	技术基础	
离子微波钟	中国科学院武汉物理与数学研究所	技术基础	
磁选态铯束钟	中国航天科工集团二院 203 所、湖北汉光科技股份有限公司（4404 厂）、中国航天科技集团公司第五研究院第 510 研究所	原理样机	介于 HP5061 与 HP5071
光抽运铯束钟	北京大学、中国航天科工集团二院 203 所	原理样机	
主动氢钟	中国科学院上海天文台、中国航天科工集团二院 203 所	工程样机	天稳 10^{-15}
铯喷泉钟	中国计量科学研究院、中国科学院上海光学精密机械研究所、中国科学院国家授时中心	原理样机	天稳、准确度 10^{-15}
空间冷原子钟	中国科学院上海光学精密机械研究所	设计装调	
离子光钟	中国科学院武汉物理与数学研究所	技术基础	
原子光钟	中国计量科学研究院、中国科学院武汉物理与数学研究所、华东师范大学、中国科学院国家授时中心	技术基础	
被动 CPT 钟	中国科学院武汉物理与数学研究所、北京大学、中国科学院国家授时中心、四川星华时频技术有限责任公司	原理样机	天稳 10^{-12}

我国研究的星载钟铷原子钟，现在处于飞行测试阶段，其可靠性有待认定。星载钟类型单一、安全风险大；我国守时原子钟还依赖于进口，自主研制的主动氢钟的长期稳定度性能、可靠性、长期连续可靠运行能力有待进一步改善；我国也没有可以连续运转、工程实用的基准钟，原子喷泉钟正在发展之中；军用接收机用微型原子钟还处于原理样机；几类新型星载原子钟刚刚起步，我国原子钟研究正处于蓬勃发展的起步阶段。

（二）世界时测量的发展现状

世界时（UT1）是以地球自转运动为参考的时间计量系统，20 世纪 70 年代以前作为基本时间计量系统被广泛应用。虽然目前 UT1 不再作为一个均匀的时间基准，对于一切需要在地面目标和空间目标之间建立关系的研究，在协调世界时（UTC）[20-22]产生和保持以及与地面观测有关的研究中仍是不可或缺的。UT1 反映了地球在空间的自转角，与地极坐标（x，y）、岁差、章动一起，是实现天球与地球参考架联系的地球定向参数（EOP）。例如，空间目标的地基定位、天文测地、航天器的轨道设计和测控等，都需要高精度的 EOP，有时甚至需要实时的或准实时的 EOP。在 EOP 的 5 个参数中，岁差章动数据采用理论模型计算，通常只是 UT1 和极移（X_P，Y_P）3 个参数需测定，常被称作地球自转参数（ERP），ERP 的变化是地球物理和天文因素综合作用的结果，其可预测性很差，UT1-UTC 的预测精度每 10 天下降约 1.4ms。

UT1 是实现天球与地球参考架坐标联系的参数，应用领域几乎涉及所有的精确空间技术，对于一切需要在地面目标和空间目标之间建立坐标关系的研究工作，如空间目标的地基定位、天文测地、航天器和弹道导弹的轨道设计和测控等方面，都需要高精度的 UT1。UT1 的精度直接影响航天器跟踪测量精度、精密定轨精度和科学应用产品的精度。随着现代空间导航和深空探测等技术的快速发展，对 UT1 的实时监测和短期预报精度提出了越来越高的要求，很多情况下，甚至需要实时的或准实时的 UT1。

目前用于测定 UT1 的技术有 VLBI、SLR、LLR、GNSS、DORIS 等。其中 VLBI 是测定 ERP 最理想的技术。基于卫星（包括 SLR、GNSS）的空间测量技术只能测定 UT1 的相对变化或日长（length of day，LOD），而不能得到 UT1 本身。

目前 UT1 的服务主要是通过国际合作来进行的，由国际地球自转与参考系服务（International Earth Rotation and Reference System Service，IERS）负责处理全世界合作台站的 VLBI、SLR、GPS 等技术的观测资料，获得 UT1 时间，并以月报（Bulletin-B）和周报（Bulletin-A）的形式通过互联网向全球用户进行服务。其中月报（Bulletin-B）给出最佳的 UT1 参数估计结果，通常滞后一个月以上，月报的 UT1 精度约为 0.01ms；而周报（Bulletin-A）给出近一周 UT1 的结果及此后一年的预报值，周报的 UT1 精度约为 0.02ms。

但是国际合作的存在并不意味着任何国家都可以获得满意的服务。我国不止一次在航天发射关键的时刻需要 UT1 时，"恰巧"碰到 UT1 获取渠道不畅的情况，不得不采取临时措施弥补。尽管 UT1 服务有常规的国际合作，但是美国、俄罗斯、欧洲及日本等一直保持其独立的 UT1 测定工作，保持着各自的 UT1 快速服务能力。美国海军天文台（USNO）承担着美国国内的 UT1 服务工作，负责其国内的 UT1 观测协调和综合处理等工作。俄罗斯等国家通过利用其国内的光学观测，并结合自己国内的 VLBI 网、SLR 观测来综合解算 UT1。而德国和新西兰则致力于利用大型激光陀螺仪测量地球自转参数的研究，目前已有很大进展。

我国在 1991 年以前，由中国科学院的陕西天文台（国家授时中心前身）、北京天文台、云南天文台、上海天文台和测量与地球物理研究所合作进行 ERP 的光学天文观测，1991 年以后便不再进行自主的 UT1 观测，完全依赖 IERS。

从国家安全性考虑，以及我国深空航天、现代国防等方面对 UT1 的精度和及时性需求的增长，自主提供 ERP 的问题越来越受到关注。近年来，美国、法国、意大利、日本等国（这些国家都具有其独立的 UT1 服务能力）提议取消 UTC 中的闰秒，即以 TAI 取代 UTC 作为国际标准时间。这意味着标准时间不再受 UT1 的约束，这对于没有开展 UT1 自主服务的国家，增加了获取 UT1 信息的安全隐患，更增加了我国开展 UT1 自主服务的紧迫性。

（三）脉冲星时间尺度的发展现状

1967 年 7 月，英国剑桥大学射电天文台的天文学家 Antony Hewish 和 Joselyn. Bell 在 3.7m 波段发现脉冲周期为 1.337s 的首颗脉冲星（CP1919+21）[23]，1968 年 6 月，美国康奈尔大学教授 T.Gold 在 *Nature* 期刊发表论文证认这是 20 世纪 30 年代物理学家所预言的中子星，这一发现被誉为 20 世纪 60 年代四大发现之一（类星体、星际有机分子、微波背景辐射、脉冲星），这一重大发现和开拓性研究于 1974 年获诺贝尔物理学奖，与脉冲星有关的诺贝尔奖还有：1993 年诺贝尔物理学奖授予脉冲星双星发现者（1974 年）及对引力波间接验证做出重大贡献的 Taylor 和 Hulse 等；1994 年诺贝尔物理学奖授予在凝聚态物质研究中发展了中子散射技术的加拿大布罗克和美国的沙尔；2002 年物理诺贝尔奖授予在探测宇宙中微子和发现宇宙 X 射线源方面取得重要成果的美国科学家雷蒙德·戴维斯、日本科学家小柴昌俊及美国科学家里卡尔多·贾科尼获。

脉冲星的脉冲周期特别稳定，从观测到达地面的脉冲星的脉冲信号评估，年平均值的频率相对稳定度为 $10^{-10} \sim 10^{-11}$，这是相当诱人的天文现象，比基于地球自转的世界时的稳定性能要好 3 个量级，5 年之后，1982 年，由 Backer 等发现毫秒脉冲星 1937+21,自旋周期为 1.56ms，比早先发现的脉冲星的定时稳定性要好 3 个量级，年平均值的频率相对稳定度达 10^{-14} 量级或更好，脉冲星这一性能可与原子时相比拟甚至更好，导致建立新的天文时间尺度——脉冲星时间尺度。而且毫秒脉冲星的另一个优点是脉冲轮廓尖锐，使观测脉冲到达信号的定时观测精度提高了 1 个量级，优良的毫秒脉冲星定时性能为建立脉冲星时间尺度提供基础，为建立地面守时和空间时间基准的发展方向提供支撑[23-25]。自 1967 年发现脉冲星以来，天文学家致力于脉冲星的巡天工作，发现的脉冲星数量急剧增加，对影响脉冲星系统测定的定时稳定性能的因素进行了更深入的研究。例如，脉冲星电波信号经过星际介质造成信号的色散、星际介质的电磁场传播模型、脉冲星自旋周期的变化率、本征运动、太阳系距离、太阳系历表以及作为时间参考的原子时性能，有关问题均无先验知识，为脉冲星研究提出了新的命题。天文学家力图改进脉冲星观测的技术与方法，并建立脉冲星国际合作观测计划，观测合作计划有：1990 年 Foster 和 Backer 发展的"脉冲星定时阵"概念[26]；"Parkes 脉冲星定时阵" [27]对许多作为精密定时的候选者进行长期观测，并对脉冲星周期不规则变化进行研究；2010 年 Hobbs 提出脉冲星国际定时阵（ITPA）[28,29]，其宗旨是探测低频重力波，改进太阳系历表，发展脉冲星时间尺度。除了脉冲星观测的长足进展外，在建立脉冲星时间尺度方面也有重大的进展：1986 年提议建立新的天文时间尺度——脉冲星时间尺度提议；1992 年 G.Petit 提出用脉冲星观测定时结果的平均值建立综合脉冲星时间尺度[30,31]，并用相对论转换公式转换成地心系统，这个坐标时称作脉冲星时 PT，1997 年 Matsakis 对脉冲星定时和原子时进行了分析比较[32]，10 年的尺度上单颗脉冲星的稳定性能可与原子时尺度相比拟或更好，但发现在几年的尺度上有些脉冲星的自旋周期在变慢。这些研究为综合脉冲星时的建立提供了基础，寻找更稳定的脉冲星，也许不久将来天文的脉冲星时与原子时两个完全不同物理背景定义的时间尺度会联系在一起。国际天文学会成立专门的脉冲星时间尺度工作组推动脉冲星时间尺度的建立，期望脉冲星时在长期稳定性能方面对原子时做出贡献[33]。

发现脉冲星 40 年来，除了它的神奇特性外，它的特殊科学价值和众多学科交叉的科学地位及开拓性研究吸引着众多科学家（数学、物理、化学、天文、地理、信息科学、计量学等）去探索，脉冲星研究为新的时间尺度建立、空间天文导航定位、天文地球动力学、深空环境探索、高能物理乃至宇宙的结构与演化提供了机遇和挑战。

我国在脉冲星时间尺度研究方面有长足进展，中国科学院的国家天文台、新疆天文台用 25m 天文射电望远镜实现脉冲星计时观测，现正在推进毫秒脉冲星定时观测实验。随着国家深空计划的推进，建立了一批大口径天线，如北京密云的 50m 天线、云南昆明的 40m 天线、中国科学院国家授时中心的 40m 天线及 3 架 13m 天线、中国科学院上海天文台的 65m 天线、中国科学院新疆天文台的 110m 天线及贵州的 500m 天线。这些新的大天线建立为脉冲星巡天和建立脉冲星时间尺度提供了平台。中国科学院启动了"脉冲星计时观测和导航应用研究"计划，这些研究平台和研究计划将推进我国脉冲星研究进入到国际先进行列。

（四）守时技术的发展现状

我国标准时间产生系统的建设，是国内时间频率领域比较成功的案例。

协调世界时是世界上通用的时间标准，国际计量局（BIPM）对各个国家的国家级时频实验室给出了协调世界时改正。但协调世界时是滞后的纸面时间尺度，不能实时应用，不能满足实际应用的需求。

时间具有客观性和唯一性，一个国家的标准时间要符合国际时间标准与国家时间标准之间的传递规律。

我国的国家时间标准是国家授时中心产生和维持的协调世界时 UTC（NTSC）。由于协调世界时的秒长是原子时的秒长，要产生独立自主的 UTC（NTSC），需要以地方原子时为依托。出于这个目标，中国科学院国家授时中心建成了地方原子时系统，产生和保持地方原子时 TA（NTSC），这是我国唯一的独立地方原子时系统。从 1979 年开始一直运行到现在，维持了良好的稳定度和连续性。

地方原子时系统的主要指标是稳定性，要求地方原子时能长期连续运行，这对地方原子时的维持是一个严峻的考验。

中国科学院国家授时中心通过卫星双向和共视两种时间比对手段实现国际比对，拥有国内最大的守时钟组。现有铯钟 21 台、氢钟 4 台，在全球 69 个参加 TAI 计算的实验室中，权重约占 10%，排名第三，在全球 72 个守时实验室中，TA（NTSC）100 天的稳定度处于前三名；UTC（NTSC）与国际协调世界时 UTC 的偏差控制在±20ns，准确度处于国际前三名；其他指标均排名前五位。

计量科学研究院保持 UTC（NIM），通过共视实现国际时间比对，有 2 台铯钟和 6 台氢钟参与 BIPM 计算，装备 2 台铯喷泉基准钟。

中国航天科工集团二院 203 所保持 UTC（BIRM），通过共视实现国际时间比对，原子钟没有参与 TAI 计算。

我国的军用标准时间是解放军军用时频中心保持的军用原子时，但没有参与国际时间比对系统。

三、时间频率传递的发展现状

时间频率传递包括远程时间频率传递和授时，实验室内的精密时间频率测量是远程时间比对的必要手段，在此把测量设备的发展也纳入时间频率传递。

（一）授时技术发展现状

授时技术的发展有悠久的历史，最近 50 年更是授时技术高速发展的时期。先进的空-陆结合的授时体系已经成为发达国家庞大工业、经济、军事等发展不可或缺的高科技支撑。

最典型的授时系统就是美国拥有的全球定位卫星系统（GPS）所发挥的举世瞩目的作用。同时，美国还拥有遍布全球的陆基罗兰 C 系统，也承担部分授时任务，并且还在不断地完善和发展。GPS 卫星系统易受攻击等弱点，使美国人意识到陆基和空基互为备份的重要战略意义。

2001 年美国交通部发布了对 GPS 弱点评估的报告后，美国对陆基无线电导航授时系统（罗兰 C）的支持力度持续加强。从 1997 年起逐年加大投入进行现代化改造。

俄罗斯的 GLONASS 卫星导航系统在进行授时的同时，也保留着多台站、多体制的陆基授时系统。欧洲陆基低频连续波系统的开发最为成功，目前，正在积极建设卫星导航系统 GALILEO。欧洲实施的 LOREG 计划已经开始将罗兰 C 系统与卫星系统综合在一起工作。伽利略总体架构定义（GALILEO Overall Architecture Definition）项目评估了 Loran/Eurofix 作为未来欧洲 GALILEO 卫星导航系统的一个组合部分的可能性。

我国的整体授时水平相比国外发达国家有一定差距。"北斗一号"卫星授时系统容量有限，"北斗二号"授时系统正在建设中，基于通信卫星的授时系统处于试运行阶段，陆基长波授时没有实现国土全部覆盖，数字卫星电视授时系统正在试验，多手段、互补、增强的完整授时体系尚未形成。

（二）测量设备的发展现状

时间频率标准源的研究促进了时频精密与准确的不断快速提高，几乎每 7 年提高 1 个量级，时频的计量和精密测量必须与此相适应。时间频率的精密测量不但为量子计量、等离子体诊断、天文观测、激光通信、生物、化学、物理等领域的发展提供了保障，也是目前精密检验物理学基本理论和定律（如量子力学、相对论、引力场等）、精确测量物理常数（如精细结构常数 α，郎德因子 g 等）的重要支撑。在诺贝尔物理学奖的名单中，有 11 位获奖者的贡献与涉及频率的计量有关。可以说，高精度时间频率基准研究的突破，必将积极推进我国基础科学和应用科学的发展。

基于原子钟的超高精度时间频率量的测量需求，随着原子频率标准等频率源研制水平的不断提高和应用范围的不断扩大，要求更精密的测量技术，必将带动时间频率测量的发展。

时间频率测量的发展主要是精密时间间隔测量的进展和精密频率测量的发展。

美国、日本、欧洲等国家及地区均对时间间隔测量技术做了大量研究，发展了大量成熟的精密时间间隔测量技术。美国国家科学院把它作为评估国家国防力量的重要标志之一，并把它列为国家必须大力发展的科学技术之一。

国内对时间间隔测量技术的研究在最近几年也获得了较快的发展，做出了具有一定特色的研究工作，但与国外相比还显不足，在时间间隔测量设备的研制方面，测量精度等与国外同类设备相比尚有一定的差距。

精密频率测量技术在最近几年也得到了飞速发展，主要表现为测量精度的提高、测量通道的增加和测量数据的后端处理能力增强等方面。

精密频率测量中使用最多的是差拍法，目前公开的资料中，测量精度最高的商业设备为美国 Symmtricom 公司的 5125，对 10MHz 频率信号测量的 Allan 方差（1s）优于 5×10^{-15}。

由于国内工艺水平等方面的限制，只依靠硬件的设备测量精度与国外相比有很大差距，国内一些科技人员开发一些算法来提高测量精度。其中国家授时中心开发的基于数字采样的差拍频率测量方法就是一种，将差拍器输出的正弦波采样，通过对采样后的数字信号处理来估计待测频率。这种方法利用多采样点平均代替传统差拍方法的过零点单点检测，平滑电路噪声，弥补目前工艺水平的局限性，测量精度达 4×10^{-14}，达到国外同类产品水平。

总体上说，国内的时间频率测量能力相比国外尚有一定差距，但在某些方面，如频率信号的数字处理方法等，国内发展水平已经达到或接近国际先进水平。

（三）远程时间比对发展现状

目前用于 TAI 时间比对的技术有基于通信卫星的卫星双向时间频率传递法（TWTFT）[34-38]和基于导航卫星的共视法（主要是 GPS 共视法）[39,40]。TWTFT的原理是相距遥远的两时间实验室的两地时间信号通过的路径完全相同，原则上可以消除传递路径时延变化所造成的影响，是目前精度最高的远地时间比对方法。但由于其设备昂贵、运行费用高等因素限制了它的推广应用。导航卫星共视是以导航卫星星载钟的时间作为中介，相距遥远的两个时间实验室同步观测同一颗卫星，测定各实验室时间与卫星钟时间之差，通过比较两实验室的观测结果，来确定两实验室时间的相对偏差，其最大优点是比对结果不受卫星钟误差的影响。与卫星双向法相比，导航卫星共视法因具有设备便宜、使用费用低、操作简单、可连续运行等特点而被广泛应用（目前用于 TAI 的 60 条时间比对链路中，有 50 条是导航卫星共视法，10 条是 TWTFT）。

导航卫星共视法，已被用于构建 TAI 20 多年，并不断被改进和创新，由最初的 GPS 单频、单通道共视（GPSSC），到 GPS 单频、多通道共视（GPSSC）、GLONASS P 码共视、GPS 双频共视（GPSP3）、GPS 全视法（GPS allinview）、GPS 载波相位法（GPS carrier phase）等多种技术，观测量及观测数据量增加，比对精度明显改善[41-44]。

国家授时中心 NTSC 作为 TAI 计算的一个参加单位，分别于 1990 年和 1998 年率先在国内采用 GPS 共视法和卫星双向法，参加 TAI 时间比对，并同时开展了相关数据处理和关键技术研究。近年来，在中国科学院知识创新重要方向性项目"我国综合原子时（JATC）建立与保持研究"的资助下，国家授时中心结合项目需求研制了多功能双频 GPS 共视接收机，并以此建立了JATC 时间比对网，其时间比对精度优于 2ns。同时，在国家科研项目资助下，中国科学院国家授时中心研制了多通道卫星双向时间比对系统，提出利用卫星双向时间传递技术进行卫星精密定轨的方法，并应用于卫星导航系统建设中。目前，国家授时中心正在开展 GNSS 共视和 GNSS 载波相位时间频率的比对方法研究。

精密时间比对技术应随着原子钟技术的快速发展而发展，这样才能满足时间计量和精密时间应用的需求。基于导航卫星的共视技术因具有精度高、使用费用低等特点，发展迅速，并被广泛使用。建议在建设我国卫星导航定位系统时，考虑时间传递方面的应用，重视我国光纤时间频率传递技术的跟踪与发展。

第四节　发展目标与建议

一、时间频率领域发展的总体目标

时间频率在未来科技发展中占据重要地位。时间作为 7 个基本物理量之一，是目前测量精度最高的物理量，有将其他的物理量转化为时间量进行测量的建议，长度单位米已用时间重新精确定义，时间必将在未来科技发展中占据更重要的地位。

时间频率是天文学科的一个分支，为保障时间频率领域的发展与其他多学科存在交叉，因此需要时间频率与多学科通力协作。

鉴于时间频率领域的基础性和战略地位以及多学科交叉的复杂性，时间频率应用的广泛性，对时间频率领域的支持力度必须加大，促进时间频率领域的持续与跨越式发展。

二、增强时间频率自主测量能力

（一）增强原子钟研制力度

原子钟是实现授时服务体系的基础，也是卫星导航定位系统的基础。原子钟的性能直接决定着授时的精度、卫星导航定位精度及系统的自主运行能力。作为守时钟，主动型氢原子钟和小型磁选态铯束原子钟是主要发展方向。主动氢原子钟的可靠运行能力和长期稳定度性能有待进一步提高。小型磁选态铯束原子钟还处于研究阶段。考虑到将来新的"秒"定义和全球卫星导航定位系统的自主运行能力要求，以及在未来 10 年光钟的可能潜力，开展相关元素的冷原子光钟关键技术的预先研究非常必要。

星载原子钟方面主要需要继续研究小型磁选态铯束原子钟；新型原子钟——脉冲激光抽运铷原子钟、积分球冷原子钟和汞离子微波钟，有着很好的性能潜力，可以应用新的物理思想超越技术工艺限制。

参考国外相关经验，结合我国原子钟研究现状，梳理了原子钟未来 10 年的发展布局：

加强商品化守时原子钟和喷泉钟的研制。守时用的传统原子钟，主动氢原子钟和小型磁选态铯束原子钟有着很长的发展历史，均已定型商品化，性能提高的潜力不大；增强喷泉钟的长期可靠和连续运行能力，把喷泉钟应用于守时是发展趋势。

加大星载原子钟的研究力度。发达国家一方面利用自身的技术和工艺优势不断挖掘传统原子钟的潜力，着重提高传统铷原子钟的长期稳定度性能，提高磁选态铯束原子钟的可靠性和寿命，减小被动氢原子钟的体积和重量。另一方面应用新理论，开展新型星载原子钟的研制，旨在更新换代。围绕导航定位系统的精度和自主运行能力的提高，国外在积极布置运用新机理和新技术研制新型星载原子钟，以备升级替换现行的传统星载原子钟。在研制的新型星载原子钟有：脉冲激光抽运 POP 铷原子钟、主动型 CPT 铷原子钟、积分球冷却原子钟、Hg 离子微波钟。

关注基准型原子钟的研制。基准型原子钟主要是对守时钟组产生的均匀时间信号进行校准。为了摆脱地球重力的影响，欧洲空间局自 2013 年起在国际空间站运行更高精度的冷原子束钟 PHARAO,它的运行将对基础物理研究和时间频率技术发展产生很大的推动作用。近几年来，光钟的发展速度更是惊人，原子钟的性能指标被不断地刷新。国际计量局时间部主任 E. Arias 博士认为，很可能在五六年内，"秒"长定义将重新通过锶光钟实现。

（二）提高测量设备自主研制水平

时间频率信号具有一些独特的性质，使得时间频率测量技术作为科学技术发展的技术基础具有不可忽略的意义。

物理量的测量准确度最终取决于测量标准的准确度，随着高稳晶振、原子频率标准等频率源研制水平的不断提高和应用范围的不断扩大，向更精密的测量技术提出了挑战，从而带动时间频率测量的发展，时频测量领域未来10 年的主要发展方向。

时间间隔测量方法的研究主要集中在并行测量能力的提高和测量精度的提高，研制具有自主知识产权的时间间隔测量设备。时间间隔测量方法未来10 年的主要研究方向包括：

（1）实现皮秒级分辨率的精密多通道时间间隔计数器。

（2）高精度时间间隔数字化的设计，高精度时间间隔测量设备样机的研制。

（3）时间间隔测量向相位测量转化的方法研究。

精密频率测量的主要发展方向是如何将数字测量引入精密频率测量领域，研制世界领先的测量设备，主要体现在提高测量精度、增加测量通道和测量数据的后端处理能力几个方面。

三、提高时间参考架精度

（一）守时技术发展

守时技术是时间保持系统技术的综合。随着原子钟技术、高精度内部比对测量技术、高精度远程时间比对技术以及主钟频率驾驭技术、比对系统控制技术等关键技术的不断研究和进步，守时技术不断提高，随着守时系统设备网络化信息化接口的完善，守时系统也朝着智能化方向发展。可以预见未来的守时系统将是高性能、高稳定度的智能时间保持系统，可为各类用户提供稳定可靠的时间频率参考。

分析我国守时技术各个部分的发展现状，对比国内主要时间保持单位（中国科学院国家授时中心、中国航天科工集团二院 203 所、中国计量科学研究院和军用时频中心，其中前 3 个单位参加国际时间比对）的守时技术与国外时间保持单位守时技术的差距，并着眼守时技术的长远发展。我国应加大原子钟技术、高精度测量比对技术、远程高精度时间比对技术、原子时算法研究、主钟频率驾驭技术以及比对系统控制技术等方面的投入，促进我国守时技术快速发展，满足国防和国民经济发展需求。

时频领域的发展首当其冲应该是原子钟和时间比对测量技术的发展，时间尺度计算方法、主钟频率驾驭方法和系统控制技术也是至关重要的，因此，应该全面开展守时技术研究，推动时频研究与应用发展。

（1）积极推进原子时算法的研究。原子时计算方法是守时技术中的关键技术之一，原子时计算方法的优劣直接决定了用于频率驾驭参考时间尺度的性能，影响了原子钟的性能监测应用，进而对守时系统输出的标准时间频率信号产生了影响，因此需要积极推进原子时算法的研究，在单类型原子钟、多类型原子钟的时间尺度计算方法等方面展开研究。

（2）不断加强主钟频率驾驭技术的研究。主钟频率驾驭技术直接制约着系统输出的标准时间频率信号的各项性能指标，对于用时系统的各个方面都产生了较大的影响。主钟频率驾驭技术针对不同类型原子钟作为主钟分别进行研究，从频率驾驭参考选择、频率驾驭策略等方面推进频率驾驭技术的发展。

（3）增强比对系统控制技术的研究。比对系统控制技术包括比对控制技术、系统状态监测控制技术、主备系统无缝切换控制技术等，这些技术直接影响着守时系统保持的时频信号的可靠性和稳定性，因此要增强相关技术的研究。

（4）推进脉冲星时间尺度的研究，加强对毫秒脉冲星定时联合观测实验，对脉冲星定时和原子时进行分析比较，为脉冲星时建立提供基础，使我国脉冲星研究进入到国际先进行列。

（二）世界时自主测量

从国家安全战略考虑，保证在非常情况下该系统能够为国家战略要害部门提供满足需求的 UT1 等地球自转参数[45]，因此，独立建立我国世界时（UT1）服务系统是必需的。通过应用新技术新方法研究高精度的 UT1 测量系统[46]，为地球科学、地震研究、空间科学等科学领域提供有力的支撑。结合我国实际情况以及正在筹建的宽带长基线干涉系统，可发展：天文光学与激光测量系统、空地结合的 UT1 测量系统、基于激光陀螺技术的高精度地球自转速度变化的测量系统。

自动化的天文光学观测系统，建设和维护费用低，能远程控制，快速给出测量结果，虽然精度略低，但能解决"有"与"无"的问题，在非常时期为国家战略部门的 UT1 需求提供可靠保证。空地结合的 UT1 测量系统，利用卫星导航中正在构建的宽带干涉系统以及中国科学院的 VLBI 网和现有的硬件设备资源，高精度地测量 UT1 等地球自转参数，满足国家 UT1 的战略需求和其他民用部门的科研需求[45-47]，改进卫星定轨精度[48]，与现有国家卫星导航重大专向相互融合和相互促进。

利用激光在环型双向路径中传播产生的干涉效应测量地球自转速率是一种成熟的测量技术，摆脱了天文观测的天气限制，可以全天候测量，目前一个月测量 UT1 的累计偏差小于 1ms，能满足实际应用，随着技术与工艺的进展有较大的提升空间，该测量系统的特点是能够瞬时地给出 UT1 参数，可作为科学研究之用。基于激光陀螺技术的高精度 UT1 测量系统能够带动多个学科的发展，对激光技术、干涉技术、地球科学都有极大的推动作用，是今后需要我们研究和关注的对象。

3 种测量系统结合，整个世界时服务工作不需要另建专门的台站和专门的设备，打破建立专门的国内世界时服务在"养兵千日"状态下难以维持的困境。

四、完善时间频率传递手段

（一）各种授时方法的冗余无缝使用

授时技术作为一种面向用户需求的特殊信息通信技术，随着用户需求的发展，授时技术与方法也在不断更新前进。

现有的授时技术主要包含 3 类。卫星授时技术，包含北斗卫星导航授时技术、转发式卫星授时技术和数字电视卫星授时技术；陆基无线电授时技术，包含长波、短波和低频时码无线电授时技术；有线授时技术，包含电话授时、网络授时、光纤授时等技术。这些授时技术涵盖各类不同的用户需求，其中卫星授时精度最高，可达 10~100ns 级。

从整体上说，授时技术的发展趋势是：①甚高精度的授时方法亟待探索，目前卫星授时最高精度约 10ns 级，高精度卫星双向的时间传递精度也达几百皮秒级，远低于时间保持、时间测量精度几个数量级，不能满足科研中的高精度时间同步需求；②各类授时手段自成体系，没有形成一个多冗余、互补的可靠健壮授时体系，不能满足经济发展和国防建设对高可靠授时的需求，需要研究空天一体化、冗余共享的授时网络发展方法；③近年来各类民用授时需求蓬勃发展，急需利用各种通信手段的中低精度授时方法；④最高授时精度 GPS 授时，精度也只能达到 10ns 量级，更高精度的用户只能使用卫星双向时间传递、共视时间比对等手段，但用户数量有限，需要发展纳秒级授时方法。

综上所述，授时技术的发展目标是开展授时理论与方法探索研究，重点解决纳秒级授时高精度的难点，积极推进面向用户需求的中低精度的各类授时方法应用研究，形成以卫星授时为主，多种授时手段并存的统一稳健授时体系。

授时技术的发展建议：

（1）持续推进授时技术与方法理论研究，重点开展高精度纳秒级和更高精度授时方法的探索研究。

（2）加强我国稳健授时体系总体技术研究，加强转发式卫星授时、数字电视卫星授时技术系统建设，与研究长波授时、低频时码授时等陆基授时手段相结合，形成以星基授时为主的多冗余授时体系。

（3）拓展授时手段，提高传统授时方法性能的研究，如低频时码扩频调制、短波附加调制等。

（二）精密时间比对方法

高精度时间频率传递不仅在时间频率领域，而且在基础科研、工程技术和国防建设领域有着广泛而重要的应用。目前广泛采用的远程高精度时间频率传递方法[45,47-50]主要有两种：卫星双向时间传递和基于 GPS 导航系统的共视法时间传递[51]，其时间比对精度均在纳秒（ns）量级，这两种方法成熟，但还需要开展各种误差源的分析和校正方法的研究。

随着高性能原子钟的飞速发展，显然基于卫星时间传递技术无法满足我国对时间传递精度日益增长的需求，此外，利用卫星进行时间同步还存在天基系统校准困难的问题，时间同步的准确度难以大幅度提高，且卫星物理资源有限、成本高昂，难以满足快速增长的用户需求，因此有必要探索新的高精度时间同步技术。

随着光纤通信的广泛应用，丰富的光纤资源为基于光纤的时间同步技术的广泛应用创造了条件。光纤时间同步技术不依赖于天基系统，具有很好的安全性和可靠性，信号传输精度较高，可以更好地服务于国防建设需求。因此，已成为实现远程高精度时间频率传递的重要手段之一。

目前如何进一步提高其传递精度以及传递距离是该领域的发展方向，因此光纤时间频率传递研究需重点围绕光学频率传递、微波频率传递和时间同步等技术突破，面临的关键问题包括：

（1）开展专用光纤时间频率传递实地测试和性能优化改进。

（2）研究光纤时间频率传递技术与现有光网络的融合技术。

精密时间比对的另一个发展方向是量子时间同步。近年来，利用量子纠缠可以实现远高于传统方法的时间同步精度，引起欧美各国的广泛重视，该领域的研究工作正在快速发展。2004 年，在地面 3km 光纤距离上实现了皮秒量级的同步演示；2007 年，实现了低轨卫星与地面站之间的单光子交换，佐证了量子时间同步实际应用的可行性。我国在量子时间同步技术研究方面还处于起步阶段，量子时间同步技术是新技术，有许多关键问题有待突破。这为我们开展量子时间同步基础与应用研究取得原创性成果提供了机遇。

量子时间同步技术未来 10 年的研究应围绕：

（1）研制适用于量子时间同步协议的高效纠缠光源及高时间分辨率的量子探测技术。

（2）针对传输路径中固有噪声对时间同步精度的显著影响，探索有效的抑制及克服技术。

（3）研究适用于实际时间同步系统的量子时间同步方案，开展亚皮秒量级同步精度的量子时间同步实验演示。

（4）掌握量子时间同步核心技术，为实现比现有时间同步精度更高的时间同步链路做技术储备。

第五节　优先发展领域和重要研究方向

考虑到我国的发展现状，总结时间频率领域的总体发展规律，未来一段时间内，时间频率领域的重要研究方向是"时间频率参考架的精化与传递"。

一、发展总体目标

开展精密测量、检验基础理论和进行工程应用对时间精度提出了越来越高的要求。我国一些单位，如中国科学院上海天文台、上海光学精密机械研究所、武汉物理与数学研究所等单位有很好的原子钟资源，这些宝贵的原子钟资源没有参与守时。

基于国家授时中心的 UTC（NTSC）和综合原子时系统 UTC（JATC），研究国内广泛分布的原子钟资源共享共用方法，实现跨地域多类型原子钟联合守时，生成更稳定可靠的原子时尺度，促进和保持我们国家的时间参考架准确度。

研究时间比对方法，实现时间比对精度新的突破，向国内拥有原子钟的单位配送精密的原子时，精度比 GPS 授时高 1～2 个数量级。满足各单位相关的超高精密测量，以及未来相关科学研究对精密时间的需要。

二、发展总体思路

基于国家光纤网络，研究精密时间传递方法以及国内不同单位、不同地域、不同种类的原子钟资源共享，使用这些钟资源提高国家标准时间的性能，并利用这些网络，在本地高精度地恢复出国家标准时间，为本地高精度测量与科学研究提供支撑。

三、优先发展领域和方向

时间参考架的精化，实现全国广泛分布的守时原子钟资源共享，对分布在国内的基准进行校准。结合时间传递方法的研究和时间频率分配方法的研究，实现时间参考架的高精度分配，让用户得到高精度的时间。根据这个目标，优先发展的领域和方向为：

（1）跨地域多类型原子钟联合守时方法。使用国内不同地区的不同原子钟联合守时，研究各种类型原子钟的特性，探索新的时间尺度算法，发挥各类原子钟的优势，实现短稳和长稳优化的可靠时间尺度。

（2）时间尺度精密标校方法。使用中国科学院上海光学精密机械研究所、中国科学院国家授时中心研制的基准型原子钟，对时间参考架进行精密标校，研究远程基准钟对时间的标校方法。

（3）高精密远程时间比对方法。研究和改进光纤、共视和双向时间传递方法，通过对各种比对误差分布规律的分析研究，提高经典时间传递方法的精度；探索量子态纠缠规律，突破经典时间传递的极限，实现时间传递精度的大幅度提高，为未来时间传递方式的革命性变革做好储备。

（4）远程时间恢复方法。研究基于现有时间传递方式，在远程高精度恢复标准时间的方法，实现亚纳秒级的时间配送，满足超高精密测量的需要。

（5）精密时间频率测量方法。研究基于数字信号处理的基准频率测量方法，实现飞秒级相位测量和 1×10^{-15} 量级的频率测量，建设国际领先的精密时间和频率测量设备，为准确快速评估原子钟性能、更高精密测量提供支撑。

第六节 国际合作

一、国际合作的现状

时间产生与保持以广泛的国际合作为基础。目前，国内有 3 家守时实验室参加了国际原子时计算，并与国际主要时间研究机构开展了技术合作，参加国际电联 ITU-R SG7 时间频率工作组、国际天文学联合会（IAU）时间专业委员会和国际时间与频率咨询委员会（CCTF）的工作。

中国科学院负责我国标准时间的产生，与德国、法国、日本、荷兰、意大利及亚太地区各国的国家级守时实验室建立了卫星双向时间和频率传递的国际比对链路，并纳入国际原子时计算，在国际原子时计算中发挥着非常重要的作用。在时间产生方面，已经建立了常态化的国际交流与合作机制。国家授时中心被工业和信息化部科技司指定为国际电联国内对口工作组 ITU-WP7A（标准时间和频率信号发播）组长单位，参加国际电联 ITU-R SG7、国际天文学联合会 IAU 时间专业委员会以及国际卫星双向时间比对（TWSTFT）工作组工作。

在原子钟研制方面我国的研制水平和工艺与国外发达国家还有一定差距，多年来，中国计量科学研究院、中国航天科工集团二院 203 所、中国科学院上海天文台、中国科学院国家授时中心等单位已经建立了与国外原子钟研制单位良好的合作交流关系，与国外长期合作，引进国外的先进技术和经验，通过高层专家不定期互访讲学、研究生交换培养和项目合作，极大地促进了我国原子钟研制的发展。

二、国际合作的发展

在时间频率领域，通过国际合作并借鉴国外先进经验，提高原子钟、时间测量与传递设备的研究，促进我国时间参考架精度的提高。未来 5～10 年有可能开展的国际合作项目有：

（1）时间尺度算法国际合作。国际统一时间标准的建立基础是各国守时实验室的通力合作。在未来一段时间内，我国时间参考架精化和发展离不开国际合作。提高我国原子钟在 UTC 计算中的比重，使我国的标准时间达到世界领先的水平。

（2）原子钟研制合作。借鉴国外先进技术和经验，快速提高我国的原子钟研制水平。

（3）精密时间频率测试与计量设备的研制。我国在精密时间频率测量方法的研究具有一定的特色，借鉴国外先进的工艺水平和技术优势，研制具有自主知识产权的精密时间频率测量与计量的智能化设备。

（4）导航系统时间基准的研究。我国的北斗卫星导航系统正在向全球扩展，包括北斗卫星导航在内，合作研究 GNSS 系统时间偏差及其监测，开发系统时差监测设备，建设国际共享数据资源的 GNSS 系统时间偏差及其监测观测系统。

（5）星地星间时间同步方法合作研究。多种技术联合研究星地时间同步、测距、校准、信号产生综合设备的关键技术。包括实验室、区域网和全球网星地时间同步校准技术。

（6）导航系统星载原子钟在轨性能评估。对导航系统中星载原子钟的在轨性能进行监测和评估，贯穿星载原子钟在轨运行的整个周期，是一项长期的研究内容，需要国际间的数据共享和合作研究。

第七节　保　障　措　施

要进一步加强对我国时间频率研究的持续支持力度。目前我国时间频率研究人才匮乏，由于出成果周期长等原因，研究队伍难以稳定，特别是缺少年轻领军人才；时频设备研制生产单位分散，当前急需从政策上加以解决，以便吸引和培养年轻人进入时频设备研制开发领域，稳定时频领域研究和工程技术的人才队伍。结合时间频率学科的研究工作和应用，促进研究工作的发展。

制订时间频率领域的人才发展长远计划，建立相关配套政策和措施，加大人才培养和人才引进力度。通过时间频率体系国家重大专项实施，历练骨干人才和领军人才。在高校设置时间频率相关学科和专业，培养新生力量。扶植专业研发机构，促进时频产业的发展。

基于时间频率领域的战略地位以及时间频率对卫星导航系统的全方位支

撑作用，利用我国建设卫星导航系统的有利时机，全面促进时间频率领域的正常发展。

致谢：本章作者感谢薛艳荣、高玉平、董瑞芳、华宇、袁海波、刘涛、奚小瑾、刘娅等提供了相关资料。

参考文献

[1] Allan D, David W, Ashby N, et al. The science of timekeeping. Hewlett Packard Application Note, 1998, 1289.

[2] Allan D W, Gray J E, Machlan H E. The national bureau of standards atomic time scale: generation, stability, accuracyand accessibility. NBS Monograph 140, Time and Frequency: Theory and Fundamentals, 1974: 205-231.

[3] McCarthy D D. Astronomical Time. Proceedings of the IEEE, 1991, 79(7): 915-920.

[4] Ashby N, Allan D W. Practical Implications of Relativity fora Global Coordinate Time Scale. Radio Science, 1979, 14(4): 649-669.

[5] 中国天文学会. 天文学学科发展报告 2007~2008. 北京: 中国科学技术出版社，2008.

[6] 金文敬. 岁差模型研究的新进展——P03 模型. 天文学进展. 2008, 26(1): 157.

[7] McCarthy D D. Astronomical time. Proc. IEEE, 1991, 9(7): 915-920.

[8] Robert F C. Vessot M W. Levine et al. Proceedings Time and the Earth's Rotation. McCarth D D, Pilkington J D, eds. San Fernando, Spain, 1979: 125.

[9] IAUSOFA Board. IAU SOFA Software Collection. http: //www. iausofa. org, 2010.

[10] Nelson R A. Relativistic time transfer in the vicinity of the vicinity of the earth and in the solar system. Metrogia, 2011, 48: 170-180.

[11] Blanche L, Salomon C, Teyssandieret P, et al. Relativitic theory for time and frequency transfer to order c 3. A&A, 2001, 370: 320-329.

[12] Clairon A, Ghezali S, Santarelliet G, et al. The LPTF preliminary accuracy evaluation of cesium fountain frequency standard.//Proceedings of Tenth European Frequency and Time Forum. Brighton, UK, 1996: 218-223.

[13] Markowitz V, HallR G, Essen L, et al. Frequency of cesium in terms of time. Phys. Rev. Let., 1958, 1: 105-106.

[14] Allan D W, Weiss M A, Jespersen J L. A frequency-domain view of time-domain characterization of clocks and time and frequency distribution systems.//Proceedings of the Forty-Fifth Annual Symposium on Frequency Control, 1991: 667-678.

[15] Farrel B F, Decher R, Eby P B, et al. Test of relativistic gravitation with a space-borne hydrogen maser. Physical Review Letters, 1980, 45: 2081-2084.

[16] 李孝辉, 杨旭海, 刘娅, 等. 时间频率信号的精密测量. 北京: 科学出版社, 2010.

[17] 吴海涛, 李孝辉, 卢晓春, 等. 卫星导航系统时间基础. 北京: 科学出版社, 2011.

[18] 江志恒. GPS 全视法时间传递回顾与展望. 宇航计测技术（增刊）, 2007: 53-71.

[19] Jiang Z. Smoothing and interpolation techniques for a TW measurement series - in TAI calculation. 13th CCTF TW WG Meeting, 15-16th Nov, 2005.

[20] ITU-R Recommendation TF. 460-4: Standard-frequency and time-signal emissions. International Telecommunication Union.

[21] Nelson R A, McCarthy. Coordinated Universal Time and the Future of the Leap Second. Presented at meeting of Civil GPS Interface Committee. United States Coast Guard. Retrieved 7 August 2009.

[22] Nelson R A, McCarthy D D, et al. The leap second: its history and possible future. Metrologia, 2001, 38: 509-529.

[23] Peter G, Tavella P. Pulsar and time scales. A&A, 1996, 308: 290-298.

[24] Guinot B. Atomic time scales for pulsar studies and other demanding applications. Astronomy & Astrophysics, 1989, 192: 370-373.

[25] Allan D W. Millisecond pulsar rivals best atomic clock stability. Proceedings of the 41st Annual Symposium on Frequency Control, Philadelphia, PA, 1987: 2-11.

[26] Foster R S, Backer D C. Constructing a pulsar timing array. ApJ, 1990, 361: 300.

[27] Verbiest J P W, et al. Status update of the Parkes pulsar timing array. CQGra, 2010, 27: 4015.

[28] Hobbs G, et al. The International Pulsar Timing Array project: using pulsars as a gravitationalwave detector. CQGra, 2010, 27: 4013.

[29] Detweiler S. Pulsar timing measurements and the search for gravitational waves. ApJ, 1979, 234: 1100.

[30] Hobbs G, Lyne A G. Kramer. An analysis of the timing irregularities for 366 pulsars. MNRAS, 2010, 402: 1027.

[31] Petit G, Tavella P. Pulsars and time scales. A&A, 1996, 308: 290.

[32] Matsaki D N, Taylor J H, Eubanks T M. A statistic for describing pulsar and clockstabilities. A&A, 1997, 326: 924.

[33] Verbiest J P W, et al. Timing stability of millisecond pulsars and prospects for gravitational-wavedetection. MNRAS, 2009, 400: 951.

[34] Yang X H, Ma L M, Sun B Q, et al. The method of time synchronization based on the combination of COMPASS GEO pseudo-range and Two-way data. 2011 Joint Conference of the IEEE ICFS/EFTF, 2011.

[35] Kirchner D, Ressler H, Hetzel P, et al. Calibration of the three European TWSTFT station using a portable station and comparison of TWSTFT and GPS common-view measurement results. Proc. 21th PTTI Meeting, Redondo Beach, 1989: 107-115.

[36] Ascarrunz F G. Earth station errors in two-way time and frequency transfer. Transaction on instrumentation and measurement, 1997, 46(2): 205-208.

[37] Howe D A. Stability measurement of KU-band spread spectrum equipment used for two-way time transfer. in Proc. 18th Ann. PTTI Meeting, 1986: 437-445.

[38] Jiang Z, Lewandowski W, Konaté H. TWSTFT Data Treatment for UTC Time Transfer. 41st Annual Precise Time and Time Interval (PTTI) Meeting, 2009.

[39] Allan D W, Davis D D, Weiss M, et al. Accuracy of international time and frequency comparisons via global positioning system satellites in common-view. IEEE Transactions on Instrumentation and Measurement. IM-34, 1985, 2: 118-125.

[40] Lewandowski W, Azoubib J, Weisset M, et al. GLONASS time transfer and its comparison with GPS. 11th European Frequency and Time Forum, Neuchâtel, Switzerland, 1997: 4-6.

[41] Dach R, Schildknecht T, Bernier L G. Precise continuous time and frequency transfer using GPS carrier phase. Proc. CFS/PTTI, 2005.

[42] IEEE Standard 1139-1988, Standard Terminology for Fundamental Frequency and Time Metrology, IEEE Standards Board.

[43] Alan D W, Weiss M A. Accurate time and frequency transfer during common-view of a GPS satellite. Frequency control symposium and exposition 34th, 1980: 334-346.

[44] Kouba J, Héroux P. Precise point positioning using IGS orbit and clock product. GPS Solution, 2001, 5(2): 12-28.

[45] Capitaine N, Guinot B, McCarthy D D. Definition of the celestial ephemeris origin and ut1 in the international celestial reference frame. A&A, 2000, 355: 398-405.

[46] Jiang Z, Petit G. Combination of TWSTFT and GNSS for accurate UTC time transfer. Metrologia, 2009, 46: 305-314.

[47] Jiang Z, Petit G. Combination of TWSTFT and GNSS for accurate UTC time transfer. Metrologia, 2009, 46: 305-314.

[48] Li Z G, Li H G, Zhang H. The reduction of two-way satellite time comparison. Chinese Astronomy and Astrophysics, 2003, 27: 226-235.

[49] Lewandowski W, Azoubib J, Klepczynski W J. Primary tool for time transfer. IEEE Proc. 1999, 87(1): 163-172.

[50] Imae M, Hosokawa M, Imamura K. Two-way satellite time and frequency transfer networks in Pacific Rim region. IEEE Trans. Instrum. Meas., 2001, 50(2): 559-562.

[51] Ray J, Senior K. IGS/BIPM pilot project: GPS carrier phase for time/frequency transfer and timescale formation. Metrologia, 2004, 40(3): 270-288.

第四章
相对论基本天文学

第一节　战 略 地 位

一、相对论基本天文学的主要内容

相对论基本天文学是一门新兴的分支学科。它的主要内容有两方面：

一方面，现代高精度天体测量的资料处理已经不能在牛顿力学的框架内进行，必须以相对论性的引力理论作为理论框架。国际天文学联合会（International Astronomical Union，IAU）决议采用广义相对论作为这些资料处理的理论框架。需要针对高精度天体测量的各种资料类型，诸如雷达测距、多普勒测速、卫星激光测距（satellite laser ranging，SLR）、月球激光测距（lunar laser ranging，LLR）、甚长基线干涉测量、光干涉、脉冲星计时等，根据不同的精度要求，建立理论模型和处理软件。此外，对国家和社会至关紧要的一些工作，诸如时间同步、导航系统、天体历表等都涉及相对论效应，需要予以研究。

另一方面，爱因斯坦在 1916 年提出广义相对论时，其实验基础并不多。广义相对论是将引力几何化的理论，建立将引力和其他 3 种力联合起来的统一场论至今尚存在困难。暗能量和暗物质的存在也在一定程度上是广义相对论的挑战。迄今为止，有很多与广义相对论竞争的引力理论，可以统称为相对论性的引力理论。一个重要研究课题是用观测和实验来验证广义相对论是否正确，或是哪一个引力理论更为正确。高精度天体测量是检验这些引力理论的主要技术。需要利用各类高精度天体测量资料来进行这项研究，并要不断提高验证精度。同时，按照要验证的相对论效应来设计空间计划，有目的地发射航天器去完成验证任务。这是自然科学研究的前沿课题。

二、相对论基本天文学的重要性

从应用的角度看，航天、导航、历表、时间等领域的研究和工程任务，只要有高精度要求，都应当建立在广义相对论的理论框架之上。也就是说，相对论取代了牛顿力学，成为方案设计和资料处理的理论基础。20 世纪 60 年代后，广义相对论已不再是仅用于致密星物理、宇宙学等天体物理领域，而是渗透到了多个有实用价值的领域。

从基础研究的角度看，对引力的探索和研究无疑是自然科学最重要的研究课题之一。暗能量和暗物质是物理和天文学在 20 世纪留下的疑难困惑。太阳系是弱引力场，广义相对论和牛顿力学的差别比较小，探测和验证相对论效应对实验技术的要求比较高，在研究过程中必然会发展和创新一些高端的新技术。科学史告诉我们，基础研究中发展起来的新理论和新技术一定会应用到人类的生活中。

第二节 发展规律与发展态势

一、高精度天体测量是相对论基本天文学发展的动力

20 世纪 60 年代以前，天体测量主要是地面方位观测，精度低于 0.01 as，观测资料处理的理论框架是牛顿力学和牛顿光学，只在水星近日点进动和日蚀时太阳附近的光线传播这类个别问题上，才引入广义相对论中太阳引力场的 1 阶后牛顿（first-order post-Newtonian, 1PN）效应。当时广义相对论的应用和发展主要涉及天体物理领域中的恒星演化、致密星物理和宇宙学。

首先出现的重大技术革命是原子钟。1955 年英国国家物理实验室制成了第一台铯原子钟，稳定度为 1×10^{-9}。随着原子钟和光频标技术的发展，时间的计量精度每 5～10 年就提高 1 个量级。目前，国际原子时（International Atomic

Time, TAI）的频率准确度达到 10^{-15}，光频标的自评定不确定度达到 10^{-17} 以上。同时，星载原子钟的日频率稳定度达到 10^{-15} 量级，卫星导航技术对原子钟同步的要求开始向皮秒量级迈进[1]。

建立在高精度时频信号之上的天体测量技术有雷达测距、激光测距、多普勒测速和甚长基线干涉测量（VLBI）等。另一项推动天体测量现代技术发展的科学成就是近地和深空探测。人造卫星和行星际飞行器对地球附近和太阳系空间进行了大量的精密测量。在飞船上装有转发器使得主动雷达测距精度达到 $1\sim10$m，而多普勒测速资料的中误差约为 0.02mm/s。可见光比射电波的波长短得多，激光测距有高得多的精度。卫星激光测距（SLR）和月球激光测距（LLR）的绝对精度已从 1cm 提高到毫米量级。VLBI 的相对角距精度已经好于 0.1mas。

在当前高精度天体测量的精度水平下，数据归算必须纳入相对论框架。例如，利用地面站的无线电跟踪技术对航天器进行跟踪测量时，高精度测控和导航系统都需要考虑太阳系天体引起的引力时延，其量级一般可以达到几十微秒。特别是当光线掠过太阳表面所引起的引力时延会有几百微秒。时间的定义和同步、参考系的定义和维持、太阳系天体历表的编制、雷达和激光测距、VLBI 观测、全球导航系统等任务的数据处理都必须采纳相对论性的引力理论作为理论框架。

相对论基本天文学就是在这一背景下诞生和发展起来的。从 20 世纪后半叶开始，首先是在测距资料的处理模型上，很快就展开了对各种天文时间尺度的讨论。为了不同科学小组的资料处理结果能够进行比较，IAU 在一些理论研究工作的基础上，对太阳系内各个参考系的坐标系和时空度规及其相互换算制定了一系列的决议。美国、俄罗斯和法国等在相对论框架下，以高精度空间天体测量资料为基础，建立了系列太阳系天体的历表。与此同时，开始了对引力理论的天体测量验证。这些进展和历程，存在的问题和展望将在后面叙述。从相对论天文学的发展历程来看，有一点非常清晰，相对论基本天文学与高精度天体测量紧密相关，后者是这一分支学科发展的驱动力。

二、相对论基本天文学和其他学科将交叉发展

通常认为，相对论基本天文学是相对论性引力理论在天体测量与天体力学上的应用。也就是说，相对论渗透到了社会经济生活和建设领域。这种看法并没有错，应该看到这一分支学科和其他学科之间存在交叉和相互推动的

关系。与一些老的、成熟的学科相比，这一特点更为明显。

在上面已经叙述，相对论基本天文学与高精度天体测量和空间技术密切相关。人类生活在太阳系的弱引力场中，即使在太阳表面附近，相对论效应为 10^{-6}，在地球附近只有 10^{-8}。为了精确地测量这些微小的效应，必须发展和创新高精度测量技术，诸如高稳定度的时钟、高精度陀螺、各个波段电磁波的干涉技术、单光子测量技术、微弱信号接收和噪声移除技术、保持实验仪器处于纯引力作用下飞行（drag free）的技术等。研制这些技术会大幅度推动一个国家高端技术的发展，成为国民经济的推动力。

引力在自然界的 4 种力中，是最早被研究的力，是自然科学关注的焦点之一。然而也正是引力还有一层面纱未被揭开。暗物质和暗能量是 20 世纪给物理学留下的困惑，至今还没有直接检测到引力波。尽管广义相对论通过了太阳系内迄今为止的实验，天文学家必须关注和参与引力理论的研究，设计实验去验证理论。相对论基本天文学是天文和物理在引力问题上交叉的学科，相互影响和相互推动，学科之间的界线并不清晰。也正是这种学科界线的模糊性质展示了这一领域的前沿性。

相对论基本天文学一般采用后牛顿的方法来计算天体的运动和电磁波的传播。由于有大量的高精度观测资料做基础，它的研究主要是定量而不是定性的，有相当的难度。即使在 1 阶后牛顿的精度要求下，像天体形状和自转引起的相对论效应并没有得到完美的解决，有待在数学方法上有所创新。

因此，从事相对论基本天文学研究的人员，特别是领军的科学家，应当具有物理、天文、数学、技术方面的兴趣和知识。在国际上这样的人才也不是很多。往往是长期从事天体测量和天体力学研究的科学家不熟悉相对论，而长期从事相对论研究的科学家则不熟悉天体测量和天体力学的一些概念和方法。从事理论研究的不熟悉观测而不能设计实验，从事观测的不熟悉理论同样提不出方案。在人员的组织和培养上必须考虑这一领域涉及学科的多样性和交叉性。

三、相对论基本天文学的热点课题

当前国际上这一领域的热点课题有：多参考系的后牛顿多体问题，电磁波传播中的相对论效应，太阳系中的引力理论检验，强引力场中的引力理论检验等，发展现状和展望将在下面予以介绍。引力理论研究，引力波检测是与相对论基本天文学相关的课题，但通常被认为是物理或相对论天体物理的课题，将不在这里涉及。

第三节　发展现状

一、国际研究现状

（一）多参考系多体问题和 IAU 决议

从实用的角度看，时间、坐标、速度、距离、轨道根数等常用的量在广义相对论里是与坐标系的选择密切相关的。不同的研究或数据处理小组，如果采用不同的坐标系和度规来处理数据，得到的结果可能无法进行比较和交流。为此，从 20 世纪 70 年代开始，国际天文学联合会（IAU）的基本天文学部门组织了多个工作小组，研究和制定在广义相对论框架里高精度天体测量资料处理所需要的时空度规和时间、坐标、质量、多极矩以及有关天文常数的定义和规范。在此基础上自 1976 年以来通过了一系列的决议。

这些决议建立在一些理论研究成果的基础之上。虽然从爱因斯坦开始，对相对论多体问题、电磁波传播中的相对论效应、后牛顿近似方法等有很多研究工作，比较系统地对相对论基本天文学进行研究的学者首推苏联的 Brumberg。他在 1972 年用俄文出版了这方面的第一部专著[2]。在进一步研究工作之后，1991 年他用英文出版了专著[3]。近年出版了这一领域的两部重要专著，分别由德国学者 Soffel 等和俄裔美国学者 Kopeikin 等撰写[4,5]。这两部专著记述了近年来的主要研究成果。

相对论基本天文学近年来最重要的理论研究成果涉及多参考系的相对论多体问题。为了描述太阳和行星绕太阳系质心的运动，需要一个全局的太阳系质心参考系。另外，需要建立太阳和行星各自的局部参考系，在其中可更合理地描述各自的自转、形状以及质量可忽略的卫星运动。最具代表性的研究成果是 Brumbderg 和 Kopeikin 的体系（BK 体系）[6]，Damour-Soffel-Xu 的体系（DSX 体系）[7]。它们都是多参考系相对论多体问题的 1 阶后牛顿体系。两者等价，构成了 IAU2000 年相对论多参考系决议[8]的基础。

这些理论体系和 IAU 的决议即使在 1 阶后牛顿近似下也没有完全解决高精度天体测量资料的处理问题。它们都是在广义相对论的框架下建立起来的，不能用于检验其他引力理论。

太阳系除了太阳和行星外，还有行星的卫星系统，其中最突出的是月球。月球激光测距的绝对精度已经接近毫米量级。月球的质量不能忽略，因而不能在地心参考系中研究月球的运动。LLR 的资料目前是在太阳系质心参考系中进行的。这显然不是研究月球运动中各种相对论效应的恰当参考系。然而，BK 和 DSX 以及 IAU 决议都只建立了太阳系质心参考系和地心参考系。这样就可能混淆了因参考系和规范选择不当产生的坐标效应和真正的动力学因素。

此外，至今还没有可成功的用于研究地球自转的相对论性行星自转理论。与此相关的还有在共转参考系里行星多极矩或球谐系数的定义问题。对于未来一些极高精度的空间实验，理论工作还需要延伸到 2 阶后牛顿近似。这些都有待进一步的研究。

（二）太阳系引力场中的引力理论检验

广义相对论建立时的实验基础并不很坚实，出现了很多与广义相对论竞争的引力理论，需要用实验来检验这些理论。为了在太阳系弱引力场的情况下方便地检验这些理论，1968～1972 年期间 Nordvedt 和 Will 建立了含有 10 个参数的 1 阶后牛顿近似度规，称为参数化后牛顿（parameterized post-Newtonian，PPN）形式[9]。对不同的理论，这些参数取不同的值。实验的目的就成了测定这些参数的数值。最重要的两个参数化后牛顿参数是 Eddington 参数 β 和 γ。测定这两个参数值成了近年来相对论基本天文学和太阳系引力实验的重要目标。对广义相对论，它们的值都是 1，然而反过来并不成立，还有一些理论的 β 和 γ 也是 1。

在时频技术支撑下的高精度天体测量技术与航天技术相配合，启动了 1 个验证引力理论的新时代。参数化后牛顿参数 β 要用天体的轨道运动来测定。行星和飞船的雷达测距、多普勒测速、月球的激光测距和经典的方位资料一起精确地确定了太阳系天体的历表，验证了行星的轨道近日点进动，得到 $\beta-1$ 的绝对值小于 10^{-3}。

参数化后牛顿参数 γ 的测量依赖于电磁信号的传播，测定的精度更高。目前最准确的测定有两个实验。2003 年 Bertotti 和 Tortora 用卡西尼飞船发来的信号在经过太阳附近时产生的引力时延所造成的频率变化测定出 $\gamma-1$ 的值为 $(2.1\pm2.3)\times10^{-5}$[10]。这曾被认为是精度最高的一次测定，但 Kopeikin 等认为他们在资料处理时未考虑太阳的移动，实际精度并没有这么高。2009 年 Fomalont

等发表了他们对 VLBI 资料处理的结果，观测了太阳对 4 个射电源辐射的引力偏折，得到 $\gamma=0.9998\pm0.0003$[11]。这两次测定是迄今为止对 γ 最精确的测定。在大多数高精度天体测量资料处理的模型中，只保留参数化后牛顿参数 β 和 γ，因而其他参数化后牛顿参数的测定结果较少。

另一项引起广泛关注的相对论效应是所谓的 Lense-Thirring（LT）效应。广义相对论指出，天体的自转会拖曳周围的空间，对围绕该天体运动的卫星轨道面的定向和卫星上陀螺的指向产生影响。2004 年 Ciufolini 和 Pavlis 公布了对两颗 Lageos 卫星 11 年激光测距资料的处理结果[12]。他们发现 LT 效应导致了卫星轨道面在赤道面上进动，精度据称是 10%。他们提出发射第 3 颗激光测距卫星 LARES 以进一步提高检测 LT 效应的精度。也是在 2004 年，美国发射了斯坦福大学科学家研制的 GPB 卫星，卫星上载有除引力外不受任何力作用的球形陀螺，陀螺置于超低温的环境下以防止热辐射。快速转动的陀螺开始指向飞马座 IM 星，然后测量陀螺指向相对恒星的漂移。地球自转造成的这种 LT 漂移的数值只有 0.041as/a，是非常微小的量。数据分析的结果在 20% 的精度上与广义相对论相符合[13]。

迄今为止，太阳系内的引力实验没有发现明显与广义相对论相违背的证据。个别现象如先驱者异常（pioneer anomaly）可能存在其他解释，还不能作为与相对论不符的判据。但是几乎没有人相信广义相对论是最终的引力理论。科学家一直在设计更多和更精巧的太阳系引力实验，在更高的精度上来验证引力理论。未来的一些空间探测计划，如欧洲空间局的水星探测计划 Bepi-Colombo、NASA 的 LATOR（Laser Astrometric Test of Relativity）和火卫一激光测距等计划都把引力理论的检验作为探测任务的一项主要科学目标。此外，NASA 的木星探测计划"朱诺"（Juno）等尽管没有将检验相对论作为主要的科学目标，但是同样可以通过无线电跟踪技术对相对论进行检验。这将是 21 世纪基础科学研究的一个热点。

（三）强引力场中的引力理论检验

1974 年，Hulse 和 Taylor 发现了脉冲双星 PSR 1913+16 。通过分析脉冲的到达时刻，能够精确地确定该双星系统的质量和轨道参数。经过 10 多年的持续观测，发现双星轨道周期的变化和广义相对论预言的引力波辐射造成的轨道收缩符合到 99.8%[14]，首次间接证实了引力波的存在。随后，人们观测到了更多的脉冲双星。特别值得一提的是 PSR J0737-3039，轨道周期只有 2.4h，是目前已知周期最短的双星。迄今为止的观测表明，这些双星系统的轨道演化符合广义相对论的预言。

需要进一步研究的是自旋轨道耦合以及自旋耦合产生的轨道面和自转轴的进动，可以用来验证更高阶的后牛顿效应。例如，对自旋双星的后牛顿理论，有拉格朗日形式和哈密顿形式两种。前者预言这样的双星系统会出现混沌轨道，而后者预言不会。这可以通过密近脉冲双星的观测来甄别。

这一领域国际上另一个研究热点是银心超大质量黑洞的天体测量观测及其资料分析，主要研究绕黑洞的天体运动轨道。近红外波段观测已经确定无疑地表明，银心 Sgr A* 射电源处是一个超大质量黑洞。这是距离人类最近的超大质量黑洞，是研究黑洞性质和引力理论最好的天然实验室[15]。国际上这方面的研究工作主要由两个研究团组独立进行。一个是德国马普学会地外物理研究所，另一个是美国加利福尼亚大学洛杉矶分校（UCLA）物理和天文系的研究团队。从 1991 年开始，德国团队用欧洲南方天文台 NTT 3.5m 望远镜的SHARP 照相机，开始 K 波段（2.2μm）的斑点成像观测计划，1992 年首次得到银河系中心区的斑点成像结果。2002 年开始在欧洲南方天文台的 VLT 8.2m 望远镜上采用 NACO 系统的自适应光学装置进行观测。1995 年美国团队用夏威夷 Keck 10m 望远镜的 NIRC 照相机在 K 波段处对银河系中央星团进行成像观测和恒星自行的测定。

研究进程大致分为 3 个阶段：①初期主要工作是银河系中心的成像。②1997 年前后在银河系中心 0.3mas（0.01pc）内发现了快速运动（速度大于1000km/s）的天体，首先用自行证明银心 Sgr A* 附近有一个大质量的黑洞并估算了其质量。③2000 年开始了中心区恒星（称为 S 星）轨道运动的测定。随着观测历元间隔的增大，至 2008 年用恒星的自行和视向速度可以同时估计轨道运动的参数、黑洞的质量和太阳至银心的距离。

2000 年后这两个小组开始发表 Sgr A* 红外星团中恒星轨道运动的研究结果。Gillessen 等用 1992～2007 年 15 颗星的轨道观测资料得到中央黑洞的质量为 $4 \times 10^6 M_\odot$，位置与 Sgr A* 的射电位置和一个近红外对应体相符[16]。

目前的 NTT 自适应光学系统的天体测量精度约为 350μas，这个精度不足以确定观测到的 S 星的相对论进动和其他相对论效应。正在进行的 GRAVITY计划的观测精度为 10μas，可以测量 S 星的相对论进动。如果能够观测到周期在 1 年以内的 S 星，黑洞角动量和多极矩引起的轨道面进动也可以被测量出来，从而可以验证黑洞的无毛定理[17]。不过，还需考虑银心其他天体的引力摄动影响，因此对银心区域进行多体演化研究，将会非常有意义。同时，如果搜寻到位于银心的脉冲星，因为脉冲星的计时观测精度目前已经达到几十微秒，能够非常精确地研究粒子和光子在强引力场（黑洞附近）的运动规律。对于银心超大质量黑洞，令人非常关心的是更精确地测量出它的质量和到地球的距离。另外，它是否有自转，自转角速度是多少？是否带有残余电荷？中央黑洞是完美的 Kerr 黑洞，还是有偏离？这些问题，都需要更进一步的高精度天文观测来解答。

（四）电磁信号在引力场中的传播

无论是高精度天体测量资料的数据处理，还是引力理论的天体测量检验，一个核心的研究课题是电磁信号在引力场中的传播。

针对电磁信号传播问题，建立一个适用于微角秒级的天体测量资料处理模型是目前国际相对论基本天文学研究的一个热点，也是未来几项空间探测计划［如 Gaia、SIM（Space Interferometer Mission）、LATOR、BECON、PLR 等］研究的核心问题之一。这不但需要将目前的 IAU 相对论框架拓展到 2 阶后牛顿精度，更需要对其进行参数化。鉴于参数化后牛顿形式中引入参数的独立性和物理意义，对个别引力理论的探究也尤为重要。在相对论框架下研究电磁信号传播问题主要有两种方法，一种是后牛顿近似方法，另外一种是后闵可夫斯基近似方法。

在弱场、低速条件下通过使用后牛顿近似方法，文献[18]在参数化后牛顿形式下讨论了可用来测距和脉冲计时的单体时间延迟效应。文献[19]研究了在广义相对论框架中 N 个匀速运动天体的 1 阶后牛顿光传播问题。文献[3]在 3 个不同规范（标准、谐和以及各向同性）下详细研究了施瓦西（Schwarzschild）解的 2 阶后牛顿光传播问题。文献[3]还研究了 N 个静态天体系统中两条投射光线所形成的 1 阶后牛顿夹角。文献[20]在广义相对论中，使用谐和规范建立了一个实际的 2 阶后牛顿光传播模型。为了服务于欧洲空间局的空间原子钟组（ACES），文献[21]在广义相对论框架下，使用各向同性规范讨论了 1 阶后牛顿精度下的时间延迟以及引力红移等问题。文献[22]针对 Gaia 计划，在谐和规范下研究了参数化 1 阶后牛顿精度下的光传播问题。文献[23]在谐和规范下通过度规 g_{ij} 的 c^{-4} 项中的各向同性和异性项引入了一个参数，从而建立了一个单体的 2 阶后牛顿参数化的相对论模型。

通过使用另一种不同的近似方法：后闵可夫斯基近似（PM），文献[24]在线性爱因斯坦方程中研究了 N 个任意运动天体的 1 阶后牛顿光传播问题。文献[25]研究了在线性爱因斯坦方程中，N 个任意运动天体的自转对光传播的影响。文献[26]讨论了巨行星（主要针对木星和土星）的四极矩对光传播的影响。

文献[27]和文献[28]在 1 阶后牛顿下，利用数值模拟分别建立了静态和动力学的两种光传播模型。

应当注意，已有的 1 阶模型无法满足未来的高精度需求。例如，欧洲空间局的水星探测计划 Bepi-Colombo 将通过无线电跟踪技术测量水星近日点的进动，它所达到的距离精度为 10 cm（相对精度约是 10^{-12}），要比目前的 1 阶后牛顿框架高出两个量级。NASA 的 LATOR 将通过激光干涉方法在微角秒的精度下测量太阳引起的 2 阶后牛顿光偏折，该探测计划要比目前的数据处理模型高出 6 个量级。对于未来深空探测所能达到的精度，除了需要考虑施瓦西场对光信号传播的影响之外，天体的运动、自转以及形状所造成的影响也将达到未来观测的阈值，而这些项全部出现在 2 阶后牛顿精度下。这就涉及将现在已有的 1 阶后牛顿光传播数据归算框架拓展到 2 阶后牛顿精度。

此外，虽然文献[20]等已经建立了 2 阶后牛顿光传播模型，该模型却是主要针对来自遥远类星体或恒星的光线传播。这是从无穷远到有限远的光传播模型。然而，对于深空探测而言，更需要知道的是从有限远到有限远的光传播，也就是太阳系内的光传播。探测器的主任务阶段是围绕目标天体运动，它发射信号的方向时刻在变化。另外，已有的 2 阶后牛顿光传播模型大都局限于爱因斯坦的广义相对论，需要将 2 阶后牛顿光传播模型参数化。现有文献中 2 阶后牛顿参数的引入具有随意性，没有详细讨论 2 阶后牛顿参数同 1 阶后牛顿参数的依赖关系以及规范独立性。需要讨论不同引力理论的 2 阶后牛顿近似，进而证明所引入 2 阶后牛顿参数的独立性，并可以用来区分不同的引力理论。

还应当强调理论模型的实用性。要在不同的截断精度下针对具体问题来优化模型，进而提高模型的计算效率，建立起每个实际任务的相对论数据归算模型。

二、国内研究现状

与欧洲、美国、俄罗斯等国及地区相比，我国因高精度天体测量技术比较滞后，深空探测开展得比较晚，资料分析和航天工程领域对相对论基本天文学一度没有迫切的需求。国内相对论基本天文学的起步比较迟，从事这一领域研究的人数不多，与国际水平比较也相对落后。21 世纪以来，这一情况有所改善。高技术和深空探测都有比较快的发展，对引力的基础研究也得到了重视。科学和工程发展的历史告诉我们，基础研究和应用基础研究应当先行。爱因斯坦提出广义相对论的时候，只有水星近日点进动等少量观测的支持。但是到了 20 世纪 60 年代，随着新技术的出现和观测精度的飞速提高，广义相对论取代了牛顿力学成为高精度天体测量资料数据处理的理论框架，广义相对论成了有高度应用价值的理论。

我国科学工作者从 20 世纪 80 年代开始逐渐涉足相对论基本天文学领域。最重要和最有显示度的工作是须重明在德国工作期间与法国的 Damour 和德国的 Soffel 合作完成的多参考系相对论多体问题的完备的 1 阶后牛顿近似体系，称为 DSX 体系[7]。这个工作在相对论基本天文学领域中有重要的国际地位，后来和 BK 体系[6]一起成为 IAU2000 决议的基础。须重明 90 年代回国后，在南京师范大学物理系任教授，又曾受聘为中国科学院上海天文台客座研究员。在国内工作时，发表了光传播的 2 阶后牛顿近似等工作[29,30]。

中国科学院上海天文台黄珹研究员 20 世纪 80 年代后期曾研究了人造卫星轨道在太阳系质心坐标系和地心坐标系中的相对论效应，推导了相对论框架中的人造卫星运动方程[31,32]，得到国际上（特别是美国国家航空航天局）的重视和引用。中国科学院上海天文台的韩文标博士最近几年用数值模拟和分析方法探讨了强引力场中的一些动力学问题[33,34]。

从 20 世纪 80 年代后期开始，南京大学天文系的黄天衣和他的研究生们开始在国内从事相对论基本天文学的研究。早期是对一些基本概念的思考，探寻相对论和经典天体测量、天体力学之间的联系，积极参与 IAU 关于相对论基本天文学决议起草过程的讨论[35,36]。逐渐地深入到多种引力理论及其观测检验。几位取得博士学位的研究生分散在各个单位，成为相对论基本天文学研究的重要力量。韩春好对方位资料的相对论处理、相对论时间尺度和我国北斗导航系统做出了重要贡献[37,38]。在中国科学院上海天文台工作的陶金河建立了 1 阶后牛顿拟刚体自转模型[39]，并很早就对相对论框架里黄道的概念提出了正确的建议[40]。在南昌大学物理系工作的伍歆深入地研究了相对论引力系统里的一些非线性问题[41,42]。在南京大学天文与空间科学学院工作的谢懿和美国 Kopeikin 教授合作，在标量-张量理论的多参考系多体问题上取得了重要的成果[43,44]。在中国科学院紫金山天文台工作的邓雪梅用脉冲双星观测和理论论证证明了一种引力理论的错误[45]。她还对光在引力场中的传播做了比较系统的研究[46]。

迄今为止，国内完成的相对论基本天文学的研究工作，在国际上影响不大。这不能完全归结为国内学者的国际地位和活动能力，主要还是成果的学术和应用价值问题。高精度天体测量是一项现代高技术，显示一个国家的高科技水平。高精度天体测量和引力理论的检验是国际应用和基础科学的前沿。

中国作为一个正在崛起的大国，必定会在这一领域深入耕耘，逐渐成为相对论基本天文学研究的骨干力量。

第四节　发展目标与建议
——今后 10 年我国相对论基本天文学的发展方向

相对论基本天文学的发展可以分成应用研究和基础研究两个方面。应用研究主要指高精度天体测量的科学目标和资料处理，包括地面和卫星上的高精度测量、深空探测、引力实验的资料处理等。基础研究则是太阳系引力场和强引力场中的引力多体问题，电磁波的传播和引力理论的检验方案等。

国际上现行的高精度天体测量可称为毫角秒天体测量。资料处理的相对论模型可见 IAU 的一系列决议，也可见 IERS 的资料处理规范。它们是太阳系弱引力场中多体问题和电磁波传播的 1 阶后牛顿近似，原则上可以满足毫角秒天体测量资料处理的要求。问题在于 IAU 决议完全建立在广义相对论的基础之上，用来检验多种引力理论并不方便。国际上在编制太阳系行星历表和处理各种高精度资料时，大都用的是参数化后牛顿形式（PPN），引入两个待定的参数化后牛顿参数 β 和 γ。然而，参数化后牛顿形式只是多种引力理论在形式上的综合，而且它只建立在太阳系质心参考系（BCRS）之上，在地心参考系（GCRS）里的形式没有经验和理论的基础。

参数化后牛顿形式目前不是多参考系的，在实际应用时有局限性。此外，迄今为止尚没有完整的关于天体自转的相对论性理论。这些都表明即使在目前的观测精度下，理论还不能完全与观测相适应。

在未来的 10 年里，天体测量将进入微角秒的时代。1 阶后牛顿近似不足以符合观测的精度。美国国家航空航天局（NASA）和欧盟的欧洲空间局（ESA）将有多个深空探测和引力理论检验的计划付诸实施。这就对理论和资料处理方案提出了新的要求。

与美国和欧盟等高度发达国家相比，我国的高精度天体测量技术相对滞后。我国发展了先进的 VLBI 和激光测卫等技术，但没有激光测月和光干涉等技术。我国刚刚起步进行深空探测，开始涉足基础科学的空间实验。我国也缺乏深空探测数据来拟合和建立自己的太阳系天体历表。发展高精度天体测量和深空探测技术，并不仅是为了国防和显示国力，它们会带动国家高新技术的进步，从而推动国民经济的发展。可以预言，未来 10 年和在 21 世纪中，我国的高精度天体测量和深空探测将会以比较快的速度发展，与此同时我国的相对论基本天文学必将得到更快的发展。

我国相对论基本天文学未来的发展也可以分成"应用"和"基础"两部分。

应用部分要努力建立我国各种高精度天体测量和深空探测任务数据处理的规范和软件。我国现在使用的这类软件大都是从国外引进而经过一些修改的，缺乏自主开发的成果。另外，这一领域的学者要深入到具体的工程领域中去，熟悉相关学科的知识，设计我国自己的有明确科学目标的空间计划。在国家制定每一项深空探测任务的科学目标时，要考虑在相对论基本天文学方面可能实现的科学目标。

基础部分则应当国际化，不能局限于国内工程部门的需要。应当积极参与 IAU 这方面的活动，加强国际交流。相对论基本天文学不仅与传统的天体测量与天体力学有密切的关系，和天体物理、引力物理以及数学的多个分支也有所交叉。

人才培养十分重要，需要培养有理论和工程方面专长的人才，非常需要具备综合知识、有前瞻眼光、有管理能力的领军人才。目前我国从事相对论基本天文学领域的研究人员较少，应当加强这方面博士研究生的培养，给年轻人参与大工程和国际合作的机会，使其得到锻炼和成长。

建议开展以下与相对论基本天文学有关的工作。

（一）我国各类高精度天体测量和深空探测工程的数据处理规范和软件建设

（二）相对论框架下时空尺度和时间同步问题的研究

相对论框架下时空尺度和时间同步问题包括：
（1）太阳系范围内精密时间传递理论与实验。
（2）天地一体分布式原子时尺度建立保持的理论与实验。
（3）复杂链路地面光纤精密时间频率传递理论与实验。
（4）地球附近空间原子钟皮秒级时间同步及精度检验。

（三）多参考系的相对论多体问题

多参考系的相对论多体问题包括：
（1）1mm 精度的激光测月实验及其相关的相对论引力 N 体问题的规范自由度和多参考系问题。

（2）用于微角秒级天体测量资料处理的多参考系参数化后牛顿形式。

（3）可用于研究地球形状和自转的天体相对论自转理论。

（4）近地空间和太阳系内的引力实验和电磁波的传播。

①建立适用于未来高精度的参数化 2 阶后牛顿电磁波传播模型。

②针对我国实际情况，设计有特色的引力实验，建立相应的实用相对论数据归算框架。

（5）强引力场中的引力实验和动力学。

①我国几个大型射电望远镜积极开展脉冲星的搜索和观测工作，建立脉冲星模型，开展脉冲星应用、资料处理和相对论效应的研究。

②黑洞附近，密近双星和多星系统中的动力学。

（四）与相对论基本天文学研究有关的建议

与相对论基本天文学研究有关的建议包括：

（1）建议合理布局我国高精度天体测量仪器，包括脉冲星观测大型射电望远镜。

（2）建议开展光干涉天体测量和利用现有设备开展激光测月。

（3）提高我国 VLBI 天体测量的精度，改进数据处理的相对论模型。

第五节　优先发展领域和重要研究方向

建议重要研究方向为"微角秒多级天文参考系的建立和维持以及资料处理中的相对论模型"。

当前高精度天体测量的观测精度在毫角秒量级。目前的 IAU2000 关于太阳系的时空度规是 1 阶后牛顿的，大致与这一精度相适应。如前所述，这一模型有不能用于检验引力理论、没有定义描述天体形状的参数等缺陷。广泛使用的参数化后牛顿体系也是 1 阶后牛顿体系，虽然能用来检验引力理论，却是一个单参考系的体系。这些缺陷需要今后的研究工作予以弥补。

美国国家航空航天局和欧洲空间局正在策划或执行一些空间计划，它们将使天体测量进入微角秒时代。现有的资料处理软件和理论模型不能与微角秒天体测量相适应。为了建立和维持微角秒级的天文参考系，资料处理过程中必须考虑过去忽略的大量相对论和非相对论的效应。就相对论模型而言，建立多参考系的 2 阶后牛顿（2 阶后牛顿）模型存在很多困难。主要的难度可能有：描述天体形状的多极矩定义；全局和局部参考系之间的连接；时空度规的参数化以及这些参数的物理意义等。微角秒天体测量对从事实测工作和理论研究的科学家是重大的挑战。

在欧美发达国家及地区微角秒天体测量涉及的技术也是在研制和实验之中，已经上天的空间计划是 Gaia。这些空间计划大都是为基础研究服务的，然而其中也含有高端技术。我国应当积极参与一些先进的空间计划，投入资金和人员，为国家未来的空间实验做准备。

我国科学家进行微角秒天体测量的理论模型研究是有基础和可能做出重要成果的，其关键在于人才的培养，也要重视国际合作。

第六节　国际合作

一、国际合作的现况

国际天文学联合会第 52 专业委员会"基本天文学中的相对论"是国际上相对论基本天文学开展讨论和交流的一个平台，中国科学院上海天文台的研究员黄珹和陶金河先后担任该委员会的组织委员，须重明和黄天衣也较早受邀参加了这个委员会，并通过网络讨论，和国际专家一起署名发表过论文。

近年来在这一领域的国际交流和合作开展得比较好的是中国科学院上海天文台天体测量团组，他们和德国德累斯顿大学、美国密苏里大学以及意大利都灵天文台的科学家之间建立了联系。

德国德累斯顿大学有两位这一领域的国际知名学者：国际天文学联合会第 52 专业委员会的现任主席 Soffel 和国际天文学联合会基本天文学分部的主席 Klioner。中国科学院上海天文台客座教授须重明一直和他们在相对论多参考系多体问题的理论研究中保持着长期的合作关系。近年须重明曾多次赴德国访问，在拓展 DSX 体系等课题上进行了合作。中国科学院上海天文台唐正宏研究员和 Soffel 教授签订了协议，共同培养中国科学院上海天文台的一名博士生。

2012 年 10 月 Klioner 和 Soffel 教授等来中国科学院上海天文台进行学术访问，并就未来合作做了深入交流。Soffel 教授还于 2014 年 4 月至 6 月受中国科学院外国专家特聘研究员项目资助来中国科学院上海天文台工作。

美国密苏里大学的 Kopeikin 是国际上这一领域中另一位卓有成就的理论学者，国际天文学联合会第 52 专业委员会的现任副主席。南京大学天文系的谢懿作为联合培养的博士生曾在他那里攻读了两年，在标量张量引力理论的多参考系多体问题课题中共同发表了几篇论文，一直保持着良好的合作关系。Kopeikin 教授曾多次来南京访问和交流并为大学生和研究生讲课。Kopeikin 教授 2011 年 12 月至次年 1 月受中国科学院外国专家特聘研究员项目资助在中国科学院上海天文台工作，期间给研究生讲授了相对论天体力学和天体测量学的基础知识，进行了学术交流。中国科学院上海天文台韩文标副研究员受国家留学基金委访问学者项目资助曾于 2014 年 9 月赴美和 Kopeikin 教授合作开展 VLBI 相对论模型的研究。

意大利都灵天文台承担着 Gaia 数据处理的任务，那里的 Vecchiato 博士于 2014 年 3 月曾来中国科学院上海天文台访问 2 个月，并和中国科学院上海天文台讨论 Gaia 相对论模型以及广义相对论检验等方面的工作。

二、需求和建议

就基本天文学中的相对论研究领域来说，我国科研人员和国际上一些知名的专家建立了良好的交流和合作，包括研究生的联合培养，这些交流和合作带来了国际前沿的研究信息和课题，促进了基础知识和技能的学习，起到了重要的作用。然而，实质性的合作并不多，可数的只有中国科学院上海天文台客座教授须重明和德国 Soffel 的合作以及南京大学天文系谢懿和美国 Kopeikin 的合作。此外，已有的交流和合作主要是理论研究，还没有在观测和空间项目方面有实质性的合作。

对今后的发展来说，青年科技人员的培养是关键，这对这个比较新的领域显得尤其重要。国际交流是培养青年科学家的最佳途径之一。应当更多地将研究生和中青年科学家送到先进国家研读和参加工作，包括进入大的工程项目、人员的质量和数量方面，这都很重要。

为了培养这一领域的青年科学家，涌现领军人物，为了有深入和实质性的国际合作，需要有适当的经费支持。现在的专家互访，经费来自个人的科学基金项目，数量较少，难于建立固定的互访合作。

我国的科学家应当积极参加国际天文学联合会的有关会议和讨论，在各项有关决议中做出贡献，得到国际上的重视。也应当积极参与美国、俄罗斯和欧盟的高精度天体测量和引力实验空间计划。实现这些重大工程项目的国际合作不是一个天文台或大学所能做到的，需要得到国家有关领导部门的组织和支持。

第七节 保障措施

与我国天文学其他学科相比，相对论基本天文学青年人才匮乏问题显得尤为突出。鉴于相对论基本天文学的重要地位以及研究工作的基础性，如何在政策上适当倾斜，以鼓励和扶持从事该领域的优秀青年人才，使得我国相对论基本天文学的研究继续深入开展下去，并在国际上有一定的显示度，是急待解决的重要问题。

相对论基本天文学理论研究的一个重点是参数化的多参考系多体问题的1阶后牛顿和2阶后牛顿解，努力做出有国际影响力的工作，为了鼓励做这些费时费力不能短平快出论文的研究工作，应当对很多单位业绩考核的规则做出修改，给一个宽松的环境，需要的是有价值的科研成果。

从项目任务和科研经费方面进一步加强对相对论基本天文学研究的稳定支持力度。加强国际交流和国际合作，提高和拓宽研究方向，加强与相邻学科的交叉，特别是和天体物理相关研究领域的交叉。

参加国际相关合作项目，尽快在我国形成有一些特色和优势方向的研究小组，对带动整个国内相对论基本天文学的发展、吸引优秀后备人才非常有益。

致谢： 本章作者感谢韩春好、韩文标、邓雪梅、谢懿、陶金河等提供了相关资料。

参考文献

[1] Bureau international des poids et mesures, bipm annual report on time activities, Volume 6, Pavillon de BreteuilF-92312 SÈVRES Cedex, France, 2011.

[2] Brumberg V A. Relativistic celestial mechanics. Nauka, Moscow (in Russian), 1972.

[3] Brumberg V A. Essential relativistic celestial mechanics. Hilger, Bristol, 1991.

[4] Soffel M H, Langhans R. Space-time reference systems. Springer-Verlag, 2012.

[5] Kopeikin S, Efroimsky M, Kaplan G. Relativistic celestial mechanics of the solar system. WILEY-VCHVerlag GmbH & Co. KGaA, 2011.

[6] Brumberg V A, Kopejkin S M. Relativistic reference systems and motion of test bodies in the vicinity of the earth. Nuovo Cim. B, 1989, 103: 63.

[7] Damour T, Soffel M, Xu C. Phys. Rev. D, 1991, 43: 3273; 1992, 45: 1017; 1993, 47: 3124; 1994, 49: 618.

[8] Soffel M, et al. The IAU 2000 resolutions for astrometry, celestialmechanics, and metrology

in the relativistic framework: explanatorysupplement. Astron. J. , 2003, 126: 2687-2706.

[9] Will C M. Theory and experiment in gravitational physics. Cambridge: Cambridge University Press, 1993.

[10] Bertotti B, Iess L, Tortora P. A test of general relativity using radio links with the Cassini spacecraft. Nature, 2003, 425: 374.

[11] Ciufolini I, Pavlis E C. A confirmation of the general relativistic prediction of the Lense-Thirring effect. Nature, 2004, 431: 958-960.

[12] Fomalont E, Kopeikin S, Lanyi G, et al. Progressin measurements ofthe gravitational bending of radio waves using the VLBA. ApJ, 2009, 699: 1395-1402.

[13] DeBra D B, et al. Gravity probe b: final results of a space experiment to test general relativity. PRL, 2011, 106: 221101.

[14] Taylor J H, Weisberg J M. A new test of general relativity - Gravitational radiation and the binary pulsar PSR 1913+16. Astrophy J., 1982, 253: 908.

[15] Genzel R, Eisenhauer F, Gillessen S. The Galactic Center massive black hole and nuclear star cluste. Rev Mod. Phys., 2010, 82: 3121.

[16] 金文敬. 自行与银河系研究的前沿. 天文学进展, 2010, 28: 53.

[17] Will C M. Testing the General Relativistic "No-Hair" Theorems Using the Galactic Center Black Hole Sagittarius A*. Astrophy J., 2008, 674: L25.

[18] Hellings R W. Relativistic effects in astronomical timing measurements. Astron J. 1986, 91: 650.

[19] Klioner S K. Soobschch. Inst. Prik. Astron. , 1989, 6.

[20] Klioner S A, KopeikinS M. Microarcsecond astrometry in space - Relativistic effects and reduction of observations. Astron J., 1992, 104: 897.

[21] Blanchet L, Salomon C, Teyssandier P, et al. Relativistic theory for time and frequency transfer to order c-3. A&A, 2001, 370: 320.

[22] Klioner S A. A Practical Relativistic Model for Microarcsecond Astrometry in Space. Astron J. 2003, 125: 1580.

[23] Klioner S A, ZschockeS. Gaia-CA-TN-LO-SK-002-2, 2009.

[24] Kopeikin S M, Schafer G. Lorentz covariant theory of light propagation in gravitational fields of arbitrary-moving bodies. Phys Rev D, 1999, 60: 124002.

[25] Kopeikin S M, MashhoonB. Gravitomagnetic effects in the propagation of electromagnetic waves in variable gravitational fields of arbitrary-moving and spinning bodies. Phys. Rev. D, 2002, 65: 64025.

[26] Kopeikin S M, Makarov V V. Gravitational bending of light by planetary multipoles and its measurement with microarcsecond astronomical interferometers. Phys. Rev. D, 2007, 75: 062002.

[27] de Felice F, Crosta M T, Vecchiato A, et al. A general relativistic model of light propagation in the gravitational field of the solar system: The Static Case. Astrophy. J., 2004, 607: 580.

[28] de Felice F, Vecchiato A, Crosta M T, et al. A general relativistic model of light propagation

in the gravitational field of the solar system: The dynamical case. Astrophy. J., 2006, 653: 1552.

[29] Xu C M, Wu X J. Chin. Extending the first-order post-newtonian scheme in multiple systems to the second-order contributions to light propagation. Phys. Lett. , 2003, 20: 195.

[30] Xu C, Wu X, Brüning E. General formula for comparison of clock rates—applications to cosmos and solar system. Class. Quantum Grav. , 2005, 22: 5015.

[31] Huang C, Ries J, et al. Relativistic effects for near-earth satellite orbit determination. Celestial Mechanics and Dynamical Astronomy, 1990, 48: 167.

[32] Huang C, Liu L. Analytical solution to the four post-newtonian effects in a near-earth satellite orbit. Celestial Mechanics and Dynamical Astronomy, 1992, 53: 293.

[33] Han W B, Xue S S. Electromagnetic and gravitational radiation from the coherent oscillation of electron-positron pairs and fields. Physical Review D, 2014, 89: 024008.

[34] Han W B, Cao Z J. Constructing effective one-body dynamics with numerical energy flux for intermediate-mass-ratio inspirals. Physical Review D, 2011, 84: 044014.

[35] Huang T Y, Zhu J, Xu B X, et al. The concept of International Atomic Time (TAI) and Terrestrial Dynamic Time (TDT). A. Ap, 1989, 220: 329-334.

[36] Huang T Y, Han C H, Yi Z H, et al. What is the astronomical unit of length? A. Ap. , 1995, 298: 629.

[37] Han C H, Huang T Y, Xu B X. Reference systemsin relativistic framework. in Proceeding of IAU Symposium No. 141: Inertial coordinate system on the sky, 1990: 99-110.

[38] Han C H, Yang Y X, Cai Z W. Beidou navigation satellite system and its time scales. Metrologia, 2011: 1-6.

[39] Tao J H, Xu C M. A model of 1pn quasi-rigid body for rotation of celestial bodies. International Journal of Modern Physics D, 2003, 12(05): 811-824.

[40] Tao J H, Huang T Y. The ecliptic in general relativity. Astron. Astrophys., 1998, 333: 374-378.

[41] Wu X, Huang T Y. Computation of lyapunov exponents in general relativity. Physics Letters A, 2003, 313: 77-81.

[42] Wu X, Xie Y. Resurvey of order and chaos in spinning compactbinaries. Phys. Rev. D, 2008, 77: 103012.

[43] 谢懿. 引力 N 体系的后牛顿力学. 南京大学博士学位论文, 2010.

[44] Xie Y, Kopeikin S. Post-Newtonian Reference Frames for Advanced Theory of the Lunar Motion and a New Generation of Lunar Laser Ranging. Acta Physica Slovaca, 2010, 60(4): 393-495.

[45] Deng X M, Xie Y, Huang T Y. Modified scalar-tensor-vector gravity theory and the constraint on its parameters. Physical Review D, 2009, 79: 044014.

[46] Deng X M, Xie Y. 2PN Light Propogation in the Scalar-Tensor Theory: an N-point Mass Case. Phys. Rev. D, 2012, 86: 044007.

第五章
历书天文学

第一节　战略地位

历书天文学的主要学科任务是建立天体运动理论和开展天文历书服务。天体运动理论是基本天文学定量研究成果的集中体现，同时它在基本天文学研究中也发挥着不可或缺的重要作用。此外，围绕天体运动理论开展的研究工作还与包括引力理论、大地测量、行星物理和恒星物理在内的许多科研领域都有着密切的互动发展关系。作为历书天文学及其相关学科面向科技、国防、经济、科普乃至日常生活的常规服务窗口，天文历书的编算和发布工作是一项有着广泛应用价值的基础性、公益性工作，因此我国和美国、俄国、英国、法国等大国都设有专门机构从事天文历书服务工作。

一、历书天文学的学科内涵

历书天文学以建立实际天体系统的运动理论为目标定量地研究所涉天体的动力学问题。为了建立某个天体系统的运动理论，需要在运动学观测资料的精度水平上建立尽可能完备的理论模型，即包含天体动力学模型在内的观测资料归算模型，进而通过拟合观测资料综合确定由模型参数构成的常数系统。

尽管天体运动理论与天体运动学观测资料之间的内符合精度是由拟合确

定的上述常数系统决定的，但衡量所得结果质量高低的关键指标却无疑是这种理论的外推精度，也即观测时段以外的天体运动状态的计算精度。决定天体运动理论外推精度的两个关键因素是动力学模型的完备性及其中参数取值的准确性。为了确保动力学模型的完备性，同时也为了尽可能地排除可能干扰拟合过程的多余参数，有必要定量研究各种动力学因素对天体位置变化乃至具体运动学观测量的影响；而为了得到尽可能接近实际情况的动力学参数和初始状态参数的取值，就需要在拟合观测资料的过程中考虑对这些参数的各种限制性条件，同时还要有针对性地发展适用的拟合方法。

历书天文学通过天文历书的编算和发布工作服务于其他学科的研究和大众的生产生活。天文历书服务旨在提供各类天体（包括可认作为孤立从而无需通过考虑动力学因素来建立运动理论的天体，如单恒星和河外射电源等）相对于带有空间坐标架的实际或虚拟观测者的位置或完整的运动状态，预报由这种位置所决定的天象发生情况，以及根据特定的日月天象发生时刻编排的（农历）日历。

天文历书服务水平的提高主要依赖于以下两方面的工作。一方面，由于天文历书编算离不开关于时空坐标系、天象描述方式和历法规则等的人为约定，以及天文常数取值、坐标变换模型、天体运动理论等的自洽选择，因此为了便于来自不同研究和应用领域工作者之间的交流合作，同时也为了确保天文历书数据的可靠性及其使用的正确性，有必要根据历书天文学及其相关学科的发展情况适时地开展天文历书编算规范的建立和维护工作；另一方面，由于传统纸质天文历书无法针对一个个具体的观测者分别给出其直接需要的个性化数据，同时也由于纸质载体限制了现代信息技术在提升天文历书数据使用价值和使用便捷性方面所能发挥的作用，因此建立和不断完善天文历书信息化服务系统是有着多方面应用需求的重要工作。

二、历书天文学研究的科学意义

历书天文学研究的科学意义首先在于它可以定量地揭示人们所观测到的天体运动现象背后的各种动力学成因，并估计相关动力学参量的取值，其次还在于历书天文学的研究成果在许多领域的研究中都发挥着重要作用。

历书天文学是天体力学中注重实际应用的一门分支学科，其关注的是具体天体系统运动方程的特解及其对取值带有一定不确定性的系统参数和初始条件的定量依赖关系。尽管天体力学基础研究所关注的重点是一般天体系统运动方程的相空间结构和不同类型特解的定性特征，以及它们对系统参数不同取值的定性依赖关系，但自天体力学诞生以来其基础理论和基本方法的发展大都得自于对历书天文学研究成果的归纳总结或提升推广，以及对历书天文学研究中发现的新现象或遇到的新问题的深入研究。

历书天文学研究在离不开天体测量提供的天体运动学资料的同时，也是天体测量学进一步发展所不可或缺的。实际上，由于观测者的运动、电磁信号在太阳系中的传播，乃至（动力学）时空参考架和坐标系等天体测量要素无一例外地依赖于太阳系大天体的运动理论，因此高精度天体测量资料的归算离不开历书天文学研究。近年来，空间天体测量的发展进一步加强了这种依赖性，比如法国自主研制行星月球数值历表的一个主要目的就是为 Gaia 空间天体测量计划的顺利实施提供保障。

为建立太阳系天体运动理论而开展的拟合研究可以得到延展天体的形状摄动参数，从而有助于这些天体自转动力学和内部结构的研究工作，同时也可以限制参数化后牛顿引力理论中参数的取值，从而成为检验引力理论的一种有效途径。此外，这种拟合研究还能够为人们普遍关注的太阳系长期稳定性和气候长期变化研究所必需的长期历表研制工作提供精确的动力学模型和初始条件。

双星轨道拟合研究可以同时提供子星的运动模型和系统本身的三维运动状态。因为有近 2/3 的恒星是双星系统的子星，所以有关轨道拟合工作对高精度、高密度亮星星表参考架的建立和维护，以及关于银河系结构的研究工作都具有重要意义。此外，双星轨道拟合还是目前获取恒星和暗弱天体质量的唯一可靠手段，借此建立的恒星经验质光关系和估算的银河系中心超大质量黑洞的质量分别在恒星物理和银河系形成与演化研究中起到了非常重要的作用。

三、天文历书服务的应用价值

如前所述，天文历书服务提供给用户的数据主要包括天体在不同时空坐标系中的坐标、描述各种天象发生情况所需的数据、日历（农历）编排及其相关数据。这些数据不仅先后在历法制定、引力理论研究和航海天文导航中发挥过至关重要的历史作用，而且这 3 方面的作用至今依然存在。比如，依赖于日月天象预报的农历仍在我国颁行并为全球华人所普遍使用；比较天体位置计算值与观测值依旧是检验引力理论的一种重要手段；而天文导航则被视作远洋航海中不可或缺的一种后备导航手段。

与此同时，科学技术的进步、国民经济的发展和人民文化生活水平的提高从不同方面极大地拓展了天文历书数据的应用范围。比如在科研方面，与人类生存和发展密切相关的气候变化规律和自然灾害发生规律的研究必需借助于日月等相关天体的位置资料，此外，天文历书数据在日地环境、大地测量、地球物理，乃至历史断代等研究领域都有重要应用。在工程应用方面，首先值得提及的是航天工程对太阳系大天体位置精确预报的极大依赖性，此外，建筑采光、城市照明、太阳能利用、潮汐发电等都离不开日月位置的计算资料。在国家和社会需求方面，我们这里仅列举两个分别关乎国家形象和科学普及的应用实例。首先，国旗升降与太阳出没同步寄托着国人对祖国繁荣昌盛的美好祝愿，而国旗升降仪式庄严性的体现之一是这种同步的准确性，因此需要日出日落时刻的准确预报。其次，日月食等显著天象的大众关注度历来很高，因此便捷地获取这些天象的准确预报数据在破除迷信、提高民众的科学素养、培养青少年的科学兴趣等方面有着非常重要的意义。

第二节 发展规律和发展态势

历书天文学是近代实证科学诞生之初就形成了的一门学科，至今已有300多年的发展历史。该学科能够不断发展的根本原因在于它追求的是一个不断有所提高的精度目标，也就是天体运动理论与精度不断提高的运动学观测资料之间的相容性。与追求这种目标相关的研究兴趣能够历久不衰的原因则不仅在于它涉及诸如太阳系稳定性、时空结构和物质之间有怎样的相互作用等人类普遍关注或非常基本的科学问题，而且还在于基于这种研究的天文历书服务具有多方面的实用价值。

一、历书天文学的简要发展历程

1609 年开普勒利用火星视运动观测资料分别就行星运行轨道和速度给出了两条基于实证的定律[1]，由此给出了一种不依赖于先验假设的行星运动学模型。该模型在保有较高精度的前提下避免了此前由于不恰当的描述方式给预报行星视位置带来的复杂性，从而为开展常规的天文历书编算工作创造了条件。以出版天文年历的形式开展常规天文历书服务始于 1679 年的法国[2]，其主要功能之一是使人们可以借助天文观测确定所在位置的地理经度。

开普勒的上述发现打破了天体沿圆轨道运行的先验假设，这自然激发了人们重新探求各种天体运动现象成因的兴趣。在首版于 1687 年的《自然哲学的数学原理》中，牛顿指出一个天体系统如何运动是由它的初始运动状态和系统中各个天体之间的万有引力决定的，并据此开创性地对当时已有观测资料积累的月球、行星、木星卫星、土星卫星，以及彗星的运动开展了系统性的定量研究[3]，因此我们可以认为牛顿的这部著作是历书天文学诞生的标志。此后，历书天文学研究的发展主要表现为研究对象的不断扩充和天体运动理论精度的不断提高，而天文历书服务的发展除了其内容日渐丰富外还表现为天文历书编算规范的建立与不断地充实和完善，以及天文历书数据获取和使用便捷性的不断提高。

历书天文学研究通过建立具有适当精度的天体运动学模型和优化拟合过程来提高天体运动理论与运动学观测资料之间的整体符合程度。

太阳、月球和大行星等太阳系大天体是贯穿整个历书天文学发展历程的重要研究对象，这些天体运动理论精度的提高主要经历了两个阶段。在前一阶段，人们在创立和完善分析力学基础理论的同时，针对太阳系存在若干小参数的实际情况发展并不断改进天体力学摄动方法，并由此建立了精度越来越高的分析运动理论[4,5]；在后一阶段，人们在不断发展天体力学数值积分方法的同时，建立了精度更高的数值运动理论，其中不仅避免了分析理论在考虑天体作为质点的牛顿引力时所引入的截断误差，而且计及了后牛顿效应和形状摄动，以及众多小天体产生的摄动[6-8]。

在优化拟合过程方面，首先值得提及的是为确定谷神星轨道而提出的具有普适性的最小二乘方法[9]，此后在长期的天体运动定量研究中逐步形成了在拟合参数满足一定限制条件下求解一般起定方程组的实用方法[10]。在历书天文学研究历程中先后采用过的拟合过程，优化手段大致可以分为三类。第一类是通过拟合参数变换减少其中观测量所依赖的非线性参数个数，其目的是为了便于寻求目标函数的全局极小解；第二类是利用各种动力学或天体物理学知识限制拟合参数的取值范围，其目的是为了确保拟合参数取值的合理性；第三类是针对不同的观测资料集合发展联合拟合方法，其要点是根据不同观测资料对天体运动理论的不同限制情况，通过包括合理设置观测资料权重在内的各种手段充分且合理地使用这些资料。

天文历书服务内容随着历书天文学及其相关领域研究的发展不断丰富，而天文历书服务水平的提高则主要有赖于这种服务的规范化和信息化工作。

为了满足国家层面的需求，许多大国都先后设立了专门的机构开展规范

化的天文历书服务工作[2]。全球范围内的规范化工作始于1884年国际子午大
会关于地理坐标和平太阳日计时系统的统一定义，由此天文历书使用者或天
文观测实施者的时空坐标开始有了统一的描述方式。此类关于时空坐标系的
统一定义不仅有助于确保天文历书数据使用的正确性，而且有助于综合处理
不同来源的观测资料以便更好地开展基本天文学研究。为了在越来越高的精
度水平上开展全球范围内的基本天文学合作研究，国际天文联合会自1919年
成立后一直致力于各种时空坐标系的规范化工作[11]。除此以外，为了开展天
文历书服务还需要从不同研究者提供的各种坐标系之间的变换模型和各种
天体的运动理论出发建立自洽高效的天文历书编算模型，同时还需要根据应
用领域的需求规范天文历书的内容和形式。这方面的早期成果主要是在法国
官方的编历督导机构经度局（Bureau des longitudes）于1896年和1911年先后
在巴黎组织召开的两次国际研讨会上取得的，目前则主要见于美国和法国编历
机构分别组织撰写和出版的天文历书编算专著，即 *Explanatory Supplement to
the Astronomical Almanac* 和 *Introduction aux éphémérides,astronomiques*
（*Supplément Explicatif à la Connaissance des Temps*）。

信息处理和传播技术的发展为提高天文历书服务的针对性、快捷性和可
视化程度创造了条件。在天文历书服务信息化方面美国起步较早，设在美国
海军天文台的天文历书编算团队自20世纪80年代就开始研制交互式天文历
书服务软件。目前国际上通过开设服务网站的方式提供天文历书信息化服务
的国家主要有：

（1）美国（http://www.usno.navy.mil/USNO/astronomical-applications）。

（2）法国（http://www.imcce.fr/langues/en/ephemerides/）。

（3）俄国（http://www.ipa.nw.ru/PAGE/EDITION/RUS/rusnew.htm, http://
www.sai.msu.ru/neb/nss/index.htm）。

（4）日本（http://eco.mtk.nao.ac.jp/koyomi/）。

（5）中国（http://almanac.pmo.cas.cn/）。

（6）英国（http://astro.ukho.gov.uk/）。

（7）德国（http://wwwadd.zah.uni-heidelberg.de/kalender/index.php.en）。

其中，美国和法国的服务内容最为丰富，个性化和可视化程度也比较高。

二、历书天文学研究的发展规律和态势

历书天文学研究的发展主要是由应用需求推动的。实际上，随着人类

社会的不断发展，人们生产生活的许多方面对天体位置的预报都有着日益增长的精度需求，但这种预报的精度难免随着外推时间的增加而不断下降，因此常有理论预报与实际观测之间的偏差大到不能满足应用需求的情况。此时，历书天文学研究的发展自然会得到来自应用需求的有力推动。另外，我们也不应忽视各种超前的理论研究兴趣对历书天文学研究发展的推动作用，在这种情况下未来的天文观测将成为检验有关理论研究成果的一种重要手段。

从高质量天文观测资料的积累到历书天文学研究的实质性进展一般都要经历与历书天文学创立过程相类似的三个阶段。一是通过分析比较观测量的理论计算值和实际观测值，揭示现有天体运动理论残差的运动学特征；二是通过分析推导或数值探索寻求这种运动学特征背后的动力学成因；三是通过在天体动力学模型中计及新发现的动力学因素的方式提高天体运动理论的精度。关于这三个研究阶段，历书天文学发展史上有两个分别在太阳系稳定性研究和太阳系天体发现方面产生过重大影响的实例。一是木星土星共振因素的发现和这两颗行星运动理论精度的提高[12]，二是海王星的发现和天王星运动理论精度的提高[13,14]。

当天体运动理论的残差尚不足以反映某种已知的或推测的动力学因素对天体运动的影响时，人们往往先把研究兴趣转向理论探讨。比如先从理论上研究该因素将如何影响天体的运动，以及会产生怎样的观测效应。这无疑有助于在充实理论和指导观测两方面为历书天文学研究的进一步发展提前做好充分准备，相应地也为利用今后的天文观测检验理论研究成果创造必要的条件。在天体动力学模型中引入后牛顿改正和利用天文观测检验引力理论的历程很好地显示了这种历书天文学研究发展模式的有效性[15-17]。

针对太阳系大天体和具有各方面研究兴趣的恒星及暗弱天体（如大质量和极小质量恒星、系外行星、恒星级和大质量黑洞）开展定量的动力学研究，建立或提高这些天体运动理论的精度和模型参数取值的准确度是目前历书天文学研究的前沿热点，所涉及的重大科学研究和实际应用课题主要包括：引力理论和物质间新型长程相互作用理论的检验、太阳系长期动力学行为的定量研究、太阳系大天体的内部结构研究、系外行星轨道和质量参数的确定、恒星和暗弱天体质量参数的确定、实用天文时空参考架和太阳系引力场模型的维护，以及目前人们普遍关注的气候长期变化规律研究等。

三、天文历书服务的发展规律和态势

天文历书服务的发展首先体现在它能够提供内容越来越丰富、精度越来越高的天文历书数据，这是历书天文学及其相关的基本天文学定量研究发展的一种必然结果。其次，天文历书服务的发展还表现在天文历书数据编算和发布的规范化和信息化程度的不断提高，这是天文历书服务能够适应各种应用领域发展的一个必要条件。

基本天文学定量研究不断发展的一个重要标志是天文参考架和各种时空坐标系之间的变换模型精度，以及天文常数系统和天体运动理论精度的日益提高。这为满足高端应用领域对天文历书数据不断增长的精度需求提供了可能，但同时也极大地增加了天文历书编算模型的复杂性和普通用户理解天文历书数据确切含义的困难程度。因此，针对不同精度需求开展高效规范的天文历书服务近年来受到国际天文学联合会和各国编历机构的重视，比如国际天文学联合会成立了专门的标准化服务中心（http://www.iausofa.org/）。该中心负责收集整理不同精度的基本天文学标准模型，这为建立天文历书编算模型的规范体系打下了良好基础。

基本天文学定量研究不断发展的另一个重要标志是其研究对象的不断拓展，这使得天文历书服务涉及的天体由牛顿时代的 10 多个太阳系天体和数百颗恒星扩充到目前包括太阳系大行星、天然卫星、小天体，以及恒星乃至河外射电源在内的海量天体。还值得一提的是，航天事业的不断发展使人类的活动范围从地球表面扩展到了整个太阳系，这极大地扩充了天文观测者和天体视运动的外延。上述两个因素分别在目标天体和观测者方面极大地丰富了天文历书服务的内容。

天文历书服务内容的增加凸显了传统天文历书服务形式的缺陷。由于篇幅的限制，传统的纸质天文历书刊载的大都不是用户可以直接使用的个性化数据。比如天文年历通常只适合提供少量天体在离散的表列时刻相对于地心或太阳系质心的位置信息，以及有很大局限性的天象预报。这里天象预报的局限性主要是指在有限的篇幅中无法针对众多不同的用户分别预报他们各自观测到的天象发生情况。因此，用户通常都需要利用天文年历提供的各种辅助数据和公式作进一步的处理后才能得到所需的个性化信息。这不仅给天文历书的普通使用者带来诸多不便，而且有碍于航海天文导航和深空探测等高端应用领域的信息化进程。计算机和信息传播技术的发展为弥补传统天文历书服务方式的缺陷提供了解决方案，催生了利用计算机软件和互联网开展天文历书服务的新方式。

总之，天文历书服务以基本天文学定量研究成果为基础，以信息化技术为支撑，并在各种应用需求的推动下通过不断丰富服务内容和形式的方式发展。目前，提高规范化和信息化程度是天文历书服务进一步发展所必须开展的两项工作。在我国加强维护海洋权益和大力发展自主航天事业的大背景下，应该特别予以重视的是围绕航海航天应用需求开发天文历书服务软件的工作。

第三节 发 展 现 状

一、历书天文学研究的发展现状

天体运动理论研制的目标精度随着天体运动学观测资料精度的提高而提高。近年来，以干涉测角、激光测距和多普勒测速等为代表的地面天体测量技术，以及空间天体测量技术的发展极大地提高了天体运动学观测资料的精度[18]。天体运动理论研制目标精度的相应提高大大增加了所需考虑的动力学因素，这使得与许多领域研究之间的互动发展成为了当今历书天文学研究的一大特征。

研究天体的运动首先需要有一个基本的理论框架，如牛顿框架或广义相对论框架。考虑到牛顿框架已经无法满足天体测量资料日益增长的精度需求，1991 年国际天文学联合会首次在高精度天体测量资料处理中正式引入了广义相对论框架，2000 年国际天文学联合会又进一步把有我国学者参与建立的多参考系广义相对论后牛顿近似框架确立为研究基本天文学问题的标准理论框架[19]。但是当天文观测精度提高到足以区别广义相对论和与之竞争的众多引力理论时，人们自然希望通过这种观测来检验引力理论。综合不同引力理论的参数化后牛顿（PPN）形式为这种检验工作提供了方便[20]。美国、法国和俄罗斯在各自的行星月球历表研究中都引入了两个主要的参数化后牛顿参数 β 和 γ，并通过对高精度天体测量资料的拟合进一步限制了这两个参数的取值范围。但在定量研究不包含致密天体的普通双星和多星系统的运动时采用的依然是牛顿框架，这主要是因为现有的观测资料尚不足以充分体现有关天体运动中的后牛顿效应。

在一定精度水平上建立尽可能完备的天体运动方程是定量研究天体系统

运动并对有关参数进行无偏估计的关键因素之一。因此,在取定适当的理论框架后,有必要根据观测资料的精度确定所要考虑的动力学因素,并建立相应的数学模型。随着天体运动理论研制的目标精度的大幅度提高,在建立天体动力学模型时需要考虑的动力学因素大大增加。计及这些因素既可以提高有关天体动力学模型的完备性,又可以在研制天体系统运动理论的同时对刻画这些因素的物理参数给出一定限制。试算结果表明许多小天体或小天体群对大行星的摄动影响已远超出目前观测资料所能达到的精度水平,因此在大行星历表的动力学模型中就需要计及这些小天体的摄动因素。因为在大行星历表拟合模型中涉及了小天体的质量参数,所以有关的拟合工作也可以对小天体质量给出一定的限制。类似的情况还有很多。比如行星及其卫星之间的形状摄动和非刚体效应、等级三星系统中的三体效应等。此外,还有一些在目前观测精度水平上尚无确证的因素也在人们的研究之列,对太阳系大行星运动可能产生影响的此类因素有:海外大行星或太阳的伴星、太阳质量的变化、万有引力常数的变化、万有引力对平方反比律的偏离、在太阳系内分布的暗物质、物质间新的长程相互作用等。总之,凡是在观测资料精度水平上对观测量有影响的因素都可以通过天体运动的定量研究来探索。

历书天文学追求的是能够长期保持高精度的天体运动理论,这与追求模型的完备性和参数拟合的无偏性是一致的。有关太阳系长期动力学行为的数值探索结果表明,大行星系统在数十万年时间尺度上的运动仍是规则的,或者说大行星运动对系统参数和初始条件的极端敏感性不会在这个时间尺度上妨碍人们开展有关的定量研究。近年来,来自古气候学研究的需求推动了行星月球长期数值历表的研制工作。这种工作与古气候学能够互动发展的原因在于它能够提供主要决定于地球轨道偏心率和自转轴倾角的日照量分布及其演化数据,而古气候学能够提供不同地区温度的长期变化数据。高精度短期行星月球历表研究可以为相应的长期历表研究提供精确的动力学模型和初始条件,因此为了提高这种长期历表精度,所需要开展的工作主要是进一步发展适用的数值积分方法。

历书天文学追求的另一个目标是建立所有具有一定运动学观测资料积累的天体运动理论。近年来太阳系各类小天体,以及大量双星和多星系统的高精度观测资料都有了不同程度的积累,这大大增加了历书天文学的研究对象。针对研究对象和观测资料的不同情况发展适当的拟合方法,以及对拟合解的统计评估和外符合检验方法也成了目前历书天文学研究的一个重要课题。

我国历书天文学研究始于 20 世纪中叶小行星和彗星的轨道计算。从 20 世纪 80 年代末开始，我国研究人员在天然卫星运动理论方面取得了一些具有国际水平的研究成果[21-23]，21 世纪又开始了行星月球数值历表的研究工作，其主要成果是建立了与当时国际天文学联合会推荐的 DE405 行星历表精度相当的数值模型[24]。此外，在双星轨道拟合和恒星质量参数确定方面近年来也取得了一些具有国际水平的研究成果[25-27]。

二、天文历书服务的发展现状

Explanatory Supplement to the Astronomical Almanac 的第二版于 1992 年出版后，历书天文学及其相关研究又有了很大发展。因此，在美国天文历书编算机构的组织下，不同领域的专家依据国际天文学联合会大会关于基本天文学规范的决议及其相关的研究成果对该部专著做了大范围的修改，并于 2012 年出版了该专著的第三版。这是目前国际上规范天文历书数据编算工作可以依据的重要参考资料之一。

按年度编算出版各种纸质天文年历依然是目前开展天文历书服务的基本方式。尽管各国天文年历的具体内容不尽相同，但大都包含日、月、大行星、经典天然卫星的位置历表，时空坐标转换参数历表，太阳系大天体自转根数、位相和亮度的变化历表，日月出没和大行星中天等与天体周日视运动有关的天象预报，合、冲、留、大距等与太阳系天体周年视运动有关的天象预报，以及日食、月食、凌日、掩星等特殊天象的预报等内容。此外，还有用户为了获取个性化数据所需的各种辅助表格和公式。除了上述主要内容以外，我国的天文年历还载有天文导航和大地测量常用恒星的视位置历表（国际上类似的历表是德国海德堡天文研究所出版的 FK6 基本星视位置历表，即 *Apparent Places of Fundamental Stars*），美国天文年历还刊载太阳系小天体和系外行星的轨道信息，以及星团、类星体、射电源、X 射线源、γ 射线源等天体年中的位置信息。在编算出版天文年历的同时，大部分编历机构都编算出版一些应用领域专用的天文历书，如航海天文年历、天文普及年历等，此外还结合各自的重点研究对象编算出版有关特定类别天体的天文历书，如法国天体力学和历书编算研究所的 *Satellites Galilléens de Jupiter* 刊载了伽利略卫星与木星之间掩、食、凌、影凌等天象的预报以及这些天体的视构形演化列图，*Satellites De Saturne I à* Ⅷ刊载了土星及其 8 颗经典卫星的构形演化列图，又如俄国应用天文研究所的小行星年历 *Ephemerides of Minor Planets* 刊载了所有在编小行星的轨道根数，以及小行星冲日天象发生的日期及其在冲日时刻的位置。

如前所述，美国、法国、俄罗斯、日本等国的天文历书编算机构除了编算出版纸质天文历书以外，还开展了电子历书软件和网络历书服务。美国交互式天文历书软件 MICA 的内容较为丰富，包括众多目标天体在不同坐标系中的位置和姿态、时空坐标系转换参数、天象预报、二维星图等，设在美国海军天文台的天文历书服务网站除了提供常规的天体位置和天象预报等服务外，还增加了不少延展体的模拟视图。法国的天文历书服务以天然卫星为主要目标天体，设在巴黎天文台天体力学和历书编算研究所的天文历书服务网站上，有关天然卫星的内容非常丰富，包括各种位置坐标的计算、掩食天象的预报和望远镜视场所见的二维星图模拟。俄罗斯的信息化天文历书服务以小行星为主要目标天体，其小行星位置计算软件 AMPLE 可以动态模拟许多小行星的运动过程。日本的网络天文历书服务内容全面，使用方便，可视化程度也比较高。

我国从 1969 年开始独立编算各种天文历书，其后又在 1983 年和 2004 年与国际同步地开展了两次历书编算模型的全面更新工作。2000 年前后开展的天文历书自动出书系统、电子天文历表和天文历书网页的研制工作，以及近年来开展的多种天文历书应用软件的研制工作，保证了我国能够紧跟国际天文历书服务的发展步伐，同时也满足了国内各应用领域对天文历书服务的需求。此外，在日月食和掩源预报方面也分别取得了具有国际先进水平的研究成果[28,29]。

三、我国历书天文学发展现状分析

我国历书天文学研究水平和天文历书服务水平与美国、法国等历书天文学发达国家相比有很大差距，这种差距主要表现在以下几个方面。首先，上述两个国家的天文历书编算实践中都采用了各自研制的高精度天体运动理论，如日、月、行星运动理论，而我国目前还没有这样的运动理论。其次，这两个国家都有自己完整的天文历书编算规范，而我国的天文历书编算工作还需要参考它们分别出版的天文历书编算专著。此外，我国的信息化天文历书服务无论在内容丰富性、数据个性化和形式多样性等方面与这两个国家相比都存在一定差距。

造成这些差距的客观原因是我国历书天文学研究和天文历书服务工作起步都很晚，且早期的工作大都是为了满足应用领域对天文历书服务不断增长的基本需求开展的，因此对历书天文学研究工作和天文历书服务规范化、信息化工作重视不够。其结果是我国有关领域的工作既缺乏深厚的历史积淀又缺乏必要的人才储备，这与国际上历书天文学的传统强国形成了巨大反差。法国编历机构（巴黎天文台天体力学和历书编算研究所）集中了该国从事历书天文学研究和天文历书服务方面的主要科研人员，因此我们以此机构作为参照具体说明我国在历书天文学研究和天文历书服务方面与发达国家存在巨大差距的客观原因。巴黎天文台天体力学和历书编算研究所拥有几百年的发展历史和 17 位高级研究人员、16 位工程技术人员、维持在 15 位左右的研究生，以及包括 16 位委员和 32 位通信委员组成的官方督导委员会经度局（Bureau des longitudes）[30]，而我国除了在建立天然卫星运动理论方面有不多的几位历书天文学研究专家外，设在中国科学院紫金山天文台的天文历书编算团队只有 50 多年的发展历史和 5 位兼顾服务和研究的现职人员。

　　另外，考虑到天文历书服务工作的重要应用价值，我国对该项工作一直有着常规的支持，这保证了我国的相关工作不仅能够满足国内各应用领域的基本需求，而且所提供的数据精度能够与美国、法国等编历发达国家同步提高，同时在日月食和掩源预报方面也做出了具有国际水平的工作。近年来，随着我国国力的增强，特别是航天事业的不断发展和对海洋权益维护力度的不断加强，国际上在天文历书服务及与其密切相关的研究领域对我国的开放程度有所下降，比如在国内已无法下载位于美国国家航空航天局网站上的太阳系大天体基本历表的数据，设在美国海军天文台的天文历书服务站点对中国大陆地区也不再开放。这使得自主开展历书天文学研究和天文历书服务工作的必要性日益凸显出来。有鉴于此，国家在历书天文学研究的投入有所增加，这不仅使我国在高精度天体运动学观测资料的归算模型、天然卫星运动理论、双星轨道拟合、恒星系统质量参数估计等方面取得了一些具有国际水平的研究成果，而且还逐步形成了一支在历书天文学研究方面颇具发展潜力的青年人才队伍。

第四节　发展目标与建议

一、我国历书天文学发展的总体目标

　　历书天文学研究随着天体测量对象的增加，以及观测资料的积累和精度的提高，正在不断向前发展，其目标是对尽可能多的天体建立精度与观测相当的运动理论，同时提高有关动力学参数确定的准确性。近年来，天体测量技术的发展，以及各种常规或巡天观测项目的实施极大地增加了有高精度观测资料积累的天体的数量。因此，历书天文学研究者经常有必要根据研究意义和研究兴趣的大小，以及观测资料对天体运动限制的强弱选择所研究的天体对象。因为我国历书天文学的研究队伍还比较小，所以应该把建立对我国实际应用有重要现实意义的天体运动理论作为历书天文学研究发展的首要目标。

天文历书服务的基础是历书天文学及其相关学科的定量研究成果，其目标是通过建立与这些成果相适应的编算规范，准确无误地给出天文历书数据，并充分利用信息处理和传播技术提高获取与使用这些数据的便捷性，并由此满足我国全面推进科研基础性工作规范化和信息化进程给天文历书服务工作提出的要求。

二、关于发展我国历书天文学研究的建议

考虑到目前我国历书天文学研究的总体水平与国际领先水平差距较大，研究队伍又较小的实际情况，以及历书天文学研究工作与许多基本天文学研究领域都有密切关联的事实，我们提出如下几点建议。

首先，建议在历书天文学研究的国际前沿方向中选择切合我国实际应用需求和已有一定研究基础的工作作为优先发展方向，如太阳系大天体运动理论和双星、多星系统亮子星的运动理论。

其次，建议大力支持历书天文学和与之密切相关的研究领域之间的交叉研究，特别是我国已有雄厚研究基础的领域，比如相对论基本天文学、太阳系小天体动力学、大天体自转动力学等，并由此力争取得高水平的原创性研究成果。

最后，建议通过选派青年访问学者和留学生的方式广泛参与更多的历书天文学国际前沿课题的研究，并由此为我国历书天文学研究赶超国际先进水平打下必要的人才基础。

三、关于提高我国天文历书服务水平的建议

如前所述，规范化和信息化是提高天文历书服务水平的两条基本途径，而这正是我国目前天文历书服务落后于国际领先水平的两个主要方面。因此，应该抓住我国目前全面推进科技基础性工作规范化和信息化进程的机遇，大力提高我国天文历书服务的规范化和信息化水平。

基于对科技基础性工作重要性的认识，国家制定了支持这类工作的"十二五"专项规划，建议积极争取天文历书编算规范和信息化服务系统研制项目，并以项目专家委员会为基础成立并长期保留由我国历书天文学及其相关领域专家组成的天文历书服务督导委员会。提出该建议主要是出于以下两点考虑。首先，天文历书服务的内容涉及基本天文学的许多定量研究领域，因此为了在当今基本天文学快速发展的情况下确保天文历书服务的质量需要这样的委员会。其次，法国在 1795 年成立并一直延续至今的类似机构经度局（Bureau des longitudes）不仅使法国在几百年内一直保持着天文历书服务的先进水平，而且对国际上历书天文学乃至整个基本天文学研究的发展做出了巨大贡献，因此有理由借鉴法国的这种成功经验。

第五节　优先发展方向

一、历书天文学研究的优先发展方向

（一）太阳系主要天体基本历表

本研究方向的主要目标是为各种航天工程提供满足精度需求的太阳系主要天体的数值运动理论或数值历表，其中太阳系主要天体指的是对深空探测器所经历的引力场环境起主导作用的大天体，比如太阳、大行星、冥王星、其他大质量矮行星、月球及其他大质量天然卫星。这些天体同时也是太阳系长期稳定性、天体自转和内部结构等研究领域所关注的主要天体。

优先发展太阳系主要天体数值历表研究的直接理由可以概括如下。首先，提高太阳系主要天体数值历表的长期外推精度是目前历书天文学研究中涉及动力学因素最多的国际前沿课题，在具有多方面研究兴趣的同时也是极具挑战性的难题。目前，国际上有分别来自美国、法国和俄罗斯的三个研究团队独立开展此项研究。为了通过多个不同数值历表之间的比对来促进有关研究的进一步发展，国际天文学联合会历表委员会鼓励更多的团队独立开展这项研究。其次，由于上述难题不太可能很快得到解决，因此在对数值历表有高精度需求的航天项目实施前，需要通过拟合最新的观测资料适时更新这种历表，如 DE410 是为探测火星的 Mars Exploration Rover 研制的，DE418 是为探测冥王星和柯伊伯带的 New Horizons 研制的[31]。这意味着历表的研制工作对我国自主发展航天事业具有重要意义。最后，尽管我国在这方面的研究工作起步很晚，但也曾成功地建立过与美国 DE405 行星历表精度相当的数值模型，故有一定的研究基础。

在目前的观测精度水平上研制数值历表需要考虑牛顿 N 体模型以外的动力学因素，这非常广泛。除了日、月和大行星作为质点的广义相对论 1 阶后牛顿效应，数百颗主带小行星及反映其他主带小天体摄动的环状质量分布，数十颗大质量海外天体及反映其他海外天体摄动的环状质量分布，太阳、地球和月球的形状摄动等已知的动力学因素外，许多尚无确证的因素都有可能在目前观测资料的精度水平上影响太阳系大天体的运动。这些因素包括：海外大行星或太阳的伴星、太阳质量变化、万有引力常数变化、万有引力对平方反比律的偏离、在太阳系内分布的暗物质、其他引力理论效应、物质间新的长程相互作用等。尽管这极大地增加了对太阳系大天体运动理论研究的兴趣，但同时也给建立完备动力学模型的工作带来了非常大的困难。为了提高动力学模型的完备性，同时也为了避免其中包含那些干扰观测资料拟合过程的非物理的或对观测量影响小于观测误差的因素，有必要系统地定量研究各种可能因素的观测效应。

目前太阳系大天体系统的动力学模型一般都包含有数以百计的拟合参数，如美国喷气推进实验室（JPL）于 2013 年发布的 DE430 历表所涉及的参数个数已高达 572 个。即使相应的动力学模型是恰当的（完备且无多余的干扰因素），通过拟合观测资料无偏地估计如此众多参数的真值也是非常困难的，这是难以提高有关数值历表长期外推精度的一个重要原因。为了尽可能地克服这种困难，需要有针对性地发展拟合方法，包括去除动力学模型中那些对精度提高不具足够统计显著性的参数（如可以在局部线性化意义下利用 F 检验来排除这种参数），合理分配观测资料的权重（如除了观测资料的精度外，还需要考虑资料的时间跨度和模型本身所能达到的精度等因素），以及充分利用拟合资料以外的知识限制拟合参数的取值范围等。

上述两大类研究对提高历表的长期外推精度，以及推动各个相关研究领域的发展都具有重要意义。但从实际应用的角度看，提高拟合的内符合精度并不断利用最新观测资料维持这种精度是目前研制太阳系大天体数值历表的一种有效方法，因此不应忽视其在我国自主发展航天事业中的作用。

（二）双星、多星系统亮子星的运动理论

本研究方向的发展目标是在观测精度水平上系统地建立或改进亮于 7mag 左右的双星或多星系统子星的运动理论，由此可以增加高精度亮星星表参考架

的密度或提高已有亮星星表参考架（如 Yale Bright Star Catalog[32]）的精度。

　　双星轨道拟合始于 1827 年 Savary 以大熊座 ξ 为背景开展的研究工作[33]，此后一直是历书天文学研究的重要内容之一，有关研究成果在星表参考架、银河系结构、恒星物理和恒星系统动力学等方面具有重要的应用价值。近 10 多年来高精度观测资料的快速积累和已可预见的 Gaia 资料使这种拟合研究成为了目前历书天文学研究的一个热点课题[34]。因为双星数量极大而天文历书服务和实际应用中关注的主要是亮星的位置变化，所以本方向将研究对象限制为含亮子星的系统；又因为在目前的观测精度下不少多星系统的运动已经不再能采用若干个二体运动模型来近似，所以本方向明确地提及了多星系统。我国在该研究方向上已发表了一些具有国际水平的研究工作，除得到或改进了 100 个左右双星系统的轨道外，在多类型观测资料联合拟合、减少非线性拟合参数个数、统计检验和外符合分析的运用，以及对限制系统质量参数取值范围有重要作用的恒星经验质光关系等方面都取得了创新性成果。综上所述，我们有充分理由将建立双星、多星系统亮子星的运动理论作为我国历书天文学研究的优先发展方向之一。

　　如果牛顿二体运动学模型在已有观测资料的精度水平上是完备的，那么本方向或二体轨道拟合工作需要克服的主要是观测资料轨道覆盖率不足带来的困难。依巴谷双星和多星星表中就有许多由于存在这种困难而无法给出轨道解的双星系统。近年来，国际上普遍关心的类似星表将来自于空间天体测量卫星 Gaia 的观测。试算表明，Gaia 数据只能用来得到周期不明显大于该卫星观测时段（约 5 年）的双星轨道。联合高精度视向速度资料以及地面长期并且具有一定精度的方位资料是解决上述困难的一个可行方法[35,36]。

　　随着观测精度的提高，牛顿二体运动学模型必将对越来越多的双星系统而言不再具有完备性。我们知道，引入三体效应或几乎任何其他的摄动因素都将使子星运动学模型失去简单的分析表达形式，而对星表参考架而言，采用数值历表方式描述大量系统的运动显然是不足取的，这实际上是高精度星表参考架刻意排除双星子星的根本原因。因此，有必要设法建立既有效又紧凑的子星运动学模型。有针对性地建立尽可能简单的运动学模型需要充分了解各类系统的运动学特征及其动力学成因，为此有必要进一步深入开展天体测量与天体力学等相关学科之间的交叉性研究。在这方面的一个实例是常见的等级三星系统。这种实际系统一般可以采用牛顿等级三体系统作为动力学模型，该模型中最小的两体相互距离可视为小参数。忽略该模型系统哈密顿函数中的高阶项后所得的 1 阶近似系统是可积的，并且天体力学家已通过哈密顿-雅可比方法严格地给出了这种近似系统的通解[37]。一方面，这种通解当然可以用作为描述等级三星系统的运动学模型，但另一方面，由于该运动学模型非常复杂，因此值得针对实际等级三星系统的具体情况在 1 阶近似意义下给出尽可能简化的实用模型，或者利用常微分方程的幂级数解法直接寻求尽可能简单的 1 阶分析解。

二、天文历书服务的重点工作

历书天文学及其相关研究和应用领域的快速发展，以及我国科研应用领域的规范化和信息化共建工作都要求提供内容规范、形式多样、使用便捷、开放共享的天文历书服务。为了满足这种要求，有必要根据不同的需求精度建立和维护自洽高效的天文历书编算规范体系，并综合不同的需求形式建立和维护天文历书信息化服务系统。

（一）建立和维护天文历书编算规范

天文历书编算规范通常由天体位置计算规范、天象预报规范和农历编算标准 3 部分组成。建立和维护天体位置计算和天象预报规范将为历书天文学及其相关研究与天文历书服务，以及为天文历书服务与天文历书数据应用之间的交流提供必要的基础，因此对确保天文历书数据编算和使用的正确性，促进有关研究和应用的互动发展具有重要意义。制定农历编算标准则是维护国家历法及相关法律法规的严肃性所不可或缺的一项重要举措。

国际上系统地开展天文历书编算规范建立和维护工作的是美国和英国的编历机构。早在 1961 年它们就在其联合编撰的天文历书编算专著中介绍了各种天文历书数据的确切含义及其编算所依据的原始数据和理论模型，以及所采用的编算方法等。此后，为了适应相关研究的发展和应用需求的变化，它们采用不断通过发布上述专著的修订版和在天文年历中附加说明的方式开展天文历书编算规范的常规维护工作。近年来历书天文学及其相关学科的发展很快，因此美国编历机构先后两次组织相关人员对上述专著作了大范围的更新修改工作，并分别在 1992 年和 2012 年出版了上述专著的第二版和第三版。

我国在自主开展有关规范制定方面还是空白。尽管我国天文年历对其中刊载的天文历书数据及其编算依据都有简要说明，但这对非专业用户或者需要在其应用软件中自行编算某种天文历书数据的用户而言是远远不够的。因为天文历书具有广泛的应用价值，所以其编算规范是我国近年来积极推进的科研应用领域规范化共建体系中不可或缺的重要组成部分。实际上，除了我国传统节假日需要对农历日历的权威发布、国旗升降仪式需要对日出日没时刻的权威发布外，我国已有的一些规范也明确地提及了天文历书数据的应用，如《大地天文测量规范 GB/T 17943—2000》规定了天体位置需要取自《中国天文年历》，《城市居住区规划设计规范 GB 50180—93》把日照时长的计算日期定为由太阳周年视运动决定的冬至或大寒所在的日期，而《城市道路照明设计标准 CJJ 45—2006》的实施则离不开各地太阳出没时刻历表的权威发布。上述种种理由表明，有必要尽快填补我国在自主建立天文历书编算规范方面的空白。

各种天体位置数据是天文历书的基本内容，它们不仅是编算其他天文历书数据的基础，而且通常也是应用领域直接需要使用的数据。因此，天体位置计算规范是天文历书规范的基本内容。近 10 多年来高精度天体运动学观测资料的积累极大推动了历书天文学及其相关学科的发展，有关成果大多与天体位置计算直接相关。例如，在参考系和天体运动理论中全面引入了广义相对论框架，发展并具体实现了一阶后牛顿意义下的多参考系理论，以及不同版本的太阳、大行星和自然卫星的平动理论；借助中间极和无旋转原点两个仅依赖于局部坐标系的运动学概念，发展了一种描述天体自转运动的合理方法（合理地区分了天体自转轴的运动和天体围绕其自转轴的转动，同时自然地避免了由传统方法依赖于天体在全局坐标系中的平动轨道所带来的不合理性），并在此基础上利用协议的天球及地球参考架和公认的高精度地球自转理论建立了地球到天球坐标系的变换模型，以及对该模型进行观测修正的机制。

上述各项成果为建立完整自洽的高精度天文历书编算模型提供了可供选用的子模型，但同时也因为许多新概念的引入而增加了非专业用户在应用软件中使用或自行编算天文历书数据的困难。另外，对精度需求不高的应用而言，使用高精度模型会无谓地增加天文历书数据编算的复杂性。有鉴于此，国际上有关研究和服务机构仍在尽力维护传统的编算模型。综上所述，目前宜建立两套天文历书编算规范。一套用于在法律法规层面上需要天文历书数据编算可靠性和发布权威性但不要求极高精度的领域，比如国旗升降、城市居住区规划设计、城市道路照明设计等，另一套用于高精度天体测量资料归算、大地测量和航天工程等有高精度需求的应用领域。

（二）建立和维护天文历书信息化服务系统

天文历书信息化服务系统应该包括天文历书数据发布子系统、星空视景仿真子系统和天象演示子系统。天文历书数据发布子系统可以使不同用户方便快捷地获取其直接需要的个性化数据，比如地面观测者所见天体的地平坐标、出没时刻和掩食天象始终时刻等。星空视景仿真子系统和天象演示子系统能够既精确又形象地呈现天体运行和天象发生情况。

如前所述，航天事业的发展已经使人类的活动范围远超出了邻近地球的区域，这意味着观测者所需的个性化天文历书数据并非总是可以通过对地心观测者的相应数据进行微小改正的方式来获得，因此有必要根据观测者的运动状态给出其直接需要的个性化数据。这种直接针对观测者编算天文历书数据的方式当然也适用于地面观测者，因而对提高天文历书数据获取和使用的便捷性具有普遍意义。

现今的信息化技术不仅可以为产生个性化天文历书数据提供解决方案，而且有可能通过对这些数据的进一步处理或挖掘使其发挥更直接或更大的作用。比如通过与舰载观测设备的数据接口或人工输入必要的观测数据就可以直接反演出所需的舰船位置信息，又比如通过与地面测控系统或星载定位系统的数据接口输入航天器运动状态就可以预报航天器运行过程中可见的日食、掩星等对航天器运行环境有重大影响或在航天器上可以观测并有重要观测价值的天象。

科研数据可视化是通过直观形象的表达来提升数据应用价值的有效方法。对有关天体位形随时间演化的天文历书数据而言，所谓可视化就是利用动态图像生成、处理和显示技术把这些数据尽可能地还原为其所描述的运动本身。另外，天文观测技术的发展使得人们在多个波段的探测能力都得到了不同程度的提高，同时天文学研究和航天事业的发展使得人们对星空背景的普遍关注点不再仅局限于天体位形的变化，因此有必要借助可视化技术提供更为全面的天体信息。为了实现这个目标，除了天体运动理论外还需要更为广泛地收集天体的各类信息，比如近距延展体的形状参数和转动模型，太阳光度和太阳系其他天体的反照率，普通恒星的亮度和颜色，变星的光变模型，脉冲星的脉冲计时模型等。

综上所述，一个理想的天文历书信息化服务系统除了应该能够针对不同的观测者或观测设备（由其运动状态、观测波段、极限星等、时间和空间分辨率等参数刻画）提供既切实相关又丰富全面的个性化天体数字信息外，还应该能够营造一个可视的虚拟世界，以便人们可以在可控的时间范围内从不同观测者的视角全面直观地审视天体系统位形的演化和各种天象的发生情况。这不仅对以科学普及和航天员训练为代表的实用领域具有重要意义，而且能够为诸如航天器轨道的设计、天文观测计划的制订、天文历书编算结果的核查，以及对不同动力学因素观测效应的研究等方面的工作提供方便。

第六节　国际合作

一、国际合作的现状

到目前为止，我国在历书天文学研究方面已有的高水平国际合作成果主要集中在天然卫星运动理论研制方面，如 1988 年建立的土卫 I-Ⅷ运动理论和 2013 年建立的海卫一数值历表等[21,23]，其中海卫一的数值历表已用于法国和俄罗斯的天文历书服务网站[38,39]。此外值得一提的是，我国近 20 多年来在天然卫星方位和掩食类天象的观测研究方面通过国际合作取得了不少高水平的研究成果，由此积累的高质量运动学观测资料为国际上改进有关天然卫星的运动理论做出了重要贡献。

我国与美国和法国的编历团队之间分别通过天文年历的交换和各种形式的讨论等方式保持着长期友好的交流关系。这种交流对我国天文历书服务工作保持与国际同步发展起到了至关重要的作用，同时也在一定程度上促进了对方有关天文历书编算规范的修改完善工作。此外，通过与法国编历机构在天体力学基础理论和基本方法方面的合作研究，以及近年来关于历书天文学研究方面一些具有共同兴趣课题的深入讨论，为后续的合作研究打下了良好基础。

二、国际合作的发展

如前所述，我国目前在天文历书服务和历书天文学研究两方面与国际先进水平都有相当大的差距，而积极争取国际合作机会显然是尽快改变这种现状的一项有效措施，因此应该予以足够的重视。

在天文历书编算和服务方面，应该结合我国自主的编算规范制定工作，进一步加强与美国和法国等国家编历机构的交流，以及和国际天文学联合会标准化服务中心的联系。此外，为了使我国在天文历书服务方面具有一定的国际影响力，有必要结合相关应用领域未来的需求研制新型的信息化天文历书软件，如针对深空探测器的天象预报和仿真软件，以及可以直接给出舰船位置的航海天文导航软件，并在此基础上争取与其他国家编历机构开展实质性合作研究的机会。

在历书天文学研究方面，除了在天然卫星运动理论研制方面继续开展国际合作以外，应该尽快就与法国编历机构已达成合作意向的课题开展合作研究，比如有关精化双星、多星系统运动学模型方面的合作研究。此外，考虑到 Gaia 的天体运动学观测资料将对未来历书天文学研究起到不可或缺的重要作用，应该在现有双星轨道拟合等研究的基础上，积极争取与 Gaia 双星和多星工作组（double and multiple stars working group）成员的合作机会。

第七节　保障措施

常规支持是稳定天文历书服务基本队伍和保障天文历书日常服务工作顺利开展的一项必要措施，应当继续施行下去。与此同时，还应该清醒地认识到，为了满足诸多应用领域对天文历书服务日益增长的需求，同时也为了确保我国在基本天文学定量研究飞速发展的大背景下能够与国际上历书天文学发达国家同步提高天文历书服务水平，有必要大力培养或引进若干具有扎实基本天文学基础的青年天文历书编算专家，以及具有历书天文学前沿研究背景的创新型年轻人才队伍。

实现上述人才培养目标可以采取的两项具体措施如下。首先，应该鼓励青年天文历书编算专家积极争取国家科研基础性工作方面的项目，比如天文历书编算规范制定和信息化服务系统研制等，以便在提高我国天文历书服务水平的同时，利用与项目专家委员会成员交流合作的机会更加全面地了解基本天文学各个定量研究领域的最新发展情况。其次，应该鼓励和大力支持青年历书天文学研究者出国进修，争取与国际上有关领域的一流专家合作开展历书天文学前沿课题的研究，这是快速提高我国历书天文学研究水平的一项必要和有效的措施。

致谢：本章作者感谢成灼、沈凯先、乔荣川等提供了相关资料。

参考文献

[1] Kepler J. The New Astronomy. Donahue W H translates. Cambridge: Cambridge University Press, 1992.

[2] Weeks J. Historical information//Seidelmann P K. The Explanatory Supplement to the

Astronomical Almanac. Sausalito: University Science Books, 2006: 609-666.

[3] Newton I. The Mathematical Principles Of Natural Philosophy. Motte A translates. London: Benjamin Motte, 1729.

[4] Lagrange J L. Mécanique Analytique. Paris: Veuve Desaint, 1788.

[5] Laplace P S. Traité de Mécanique Céleste (Tome Troisième). Paris: J.-B.-M.Duprat, 1802.

[6] Folkner W M. Planetary ephemeris DE423 fit to Messenger encounters with Mercury. 2010. ftp: //ssd. jpl. nasa. gov/pub/eph/planets/ioms/de423. iom. pdf [2013-06-30].

[7] Pitjeva E V, Bratseva O A, Panfilov V E. EPM-Ephemerides of Planets and the Moon of IAA RAS: their model, accuracy, availability. 2010. http://syrte.obspm.fr/jsr/journees2010/powerpoint/ pitjeva. pdf [2013-06-30].

[8] Fienga A, Manche H, Laskar J, et al. INPOP new release: INPOP10e. 2013. http://arxiv. org/abs/1301. 1510 [2013-06-30].

[9] Gauss C F. Theory of the Motion of the Heavenly Bodies: Moving about the Sun in Conic Sections. Davis C H translates. Boston: Little, Brown and Company, 1857.

[10] Lawson CLand Hanson R J. Solving least squares problems. Classics in Applied Mathematics. Philadelphia: SIAM, 1995.

[11] IAU General Assemblies. Resolutions adopted at the General Assemblies. http://www.iau. org/administration/resolutions/general_assemblies/[2013-12-15].

[12] Lovett E O. The great inequality of Jupiter and Saturn. AJ, 1895. 351(15): 113-127.

[13] Galle J G. Account of the discovery of the planet of Le Verrier at Berlin. MNRAS, 1846, 7: 153.

[14] Challis J. Account of observations at the Cambridge observatory for detecting the planet exterior to Uranus. MNRAS, 1846, 7: 145-149.

[15] Einstein A, Infeld L, Hoffmann B. Gravitational equations and the problems of motion. The Annals of Mathematics Second Series, 1938, 39(1): 65-100.

[16] Will C M, The Confrontation between General Relativity and Experiment. http://relativity. livingreviews.org/Articles/lrr-2006-3 [2013-12-09].

[17] Verma A, Fienga A, Laskar J, et al. Use of MESSENGER radioscience data to improve planetary ephemeris and to test general relativity. A&A, 2014, 56: A115.

[18] Kovalevsky J, Seidelmann P K. Fundamentals of Astrometry. Cambridge: Cambridge University Press, 2004: 1-10.

[19] Soffel M, Klioner S A, et al. The IAU 2000 resolutions for astrometry, celestial mechanics, and metrology in the relativistic framework: explanatory supplement. AJ, 2003, 126: 2687-2706.

[20] Will C M. Theoretical frameworks for testing relativistic gravity II: Parameterized post-Newtonian hydrodynamics and the Nordtvedt effect. ApJ, 1971, 163: 611-628.

[21] Taylor D B, Shen K X. Analysis of astrometric observations from 1967 to 1983 of the major satellites of Saturn. A&A, 1988, 200(1-2): 269-278.

[22] Shen K X, Li S N, Qiao R C, et al. Updated Phoebe's orbit. MNRAS, 2011, 417(3): 2387-2391.

[23] Zhang H Y, Shen K X, Dourneau G, et al. An orbital determination of Triton with the use of a revised pole model. MNRAS, 2013.

[24] 李广宇. 行星月球历表. 中国天文学会《天文研究学科发展报告》, 2007.

[25] Xia F, Ren S L, Fu Y N. The empirical mass-luminosity relation for low mass stars. Ap&SS, 2008, 314(1-3): 51-58.

[26] Ren S L, Fu Y N. Orbit determination of double-lined spectroscopic binaries by fitting the revised hipparcos intermediate astrometric data. AJ, 2010, 139(5): 1975-1982.

[27] Ren S L, Fu Y N. Hipparcos photocentric orbits of 72 single-lined spectroscopic binaries. AJ, 2013, 145(3): 81-88.

[28] Liu B L, FialaA D. Canon of lunar eclipses, 1500 B. C. - A. D. 3000. Richmond: Willmann-Bell Inc, 1992.

[29] Fu Y N, Xia Y F. Prediction of planetary occultations of compact extragalactic radio sources during 1995. 0-2050. 0. A&Ap Supplement, 1995, 110: 47-58

[30] Institut de mécanique céleste et de calcul des éphémérides(IMCCE). IMCCE History-The Bureau Des Longitudes From 1795 To Today. http://www.imcce.fr/en/presentation/histoire_imcce. php [2013-12-27].

[31] Folkner W M, Standish E M, Williams J G, et al. Planetaryand lunar ephemeris DE418, IOM 343R-07-005. 2007.

[32] Smithsonian Astrophysical Observatory Telescope Data Center. Yale Bright Star Catalog. http: //tdc-www. harvard. edu/catalogs/bsc5. html [2013-12-09].

[33] Savary F. A la Note sur le Mouvement des étoiles doubles. In: Additions à la Connaissance des Tems pour l'An 1830. Paris: Bureau des logitudes, 1827: 163-171.

[34] Eyer L, Dubath P, Mowlavi N, et al. The Impact of Gaia and LSST on Binaries and Exoplanets. In: Richards M T, Hubeny I eds. Proceedings of IAU Symposium 261, From Interacting Binaries to Exoplanets: Essential Modeling Tools. Cambridge: Cambridge University Press, 2012: 33-40.

[35] Pourbaix D, Jorissen A. Re-processing the Hipparcos Transit Data and Intermediate Astrometric Data of spectroscopic binaries. I. Ba, CH and Tc-poor S stars. Ap&SS, 2008, 145: 161-183.

[36] Ren S L, Fu Y N. The role of pre-Gaia positional data in determining binary orbits with Gaia data//Jin W J, Platais J, Perryman M. Proceedings of IAU Symposium 248, A Giant Step: from Milli-to Micro-arcsecond Astrometry. Cambridge: Cambridge University Press, 2008: 16-17.

[37] Marchal C. The three-body problem. Amsterdam and New York: Elsevier.

[38] Serveur d'éphémérides des satellites naturels des planètes, MULTI-SAT. http://lnfm1.sai. msu.ru/neb/nss/nsso-c8hf.htm [2013-12-27].

[39] Natural Satellites Ephemeride Server. MULTI-SAT: Satellites of Neptune. http://www. imcce.fr/hosted_sites/saimirror/nssreq8he.htm [2014-02-26].

第六章
行星内部结构与动力学

第一节　战略地位

行星科学是天文学分支学科，主要研究行星及其卫星、矮行星、小行星、彗星、流星群等太阳系小天体性质、构造、运动过程及其起源和演化，同时搜寻太阳系外行星系统并研究其特征。根据行星物质性态，通常将其分成大行星（类地行星和类木行星）、小行星、彗星和流星体。在太阳系内，类地行星为水星、金星、地球和火星；类木行星为木星和土星；天王星和海王星由于温度低，其内部可能存在冰态幔，其他与类木行星物理性态相近，有时称它们为冰体行星；小行星的物理化学性态、组成成分与它们形成时和当前所处的位置有关；彗星是含有太阳系形成时期物质且没有经过太多物理和化学演化的冰态小天体。

太阳系外行星的发现，直接证实了行星在宇宙中是普遍存在的，它们是宇宙形成与演化的重要一环。地球是太阳系行星之一，也是人类居住的家园。对行星的科学探测与研究，不仅可以全面了解宇宙的形成和演化，同时也可以通过比较行星学研究方法深入了解地球的过去、现在和未来。因此，它不仅是重要的天文学问题，而且也与人类的生存基础密切相关。行星科学在天文学科中的地位主要体现在：

一、天体形成和演化的重要类型

行星是在宇宙演化到一定时间后形成的，它是天体形成的重要类型；与星系宇宙以及恒星不同，行星由于其质量相对小，因此其演化也有其特殊的过程，比如总体来讲没有星系宇宙和恒星物质运动与性态变化那么剧烈，它是天体演化的重要类型。行星科学研究是人类全面认识宇宙演化过程不可缺少的环节，它是国际天文学的重要分支学科。

二、天文学与其他学科交叉的典型代表

（一）与地球科学的交叉

地球是太阳系内的一颗特殊行星，与其在物质性态和结构类似的大行星还有水星、金星和火星，通常将它们一起称为类地行星。研究其他类地行星的形成和演化过程，有助于人们从更宽的角度认识地球。例如，通过类地行星的比较研究，可以加深对地球大气环流产生和维持机制的认识；反之，地球是人类观测和研究最深入的类地行星，在地球科学研究中形成的理论和方法可以用于其他类地行星的研究。

（二）与空间科学的交叉

行星形成和演化与其所处的空间环境密切相关，例如行星际分子和尘埃含量会直接影响到行星形成问题、行星际磁场变化也会直接影响到对行星内部磁场结构的反演结果；反之，行星内部磁场变化将对行星磁层形态产生直接影响。行星科学与地球科学和空间科学相互促进和发展。

三、推动天文空间测量技术进步主要动力之一

行星科学研究除了基于地球上的观测设备，目前最有成效的观测手段是基于空间探测器直接飞临行星对其开展探测，由此可以获得更全面、更直接和更可靠的数据资料，可以说行星科学的发展离不开天文空间测量技术的发展。天文空间测量技术包含卫星发射技术、卫星地面跟踪技术、卫星平台和有效载荷（科学探测仪器设备）技术等。人类对行星科学中未知问题的探求，对天文空间测量技术不断提出新的需求，从而推动了天文空间测量技术的不断进步。

第二节　发展规律与发展态势

行星科学研究发展是与测量技术和理论研究方法的进步以及人类社会发展需求不断增加紧密相连和相互促进的。

在光学望远镜发明使用之前，人类依靠目视观测，仅知道类地行星、月球、木星、土星的存在，但对其表面形态还知道得很少。直到 1609 年伽利略自制了天文望远镜，才真正开启了天文学观测新时代。伽利略观测到了月亮表面的坑洞，并根据其边缘影子的长度测算了坑洞的深度；伽利略发现了木星的 4 颗卫星和金星的相，即金星也跟月球一样有相位的变化，会从新月状逐渐变为满月。可以说，伽利略通过利用望远镜技术开启了行星科学乃至天文学观测研究的新时代。基于开普勒 1618 年从行星运动观测资料总结出的行星运动三大定律，牛顿于 1687 年在他的论著《自然哲学的数学原理》中建立了万有引力定律和牛顿力学三大定律，奠定了经典力学的基础，由此牛顿也建立了行星轨道和形状理论。可以说，牛顿通过建立经典数学物理基本理论，开启了行星物理乃至天文学理论研究的新时代。

在以后的几个世纪里，随着望远镜技术的发展，太阳系其他行星也相继被发现。例如，1781 年 3 月 13 日威廉·赫歇耳爵士宣布他发现了天王星，这也是第一颗使用望远镜发现的行星，从而在太阳系的现代史上首度扩展了已知的界限；奥伯斯分别于 1801 年发现了谷神星，1802 年发现了智神星，使人类认识到太阳系除了行星外还存在质量较小的行星。在古代，尽管人们可以通过目视知道彗星的存在，但由于缺乏科学知识，彗星往往被人们视为灾星；直到 1864 年英国格林尼治天文台第二任台长爱德蒙·哈雷利用牛顿力学成功预言了哈雷彗星回归日期，人们才得以知道彗星也是太阳系内的一类天体，只不过它的物质性态与行星不同，由此人们认识到了彗星运动的周期性，这是新理论方法在行星科学研究中首次应用的成功范例。而海王星是人类首先通过轨道摄动理论预言其存在，后来由观测证实的第一颗太阳系行星。

1882 年照相技术进入天文学，给天文学的发展带来了巨大的推动，人们不仅可以较容易地确定天体的位置，而且随着底片感光度的增强使人们得以观测到比较暗的天体。照相技术的引入使得小行星被发现的数量增长巨大。特别是 1990 年 CCD 照相技术的引入和计算机图像分析技术的建立，给太阳系小行星观测带来了极大的技术支持，到目前已发现的小行星数量已达 70 万颗，但这可能仅是所有小行星中的一小部分，根据理论估计数目应该可达数百万颗。

1957 年苏联发射了第一颗人造地球卫星，为人类从地面天文学观测进入空间天文学观测提供了基础，人们开启了空间天文观测时代。与行星科学相关的空间探测计划开始于 20 世纪 50 年代末，重点是离地球距离最近的月球。苏联相继实施了"月球号""宇宙号"和"探测器号"月球系列探测计划，美国相继实施了"先驱者号""徘徊者号"以及"勘探者号"等系列月球探测计划，尽管由于技术问题，大多数探测计划并没有完全实现预定探测目标，但还是使人们获得了一些有关月球在表面物理和重力场等方面的首批宝贵探测数据资料。早期深空探测计划的典型代表是美国的"阿波罗"月球探测工程，它是美国国家航空航天局（NASA）从 1961~1972 年实施的系列载人航天飞行计划，主要目标是用 10 年的时间实现载人登月并安全返回。1969 年"阿波罗 10 号"宇宙飞船圆满达到了这个目标。"阿波罗"计划详细地揭示了月球表面特性、物质化学成分、光学特性并探测了月球重力、磁场、月震等。可以说，上述月球系列空间探测计划开启了人类后续太阳系行星深空探测的大门。

到目前为止，人类先后相继发射了约 250 多个空间探测器，分别对月球、大行星及其卫星、小行星和彗星进行探测，获得了众多科学新发现。在已进行的深空探测计划中，大多数是针对月球、火星与金星（约占所有深空探测计划的 80%），其中典型代表是"火星环球勘测者号"(Mars Global Surveyor)（NASA，1996)、"火星探路者号"(Mars Pathfinder)（NASA，1996)、"火星快车号"（Mars Express）（ESA，2003)、"伽利略号"（Galileo）（NASA，1989)、"旅行者 1 号"（Voyager-1）（NASA，1977）和"卡西尼-惠更斯号"（Cassini-Huygens）（NASA&ESA，1997）。

需要提及的是美国哈勃太空望远镜（HST）在行星科学的研究中也发挥了重要作用，它长时间高精度对太阳系内行星的光学观测，使得人们得以研究行星一些物理特征的时变性。

人类社会发展需求主要有两个方面：一是人类对宇宙形成和演化规律渴求深入了解的精神需求；另一个是人类生存发展的经济、物质和安全需求。行星是宇宙演化的重要环节，对其研究不仅涉及太阳系的形成和演化，而且可以推动数学、物理学、地球科学和空间科学等的进步，它是人类探知未知世界的一个重要窗口。人类社会发展到今天，一些高技术是从空间探测计划发展起来的，如火箭技术、卫星技术、测量技术、通信技术和高精度成像技术等，这些技术的发展极大地带动了相关经济产业的发展，产生了巨大的经济效益；同时，人类社会在不远的将来一定会面临资源严重短缺的问题，特别是能源和矿物，而行星可能是人类获取这些短缺资源的可行来源，因此人类需要对行星有深入、全面和科学的了解。

行星科学的研究特点是观测、理论和实验三者相结合，它们相互依赖和相互促进，但基础是观测。基于对行星直接或间接的测量数据资料分析处理，人们可以获得有关物理参数、元素组成、地形地貌等科学性质；基于这些性质，人们通过数学、物理和化学理论方法可以研究其形成和演化规律；也可以通过实验的方法研究其物质性态和含量。需要指出的是，随着计算机技术的发展和目前行星科学关注的热点问题，行星计算机模拟研究越来越成为一个重要的研究手段，对某些行星科学问题，计算机模型可以说是主要研究手段，如行星动力学演化问题。

行星科学研究的另一重要特点是比较研究，为此形成了"比较行星学"研究方向，特别是系外行星的不断发现，为比较行星学研究提供了更大的研究样本，人们可以通过不同行星的比较研究，更全面地了解它们的形成和演化过程。

当今行星科学研究主要集中于两大主题：一是行星的形成与演化，二是地外生命（水及有机物等）的搜寻；相关的重大科学问题主要有：

一、行星形成与演化动力学

目前系外行星的大量观测样本表明了行星系统的多样性和复杂性。同时空间望远镜（Spitzer、Herschel 等）和地面观测设备（GMT、ALMA 等）对星周盘（由气体和微米级尘埃微粒组成）的观测说明行星诞生于原行星盘，尘埃通过物理碰撞生长成为聚合体，进而聚集成了千米级大小的星子（planetesimal），接着星子之间发生了大规模的相互碰撞而形成 1000 km 级大小的行星胚胎，这些岩石要么吸积大量气体，形成类似木星的气体巨行星，要么直接成为类似地球的岩石类行星。这种连续吸积理论（sequential-accretion）能揭示所有观测样本吗？从观测上是否可对行星形成理论做出一些限制或者改进？

观测和统计表明，在恒星附近有很多短周期气态巨行星、类地行星。那么它们是在当地形成还是在行星盘经历了中轨道迁移？在迁移过程中原行星是否仍然吸积盘中的气体而生长？迁移的时标和行星盘的物质分布有什么关系？什么动力学机制使行星轨道迁移停止？其后长期潮汐和动力学演化状况如何？它们内部结构如何，与太阳系行星有何异同？大气有何特征以及稳定性如何？

通过对原行星盘成分的研究，还可以直接与太阳系天体的观测比较，比如彗星、小行星与陨石等，这些天体保留了早期太阳系演化的信息。为什么有些小行星在太阳系形成初期内部发生了高温熔融分异，而有些小行星却在形成以后没有发生重大的地质作用？是什么物理机制使小行星内部发生了熔融现象？内部发生熔融分异过程的小行星在太阳系内的空间和时间上的分布规律是什么？通过这些研究可以了解太阳系早期状况。

二、行星磁场产生与维持

行星磁场的研究是目前国际上非常活跃并且可能取得突破性进展的研究领域。20 世纪 50 年代，爱因斯坦将行星磁场的产生问题列为五大没有解决的物理问题之一。近年来，宇宙飞船对太阳系行星的探测使人们对行星内在磁场有了新的认识和理解，例如伽利略飞船对木星及其卫星系统的观测，发现了木卫三的内在磁场和木星内部流场的变化，使得国际对行星磁场问题的关注程度日益加强。但是到目前为止，行星磁场是如何产生的、为什么不同的行星有不同的磁场结构、行星磁场与其内部动力学的关系等仍然是没有解决的重要基础科学问题。

行星磁场是由行星内部磁流体运动导致的发电机效应而产生的，与行星内部动力学过程密切相关。行星内部的对流受到快速旋转和弱黏滞效应的影响，对应的 Ekman 数一般都很小。例如，地球的 Ekman 数是 10^{-15}，木星至少小于 10^{-10}。研究行星磁场问题关键是如何处理小 Ekman 数问题，主要反映在两个方面：一是由于 Ekman 数小，导致对流的时空尺度很小，所以用数值方法描述它就必须有充分小的空间网格分割，这就给计算机的速度和内存等硬件提出了极高要求；二是小 Ekman 数将可能导致旋转系统中磁流体动力学的结构不稳定，使其动力学形态呈现奇异性，同时也产生了很强的边界层。为了解决这两方面的困难，人们曾尝试引入人为的"超黏性"处理方法，但结果仍不能令人满意，且改变了地球内部动力学的基本性质。

在行星内部，由于磁场与旋转同时存在，它们之间的非线性相互作用决定了行星内部动力学的基本特性。洛伦兹力在动力学方程中一方面抑制了旋转效应，同时又产生了系统的不稳定性，这是磁流体动力学理论研究中面临的困难所在。

三、行星引力场时变性

行星的引力场反映行星内部物质的分布，高精度引力场的测定可以提供关于行星的壳和幔物理特征的有用信息，在均衡补偿假设下，结合引力场和高精度行星地形数据可以确定壳的厚度，并进而研究行星壳厚度的地理差别及其演化意义。精确的行星引力场模型对确保探测计划的成功也是必不可少的。由于对行星引力场的测定并不需要在卫星上增加任何有效载荷，而仅需要对其轨道变化进行跟踪测量，因此深空探索的早期阶段就已经开展行星引力场测定和内部密度反演工作并一直持续到目前，这也是行星科学的基础研究内容。

随着深空探测技术的发展，人们可以在较短时间内精密测定一个行星的重力场，由此可以获得不同时期的引力场状态。一个行星的物质运动可以通过引力场随时间的变化体现出来，例如，火星两极冰帽随着季节的不同，产生的变化将在火星引力场的变化中体现出来，由此可以揭示火星的大气循环过程；木星是气态巨行星，存在复杂的流体运动，这种流体运动将导致什么样的引力场变化是目前人们迫切需要解决的问题，因为它不仅涉及木星的内部物质结构，而且涉及木星系统的动力学演化。

四、天体碰撞危险性评估

近地小行星是怎样从小行星主带迁移到近地轨道？未来近地小行星撞击地球的概率是多少？这是当今行星科学研究的一个重要课题。研究发现，小行星的自转速率、自转轴的指向、密度、形状、磁场强度是影响小行星轨道演化的重要因素。然而，地面上的天文观测很难准确测定这些物理参数，特别是对那些直径小于 1km 的小行星，地面观测更加困难。而这些小行星的数目要比直径大于 1km 的小行星多很多，因此，它们对地球的潜在危险更大。只有通过小行星深空近距离探测，才能全面准确地了解这些小行星的特征，及时预测未来小行星碰撞地球的机会。

人类越来越关注小行星碰撞地球的潜在危险，国际上已建立了近地天体监测和预警网，不断公布新发现的对地球存在潜在危险的目标，并广泛开展研究各种对策来拦截对地球有灾难性破坏的小行星。为了迫使小行星偏离其运行轨道，我们必须首先了解小行星的内部结构、组成等特性，对不同成分和内部结构的小行星使用不同的拦截手段，以防止小行星发生破裂变成碎片而无法控制。假如拦截失败，我们还可以根据小行星的内部结构特性来预测其进入地球大气层后的运行轨迹。如果小行星内部很疏松，则其进入大气层后会发生空中爆炸而破裂，就像"通古斯卡"爆炸事件；如果小行星内部很致密，它就会穿越大气层，撞击到地面而产生巨大的破坏性。这就需要准确预报其撞击地点，采取必要措施将危害降到最低。小行星深空探测可以帮助我们加深对小行星本体的了解，充分认识小行星的内部结构和组成成分等特性。

五、行星上的水

水和挥发性元素（如碳、氢、氟、氯、硫等）在行星形成和演化过程中发挥着至关重要的作用，其含量的多少直接影响岩浆的形成温度、黏度、成分等物理化学性质，从而影响行星内部熔融分异的演化历程。水作为一种特殊的挥发组分，是生命赖以生存的必要条件；研究行星内部和表面的水含量可以帮助我们了解生命的起源，为探索可能存在的地外生命及其演化提供证据。水能分解生成氢气和氧气，是行星表面可获得的重要能源，对于未来人类开发利用星际空间资源也具有重要的战略意义。

根据已有研究，火星是太阳系内除地球外最有可能存在或曾经存在大量液态水的行星。月球虽然是地球的卫星，质量只有地球的 1/81，但其内部压力（核部约 5GPa）已足以影响到其自身的火成活动，所以从这个意义上，月球更像是一颗小质量的行星。灶神星（Vesta）是主带小行星中质量第二大的小行星，具有与地球类似的核-幔-壳结构，从某种意义上可以看成一颗原始行星（proto-planet）。通过研究火星陨石、月球陨石和来自灶神星的 HED 陨石中富含挥发组分的矿物，揭示火星、月球和灶神星上的挥发性组分的含量和分布规律，可以探讨太阳系类地行星和小行星中挥发组分的来源，为认识挥发组分在行星演化过程中的作用提供新的制约。

六、行星磁层时空结构

木星磁层是太阳系中最大的行星磁层。木星磁层的尺度达到几十到上百个木星半径。在木星磁层中，众多的木星卫星围绕母星做周期运动。这些卫星有的具有自己的磁层、有的具有大气层，还有的既无磁层又无大气。这些卫星在穿越木星磁层时，与木星磁层进行着不同种类的相互作用。可以说，木星磁层内发生的一切现象与太阳系中太阳风和众多行星之间的相互作用可以相媲美。木星磁层相当于一个小太阳系。与此同时，木星磁层本身也与太阳风有着很强的相互作用。由于木卫一上强烈的火山喷发，喷出的物质洒落在木卫一的轨道上。这些物质被太阳的紫外线电离后成为等离子体，并附着在木星的磁力线上。由于木星的高速旋转，源自木卫一的等离子体具有较高的离心势能。它们在木星磁层中沿径向向外运动，将木星磁层拉扯成铁饼形状。

"火星环球勘测者号"（Mars Global Surveyor, MGS）探测表明火星存在很强的磁异常区，局部磁场强度可达 1600 nT。这样复杂的磁场结构可能强烈地影响火星电离层的全球结构及其动力学过程。火星可能具有所有行星中最复杂的电离层结构。火星剩磁在相当程度上改变了电离层的结构。火星电离层等离子体、表面剩磁磁场、太阳风感应磁场之间可能存在相互作用。同时，火星较快的自旋使得磁场的结构更为复杂。

第三节　发展现状

行星科学涉及行星物理学、行星化学、行星地质学和行星生物学等分支学科。国际天文学联合会专门为行星科学设立了行星系统与生物天文科学部（Division F：planetary systems and bioastronomy），2012 年 10 月有注册会员1735 名，下设 6 个科学专业委员会（commission）和 3 个工作组（working group）。

西方发达国家均设有专门的行星科学研究所，同时许多大学也设有行星科学系。国际著名的行星科学研究机构是美国的行星科学研究所（PSI，Arizona），月球和行星研究所（LPI，Houston），地球物理与行星科学研究所（IGPP，UCLA），地球、大气与行星科学系（EAPS，MIT），地质与行星科学部（GPS，Caltech），加拿大不列颠哥伦比亚大学由多个系联合组成的行星科学研究所（IPS，Vancouver），澳大利亚国立大学由天文与天体物理和地球科学两个学院联合组成的行星科学研究所（PSI，Canberra）等。

深空探测相对容易获得的测量资料是行星的外部磁场和大气参数以及与行星引力场直接相关的探测器轨道参数等，因为这些资料的获得大多数情况下不需要探测器着落到行星表面。如何利用已有的有关行星磁场、大气和引力场等参数资料去研究诸如行星内部物质物理状态、磁场的维持与变化、大气成分及动力学过程以及星际磁场与太阳风的相互作用等行星科学问题是目前国际行星物理界的热点。另外，计算机和实验手段的快速发展，也为行星物理的研究提供了新的有效研究手段和方法，人们可以利用并行计算技术对上述问题进行大规模数值模拟研究，也可以在实验室中利用导电流体对行星内部动力学与磁场问题进行实验研究。

与行星科学相关的空间探测计划开始于 20 世纪 50 年代末，迄今已经对太阳系内各类天体均进行过空间环绕或着落探测，获得了众多科学新发现。

通过"火星环球勘测者号"（MGS，NASA）的测量资料，获得了火星地质地貌图，建立了高精度重力场模型，推测出火星可能存在一个液体的核[1]。"火星环球勘测者号"还发现，目前火星没有全球性的固有磁场，但存在分布广泛的岩石剩磁[2]，由此推测早期火星曾有过与地磁场强度相当的全球性磁场[3]。"好奇号"（NASA）探测器 2012 年 8 月 6 日成功在火星表面着落，使人们对火星土壤成分和地形地貌特征等方面有了更全面和科学的认识，特别是在火星表层水冰含量的探测方面有望取得新突破。在它成功着陆后两星期，NASA 就宣布 2016 年将发射另一个登陆器 InSight，配备地震仪、热流量记录仪和大地测量设备，有望为人类第一次以可靠的证据揭示火星的深内部结构。"伽利略号"（NASA）发现了小行星 Ida 的卫星 Dactyl，首次发现了木卫一（Io）和木卫三（Ganymede）有内在磁场[4-6]；根据其观测资料推断出木卫二（Europa）可能存在一个大约 10km 厚的内部海洋[7]；特别是在其坠落木星大气过程中测量到了 57 分钟 0～22bar①的大气速度变化值[8]，极大地提升了人们对木星大气的了解程度。"旅行者 1 号"（NASA）首次发现木卫一上的火山活动[9]。"卡西尼-惠更斯号"（NASA&ESA）探测器发现了土卫二上间歇泉喷发出的物质中含有液态水的证据，发现了土星的 4 颗新卫星和大气赤道带环流速度在明显变慢[10]。2011 年 8 月 6 日"朱诺"（NASA）号木星探测器顺利升空，已于 2016 年 8 月 4 日抵达木星，之后它将从木星的北极进入木星射线带，细致观测木星深层大气、重力场、磁场以及磁球层，并寻找氧气的存在。欧洲空间局也已计划于 2022 年发射 JUICE 卫星，对木星及其卫星系统开展 3.5 年的观测，以研究木星系统的形成和演化以及内部可能的冰海洋。2013 年 11 月 18 日，美国国家航空航天局的"火星大气和挥发演化"（MAVEN）探测器已成功发射升空，已于 2014 年 9 月 22 日到达火星，对火星大气的现状和演变历史开展全面的探测研究，以探索火星大气层变得稀薄之谜。

未来一段时间内，由于人类社会发展的需求，使得月球、火星、小行星

---

① 1bar=100kPa。

和木星将是国际深空探测的主要对象。

太阳系外行星的不断发现和太阳系内行星深空探测计划的相继实施，为行星科学的研究带来了新的动力和提出了新的问题；同时太阳系小天体对地球的侵害也时有发生，对行星科学的研究也提出了现实的要求。行星科学研究已成为当今国际天文学乃至空间科学等重要热点领域之一。行星科学主要由行星物理学、行星化学、行星地质学和行星生物学组成，它的数据资料来源主要依赖于深空探测器的探测结果。下面将就行星物理和行星化学两个方面涉及的若干重要科学问题描述它们近年来的研究现状。因行星生物学的研究进展不大，系外行星的内容已放在天体力学章节中，行星地质学的内容更接近于地球科学，所以在这里对其将不作叙述。

一、行星内部结构与重力场

行星内部结构与行星演化和内部动力学密切相关。对地球，由于有充分的观测和实验室资料，如地震学测量、重力和潮汐测量、自转测量等，人们对其内部物理和化学结构模型及各种动力学参数已有一定深度的了解。但对其他行星，由于测量手段的限制，对其内部物理与结构的知识非常缺乏。

对于类地行星，以火星为例，到目前为止，仍局限于很少的火星物理观测量：总质量、形状/地形、总惯量矩 I、表面压强和温度、岁差速率、自转速率的变化[1,11]、空间磁场[12]、重力场[13-15]和潮汐二阶洛夫数 K_2 约束[1]。由于火星大气中的 CO_2 随着季节性的冷凝和升华，在两极和赤道带之间进行全球大尺度的环流，导致大气层与地面发生质量和角动量的交换。由于是全球尺度的，它对重力场的影响也主要集中在长波分量（低阶项）。从对绕火星运行的 3 颗卫星（MEX、MGS、Mars Odyssey）计算表明，重力场随时间变化部分引起卫星轨道的变化量已达到甚至超过对这些飞行器的轨道确定精度从而可以被观测到。这些时变重力场解中已包含有季节性质量变化项，它们与火星全球大气循环数值模型（GCM）和其他的实验（如射线光谱）研究等能较好地一致。火星大气的循环与火星电离层、空间磁场等空间环境直接相关。如果能进一步提高低阶时变重力场系数的精度，从而可以确定大气与冰盖之间的交换（约 1/4 大气参与这个过程），并对火星大气循环模型进行比较、检验和约束。

对于类木行星，以木星为例，因其快速旋转，它的外部引力势可由偶次球谐函数表达，目前现有理论只能计算到 J_2、J_4 和 J_6 的数值[16]，但 Juno 探测器将引力场系数可以较精确测量到 J_{12}，需要建立计算 J_8、J_{10} 和 J_{12} 的理论。30 多年来，人们都是采用 Zharkov-Trubitsy 的摄动方法来计算 J_{2n}[17]，此方法将木星的旋转参数作为小量展开，所以不能达到 Juno 探测器需要的精度。木星大气中快速运动的大尺度较差环流将改变其内部物质分布情况，从而也将直接在引力场 J_{2n} 的大小变化中反映出来。如果木星的环流仅局限于表面，那么其导致高阶引力场 J_{2n} 的变化是小的；如果此环流是由木星的深部对流导致的，它将引起较大范围物质的重新分布，对应引力场高阶 J_{2n} 的变化也随之增加，从而可以在 Juno 飞船的测量结果中反映出来[18]。为给出环流空间结构与木星引力场系数变化之间的关系，可以通过假设不同的环流结构，求解其对于密度变化产生的影响，从而可以计算出由较差环流造成的木星引力场系数的变化，由此可以更深入理解木星较差环流的产生机制。

二、行星内部动力学

行星内部动力学是行星物理研究的一个热点问题，主要研究行星磁场和大气动力学。一般来说，行星均具有以下基本性质：近球形、分层结构、快速自转以及存在大气、液核和磁场。从整体上看，目前人们对行星物质组成和分布结构以及所属演化阶段等方面已有了一定的了解，但对于大行星内部复杂的流体与磁流体动力学过程仍然知道的不多。复杂性主要表现在：流体运动受球面曲率的影响；流体在快速旋转，其运动受科里奥利力的强烈影响；流体运动快，导致强非线性效应；流体导电，从而产生磁场，导致流场和磁场紧密耦合和不断相互作用；流体运动呈现多时空尺度。

根据其产生机制，观测到的行星磁场可分为两类：一类被称为固有磁场，它是由行星内部磁流体运动过程导致的发电机效应而产生的，在此过程中流体运动的能量转变成磁场能量（如文献[19]和[20]）；另一类叫剩余磁场，它是由行星过去的（现在已停止）固有磁场对其外部岩石圈磁化造成的。大多数太阳系行星在过去都存在固有磁场，其中有些行星的发电机过程已经停止，只有剩余磁场，比如火星、金星（以及月球）；而地球、木星、土星、天王星目前仍有固有磁场，并且不同行星的磁场有不同的物理特征和结构。木星磁场的偶极轴与它的旋转轴之间有一个大约 10° 的夹角，反映了旋转效应对磁场的影响，这与地球磁场的特征很相似；土星的偶极轴几乎与其旋转轴重合，它的磁场相对其赤道平面具有高度对称性；天王星和海王星的磁极与其旋转轴之间的夹角很大，50°～60°。虽然金星和火星的内部结构与地球相似，但它们现在并没有固有磁场[21]。行星固有磁场是目前能提供行星内部结构以及动力学过程研究有效的途径之一，可以利用磁场性质对行星内部物质运动及其物理性质给出有效推断（如文献[22]和[23]）。尽管对于较强内在磁场的产生、维持和变化国际上已有较多研究，但是到目前为止，行星固有磁场是如何产生的、为什么不同的行星有不同的磁场结构、行星磁场与其内部动力学的关系等仍然是没有解决的重要科学问题；对于剩余磁场以及为何行星发电机会停止运行的研究，国际上处于刚兴起阶段，人们需要对火星内部存在液核却只有剩余磁场，以及水星为什么具有表面平均强度只有 450nT 的较弱内在磁场等问题给出合理的解释。

木星是太阳系最活跃的行星之一，是研究行星大气动力学的代表性天体，其表面大气运动的显著特征是：位于不同纬度的、方向交替的、稳定的带状环流；位于带状环流之中或之间的大小涡流，丝状结构；存在尺度更小的风暴和闪电等。但是我们至今仍然不清楚形成环流、涡流这些流体动力学特征的原因。对木星的观测、理论、实验和数值模拟研究表明，木星内部（尤其是分子氢层的）流体动力学机制，极大地影响或决定了木星大气在其最外层的表现形式，如在其表面观测到的带状环流和涡流（漩涡）。但是直到目前为止，观测还仅限于最外层的几百千米深度，这对于一个半径约 7 万 km 的行星来说，我们对它的了解还远远不够，对于木星带状环流的形成机制和它的垂直结构，目前还存在较大争议[24-28]。近年来，Hubble 空间望远镜和 Cassini 飞船对木星与土星大气的结构以及随时间的变化进行了有效观测，虽然人们过去对行星大气较差环流已作过不少理论分析（如文献[29]），但新的观测结果不断给研究人员提出新的挑战。Cassini 飞船的图像数据表明：土星大气的小尺度涡动与大尺度带状平均流是高度相关的；通过对 1996 年与 2004 年两次对土星大气观测发现其赤道带环流速度在明显变慢，从 1996 年的 400m/s 到 2004 年的 275m/s，目前的理论还不能对此给出合理的解释。

三、行星磁层物理

行星磁层物理是行星物理与空间物理学科相互交叉的科学问题，主要研究行星外层空间物质性质和动力学变化规律。太阳风与地球磁场相互作用产生磁层的各个层次结构的理论预测，都逐一为空间飞船的观测所证实。但是地球磁层现象不是地球独有的，太阳系其他行星也有相同或类似的磁层结构。

木星磁层是太阳系中除地球磁层以外，人类了解最多的行星磁层。由于木星比地球距离太阳远得多，因此太阳风与木星磁层的相互作用比地球的要弱得多。二氧化硫正离子和电子是木星磁层中等离子体的主要成分。这些等离子体吸附在木星磁层的磁力线上，随之一起绕木星旋转。由于木星磁偶极子与其自转轴有约 10°的夹角，因此在木星赤道面运动的木卫一不断穿越木星磁层的不同壳层，从而在距木星 5～6 个木星半径处形成一个等离子体环。木星的磁偶极矩相当大，因此其磁层延展很远（大约 100 个木星半径），等离子体环可认为处于磁层的核心处。由于木星磁层的大尺度及快速自转（10h 转一圈），从随木星一起旋转的坐标系上看，等离子体环具有很高的离心势能。木星磁层中的这种质量分布是不稳定的[30]。国际上对木星磁层中等离子体对流机制的研究主要出现过 3 种观点，即由漩涡弥散、共转对流和输运对流引起[31-35]。目前的观测结果与磁层的径向输运理论结果符合的较好。磁层径向输运理论采用的基本模型是莱斯（Rice）对流模型[36]，该模型中假设木星磁场为简单的偶极场，同时它也忽略了动量方程中的惯性项，所以是准静态的。伽利略飞船的测量结果表明木星磁层中新产生的等离子体大部分集中于卫星木卫一附近[37]，而不像由目前输运对流模型给出的大致均匀地分布在木卫一等离子体环上，因此需要从动力学过程加以考虑。

金星、火星全球性的固有磁场强度较弱，因此它们与太阳风的相互作用过程和地球与太阳风的相互作用有很大的不同[38,39]。火星与太阳风相互作用形成的感应磁层无论是从尺度或结构上都与地球磁层有着根本性的区别[40]。金星和火星一样没有固有磁场，与太阳风相互作用产生的磁场结构非常稳定，金星、火星大气为我们研究空间等离子体基本过程提供了一个独特的天然实验室。2006 年欧洲空间局发射的"金星快车"探测到了金星弓激波以及太阳风被金星大气的吸收现象。与地球一样，火星附近的磁场分布对火星附近的粒子分布起着关键的作用。

四、火星表面流体与大气逃逸

2000 年以来，对火星的探测步入了以水为导向、并瞄向生命科学的主导方向，发射了多个轨道器和着陆器搜寻水的存在与分布，探测水的存在状态及其与其他地质、大气和物理现象之间的关联。其中卫星无线电下视雷达探测设备和着陆器探地雷达设备扮演了关键的角色。初步的结果表明火星表面有水存在的地质地貌迹象，而且目前火星上可能依然存在着大量的水。这些水主要以固态或结晶态存在于极区的冰盖和岩石圈内的岩石晶体与永久砂石冰冻区域[41]。岩石圈水的产生和存在与火山活动以及关联的撞击盆地的生成过程有关，而极区的水冰和干冰一起参与了火星的大气季节性变化过程和物质转移过程。

火星和地球形成于同一时期，初期挥发物均来自原太阳星云，大气的状况和地球是相似的。然而，当前火星大气稀薄而又寒冷，表面压力只有地表大气压的 1%。什么原因导致了火星大气的损失仍然是未解之谜。大气逃逸通常分为热逃逸和非热逃逸。由于太阳辐照引起的热逃逸主要发生在轻质的原子和分子，而由太阳风等离子体引起的非热逃逸则可发生在各种质量的大气成分。对于类地行星，非热逃逸的作用可能要比热逃逸高 1 个量级[42]。产生非热逃逸的主要是电离层的离子。一般来说，行星磁场对等离子体具有束缚作用，因此对大气层逃逸产生阻碍。然而，40 亿年前，火星失去了全球性的磁场，太阳风与电离层的直接作用加速了行星大气的逃逸。

五、小行星表面物理

行星表面物理是行星物理的重要问题，主要研究小行星表面岩石类型、反照率和反射光谱性质以及行星在小天体撞击过程中的物质分布性态。按表面的反射光谱，小行星可以分为 S 型、M 型、K 型、C 型以及 D 型等。小行星表面的反射光谱反映了本身的物质组成。例如，S 型小行星的表面主要成分为硅酸盐与金属铁；M 型主要为金属铁；C 型的化学成分与太阳的平均组成很相似（挥发性组分除外）。不同类型的小行星是由于其内部发生了不同程度的熔融分异的结果，反映了太阳的演化历史。小行星在漫长的太阳系演化过程中，相互发生碰撞并破裂成众多碎片。有些碎片进入地球引力范围而陨落为陨石，它是研究小行星以及太阳系的珍贵样品。目前全世界已收集到 4 万多块陨石样品，其中 80%是普通球粒陨石，其余为碳质球粒陨石、顽辉石球粒陨石和分异陨石（无球粒石陨石、石铁陨石和铁陨石）。长期以来，人们试图寻找陨石与小行星的关系，如果能确定某种陨石来自某一类特定类型的小行星，那么研究这些陨石样品就能了解小行星的形成、内部分异和演化历史。按常理，普通球粒陨石的小行星母体应该普遍存在于小行星带内[43]，因为普通球粒陨石是最常见的陨石样品。然而长期以来的天文观测并没有在小行星带中找到与普通球粒陨石的反射光谱相似的小行星，这是行星科学面临的一大困惑。因此寻找普通球粒陨石的小行星也成为行星科学的一大目标。

类地行星和月球表面所呈现的大尺度多环盆地已是行星科学界公认的重

要行星地质学结构。地质史上小行星曾经多次撞击地球，留下了巨大的陨击坑，造成全球性的灾害，引起旧物种的灭绝和新物种的诞生，从而推动了生物的进化。早期撞击在各星球上形成的多环盆地是太阳系中尺度最大的地质构造，由于撞击过程中温度、压力等物理参数由中心向外的不同分布，造成了不同矿物生成的条件，因而对撞击问题的深入研究也许还能为地球矿产资源勘探提供重要依据。近年来的太阳系探测在火星和一些卫星（如木卫二、木卫三、木卫四等）的表面也发现有多环盆地结构。Fielder 于 1963 年最早从月球的观测数据发现多环盆地有明显的特征——环间距均匀且为中心盆地直径的 $\sqrt{2}$ 倍；后来的学者发现火星和水星上的很多碰撞盆地也都如此。多环盆地结构产生的物理过程是需要深入研究的行星物理问题。

六、行星陨石化学

行星化学是利用现代化的实验技术和仪器设备，分析地外物质（陨石、宇宙尘埃和回收采集的月球样品与彗星样品）的矿物岩石组合、化学成分、同位素组成、有机物种类和含量，探索早期太阳系的形成和演化过程。由于陨石的母体较小，自形成以来没有发生重大地质变化，较好地保留了太阳系史前分子云和早期形成与演化的信息，为研究元素的起源、星际介质和分子云的空间环境、恒星的诞生和发育、太阳系原始星云分馏凝聚与化学演化过程、行星系统的形成和内部熔融分异过程提供了珍贵的第一手材料。

近年来，在原始球粒陨石中发现了各种类型（金刚石、石墨、氧化物、碳化物、氮化物、硅酸盐等）的前太阳系尘埃颗粒，这些尘埃的化学和同位素组成特征表明，它们来自红巨星、AGB 星、新星和超新星，为研究原始太阳分子云的物质来源提供了科学依据。在原始球粒陨石中找到了短寿期放射性核素（如 26Al、41Ca、36Cl 等）的证据，有些核素（如 60Fe）是恒星内部核反应的产物，它们随强劲星风注入太阳分子云，并诱发了原始太阳分子云核的塌缩，在极短的十几万年内形成了原太阳；有些核素（如 10Be、36Cl）则受早期原太阳的高能粒子辐射而产生，反映了原太阳的活动强度和物理化学环境。通过对无球粒分异陨石和铁陨石开展微量元素和放射性同位素年代学的研究，获得了高精度的年代学数据，发现小行星和大行星（如地球）的内部熔融分异过程发生得很早，在太阳系形成初期的几百万年到几千万年内就完成了。在碳质球粒陨石中发现了多种氨基酸和糖分子，为研究生命起源提供了新的线索。最近，美国科学家在一块火星陨石（ALH84001）中发现了火星生命迹象，为研究地外生命提供了新的证据。

国际天文学联合会对于行星物理和行星化学有关的研究设立了 4 个专业委员会：第 15 专业委员会——彗星与小行星物理研究（commission 15: physical study of comets & minor planets），2012 年 10 月正式会员 437 名；第 16 专业委员会——行星及其卫星物理研究（commission 16: physical study of planets & satellites），2012 年 10 月正式会员 335 名；第 20 专业委员会——小行星、彗星和卫星的位置及运动（commission 20: positions & motions of minor planets、comets & satellites），2012 年 10 月正式会员 256 名；第 22 专业委员会——流星、流星雨和行星际尘埃（commission 22: meteors、meteorites & interplanetary dust），2012 年 10 月正式会员 146 名。

我国大陆在国际天文学联合会正式注册行星科学领域的会员不到 10 名。在国内，有关行星科学研究的活动在过去不是很全面，其原因是中国深空探测与西方发达国家相比起步较晚，同时用于科学研究的超级计算机也是在近年来刚刚建立，从事行星科学研究的人员主要集中在行星地质和行星化学以及地球星际磁场监测方面，而目前只在南京大学、中国科学院紫金山天文台、中国科学院上海天文台、中国科学技术大学、北京大学、中国科学院空间中心等研究机构有为数不多的科研人员从事行星物理方面的相关基础研究工作，主要研究方向有行星内部结构与重力场、行星大气与磁场动力学、行星磁层物理、行星化学、彗星物理以及流星群研究等。随着中国经济实力的日益增强和对太阳系行星空间探测计划的逐步实施以及大型并行计算机在国内科研的快速发展，必将推动行星科学研究在国内逐步全面深入展开。

中国行星科学研究工作始于中国科学院紫金山天文台。1949 年，张钰哲先生利用 15cm 折光望远镜进行小行星定位观测，开创了小行星和彗星的观测及轨道计算工作等研究，随后相继于 1955 年 1 月 20 日和 1965 年 1 月 1 日，发现中国第一个小行星（紫金 1 号小行星，编号 3960）和中国第一个彗星（紫金山 1 号彗星，编号 62P）。在 1960～1989 年，中国科学院紫金山天文台用 40cm 双筒望远镜进行小行星彗星观测，新发现 800 多个小行星，获正式编号 150 个，按取得正式编号小行星数排名，中国科学院紫金山天文台当时在世界同类天文机构位列第五。2006 年建成的 1.04m/1.20m/1.80m 施密特型大视场近地天体望远镜是我国行星科学探测的地面专用设备。已发现了 1000 多个新小行星和 1 个木星族彗星。在小行星深空探测研究方面，全面参与我国深空探测的规划和论证工作，负责和提出了小行星探测的科学目标和有效载荷配置方案，在小行星探测轨道设计、小行星空间环境、小行星岩壤、小行星表层热环境、小行星形貌和内部结构及小行星形成与演化等方面已经开展了深入的调研和研究，并取得了初步的研究结果。在"嫦娥二号"拓展任务中，精确确定图塔蒂斯小行星轨道，使其实现千米级飞越探测；基于"嫦娥二号"飞越探测数据，揭示了图塔蒂斯小行星的物理特性、表面特征、内部结构与形成机理。在行星系统形成与演化研究方面，通过对 GJ 876、HD 82943、HD 69830 等具体行星系统的研究，从理论上提出了对应系统的形成机制，并从特殊系统出发得出了一般系统稳定存在的规律，获得了宜居行星的形成条件等，受到国际同行重视。在行星化学方面，相关研究人员在 *Science*、*Nature*、PNAS、ApJ 等期刊上发表了有影响的学术论文。例如，在原始碳质球粒陨石中首次发现了短寿期放射性核素 36Cl（半衰期为 30 万年）的证据，提出并论证了太阳系早期高强度高能粒子的辐射是产生 36Cl 的主要原因，得到了国际学术界的广泛认同。

南京大学天文系的天体测量与天体力学专业是国家重点学科。该学科在国内的传统优势方向是非线性天体力学、太阳系动力学与航天器轨道理论、天文参考系。行星形成与行星系统动力学是近年来该学科重点发展的学科方向。近年来，在太阳系近地小行星和柯依伯带小天体的动力学演化，太阳系外行星系统的形成与稳定性等方面取得了国际一流的科研成果。例如，找到了柯依伯带具有 3 个共振的类冥王星区域，以推断新天体的存在；利用行星迁移过程中的随机效应，解释目前柯依伯带天体的结构；提出了行星轨道迁移过程中海王星特洛伊的形成；系统研究了多行星系统动力学，发现轨道共振和长期共振可以有效维持行星系统的稳定性；提出了一种形成类地行星的有效机制，即类木行星形成之后的迁移引起星子并和形成类地行星等，这些成果均受到国际同行的高度重视。

中国科学院上海天文台行星物理学研究小组开展行星内部动力学基础研究已有数年，在理论和大规模数值模拟研究方面已取得若干突破性进展：发现了旋转球形流体动力学中百年来一直没有解决的著名的庞加莱方程完整分析解，由此开展了系列研究工作；建立了一个新的拟地转流模型，由此首次揭示了行星大气中大尺度对流和小尺度对流的能量变化关系，为解释行星大尺度环流强度随时间变化的这一深空探测事实提供了一个理论依据；自主初步建立了高效的行星动力学发电机并行计算数值模型，并对类地行星和类木行星的磁场进行了富有成果的数值模拟研究。

中国科学院国家天文台是我国"嫦娥工程"的"科学应用系统"主持单位，利用我国探测器携带的激光高度计测量数据，成功地绘出了完整月球的三维地形图。中国科学院上海天文台承担了与"嫦娥工程"相关的测定轨任务，开发了相关软件系统处理地月距离（40万km）以内探测器的USB和甚长基线干涉测轨资料，圆满完成了"嫦娥"的测定轨任务。特别是在"嫦娥二号"实现奔赴"日地"第二拉格朗日点环绕运行和对图塔蒂斯小行星千米级飞越探测的任务中，中国科学院上海天文台和中国科学院紫金山天文台在探测器轨道确定、小行星轨道精密预报等方面都做出了非常重要的贡献。

目前国内用于行星探测的设备除了USB系统和深空站系统，以及星载雷达测高仪、谱仪和高精度立体相机外，还有大口径射电望远镜参与深空探测器轨道的甚长基线干涉测定工作；已经建成投入"嫦娥三号"跟踪测量的中国科学院上海天文台65m射电望远镜，将显著提高我国深空探测器跟踪测量和轨道确定的能力。在太阳系天体地面探测方面，在中国科学院紫金山天文台2006年建成的1.04m/1.20m/1.80m施密特型大视场望远镜是行星科学的专用设备，配备了国内性能最好的10k×10k CCD探测器，视场为8平方度；该望远镜建立了多色测光系统，配备了UBVRI和u'g'r'i'z'这两个系列滤光片，为开展大视场多色测光提供了条件。

在行星化学研究方面，建立了陨石样品制样实验室。现已拥有常规型岩矿切割机、研磨机、抛光机和真空加热器。具备制作常规岩石光片和薄片样本的能力。考虑到大多数陨石都非常珍贵，样品量少。为了充分利用有限的陨石样品，避免样品在制备过程中的损失和损坏，购置了由美国Buehler公司制造的PETRO-THIN® Thin Sectioning System和Phoenix 4000研磨抛光机。该仪器设备能对岩石样品进行自动切割、研磨和抛光，精度可达到35μm。建立了矿物岩石光学显微镜实验室。已购买和安装了由日本Nikon公司生产的E400POL型透反光偏光显微镜并配带数码摄像系统，可以开展矿物岩石学基础研究工作。该显微镜带有4倍、10倍、20倍和40倍的物镜和10倍的目镜，可进行透光、正交偏光和反光显微观测，并具备数码摄像系统，进行高分辨率的显微照相。建立了扫描电子显微镜分析实验室。购置了由日本Hitachi（日立）公司制造的S-3400N Ⅱ型扫描电子显微镜，并配备了英国OXFORD公司生产的能谱仪，可以开展陨石矿物岩石学分析工作。2013年由国家财政部修购资助的"天体化学分析平台一期"建设工作，又购置和安装了电子探针、能谱仪、电子背散射衍射仪、阴极发光探测器、拉曼光谱仪、红外显微镜、精密切割机、蒸镀仪等。

目前的计算条件有：自2010年2月1日起，中国科学院紫金山天文台GPU超级计算系统开始运行，该系统是基于通用CPU+专用GPU的高性能、高可靠的计算集群，共 118 个节点，GPU 峰值速度为 180TFlops。中国科学院上海天文台超级计算平台，该平台为异构体系，含 600 核刀片集群（Intel Xeon X5650 2.66GHz，双线程）和 256 核 SGI UV2（Intel Xeon E5-4640 2.4GHz，双线程），配置 1PB 磁盘存储系统，2013 年已在该平台上把刀片集群规模扩充了 1 倍；中国科学院上海天文台与上海超级计算中心有良好合作关系，长期租用曙光 5000A 的 1536 核进行计算，上海超级计算中心还可根据研究需求，提供更多计算资源。

第四节　发展目标与建议

我国行星深空探测工作刚刚起步，行星科学研究的基础有待加强，在思想、技术、设备、管理、经费和人才资源等方面与国际空间大国均有一定差距。目前，月球、火星和小行星是探测的热点，国际上已实施和筹备了很多探测计划，想做和能做的工作都已经做了或已在计划中。就我国目前的深空探测能力，要想在这个领域完成其他空间大国想做但目前还做不了的研究工作，难度较大，所以提出的探测科学目标中自主创新内容不多。我国应扬长避短，集中有限的物力、财力和人力，开展全新的深空探测活动。在这方面日本经验可以借鉴，日本把探测目标最先定向于近地小天体（小行星和彗星）。事实上，小行星和彗星是太阳系早期行星系统形成过程中的残留物，包含了丰富的原始太阳星云物质和太阳系早期形成时的重要信息。当时在这个领域美国和俄罗斯虽然实施了几个探测计划，但各小行星和彗星的物理特性、地质环境和化学组成互不相同，可做的工作仍然很多，不会有太多的重复性，创新意义重大。日本的"隼鸟"号探测器首次回收采集了丝川小行星（S-型小行星）的岩石样本，整个工程耗资仅 127 亿日元（约合 8 亿元人民币），尽管它在实施的过程中出现了一些技术性问题，但它的科学探测结果却是创新意义重大，首次给出了丝川小行星土壤和岩石成分与地表图像。

我国行星科学与深空探测目前主要不足是：探测器跟踪测量技术能力还达不到国际先进水平；探测器上科学测量设备精度和水平与国际同类设备仍有差距；深空探测资料的分析处理和科学应用研究水平还有待进一步提高。克服这些不足要立足自身科技发展的进步，同时需积极开展国际合作交流。

国内的行星科学研究力量主要集中在中国科学院紫金山天文台、中国科学院国家天文台、中国科学院上海天文台、南京大学和中国科学技术大学等单位。与我国深空探测技术相比，目前我国从事行星科学研究人数明显不足，研究力量较为薄弱。在基础研究方面急需大力加强人员培养和人才引进工作。在人才队伍建设上要有所倾斜，加大资助力度和范围，以科研项目支持方式推动行星科学队伍建设，在明确科学目标的前提下，给予较长期的稳定支持。为此建议未来 5~10 年，注重两支队伍的建设，一是建立若干个行星科学研究团队；二是深空探测关键技术攻关团队。

行星科学发展的目标是：结合国内未来深空探测计划，系统开展火星、小行星和木星等太阳系内行星深空探测的科学目标深化论证和科学研究，引领我国未来行星深空探测计划科学目标的制定；充分利用国内外行星探测数据，开展行星物理和行星陨石化学等基础研究，使我国在行星形成与演化、行星内部结构与动力学、太阳系原始星云环境以及行星内部熔融与分异机制等研究方面取得创新性成果；加强行星科学人才队伍建设，为我国未来行星科学全面深入开展打下坚实基础；在"中国科学院行星科学重点实验室"基础上，联合国内行星科学研究主要研究单位，力争建立一个行星科学国家重点实验室。

根据国际行星科学与深空探测的发展趋势，结合我国目前科研和工程技术水平的实际状况，以凝练提出我国未来深空探测计划科学目标为主攻方向，重点开展探测资料分析应用和前沿行星科学问题等方面的研究。围绕下属重点发展方向开展工作：

（1）月球和火星探测。我国已制定了在 2020 年前实现"绕月飞行、软着陆探测、取样返回"的月球探测发展计划。月球是距离地球最近的太阳系天体，通过对其探测可以帮助了解其形成和演化历史；火星是太阳系中与地球最相似的行星，与地球相距也不远，它是太阳系中除地球之外可能存在生命的行星之一。

（2）积极开展小行星与彗星的探测。小行星和彗星包含了太阳系形成初期的原始物质，它们是研究太阳系形成和演化不可缺少的太阳系天体。同时探测其目前的轨道，可以评估其撞击地球的危险性。

（3）做好木星探测的预研工作。木星是研究气态巨行星的最好天体，它不仅有内在磁场，还有复杂的大气运动，同时还有性态各异的天然卫星系统。对其研究，可以加深对太阳系形成和演化的理解。

（4）积极开展空间对地观测技术的扩展应用。人们已建立了较完善的空间对地球观测系统，其中一些探测方法可以扩展到其他行星的探测上去；充分利用空间对地观测技术是深空探测技术发展的有效途径。

（5）行星形成和演化计算机模拟研究。计算机的快速发展，使之在科学研究中成为了一种有效的实验手段,在一些情况下,特别是天体对应的极端物理和化学条件下,计算机模拟成了唯一的实验手段,它也是对深空探测手段的补充。

第五节 优先发展领域和重要研究方向

根据国际行星科学与深空探测的发展趋势,坚持"有所为、有所不为"的发展原则,结合我国目前行星科学研究的实际状况,建议未来 5~10 年,优先开展行星内部结构、行星内部动力学、行星表面物理、行星磁场物理和行星陨石化学等领域的研究;加强行星科学计算机模拟研究。对应的相关重要研究方向如下:

(1)行星内部结构。行星内部分层结构与液核的存在性,行星内部热结构,高精度行星重力场确定及其时变性;

(2)行星内部动力学。行星内部流体与磁流体动力学,行星内部热演化,行星大气动力学,自然卫星内部动力学,潮汐作用与行星系统能量耗散;

(3)行星表面物理。小行星反照率和反射光谱特性,小行星热物理,小行星表面物质特性统计比较研究,行星表面陨击坑和多环盆地的形成,彗星物质喷发性态,行星表面地形,小行星物理参数反演方法和形状重建。

(4)行星磁场物理。行星际空间等离子体与太阳风相互作用基本理论,行星磁层空间结果与变化,类地行星大气参数的测定与模型建立,类地行星大气水输运过程及其消失;

(5)行星陨石化学。太阳系早期短寿期放射性核素搜寻,太阳系原始星云环境和行星内部熔融与分异机制,原始球粒陨石中的恒星尘埃的同位素组成,无球粒分异陨石和铁陨石中的微量元素和同位素组成,碳质球粒陨石中有机物的种类和含量。

第六节 国 际 合 作

目前,我国行星科学研究人员与美国、德国、英国、法国、加拿大、日本等国家的一些著名大学和研究机构有着良好的合作研究关系,具体情况是:

参与美国科学家 Karen Meech 提议的 9P 和 103P 彗星的联合观测;参加

由美国国家航空航天局深空探测项目 Dawn 提议 Vestoids 的高相位角测光联合观测；参加欧洲空间局的空间项目 Gaia 的太阳系天体后随观测联盟（Gaia-FUN-SSO）；参加了彗星 103P/Hartley 2 的国际联合观测，获得了第一手的测光观测资料；与美国华盛顿大学、加州理工学院和亚利桑那州立大学建立了长期固定的合作关系，开展行星陨石化学研究；确定了与美国马里兰大学和夏威夷大学开展红外光谱观测和数据处理合作研究；与德国马普研究所开展了博士生联合培养，研究方向是行星内部结构和大气研究；与日本国立天文台进行月球探测器精密测定轨建立了密切的合作关系，并在月球重力场反演、月球地形及内部构造的合作研究中取得了显著成果，已在 *Science*, *JGR*, *IEEE Trans.*, *Radio Science* 等学术刊物合作发表 20 多篇合作研究论文；与比利时、加拿大和法国在章动、地球重力和潮汐以及地磁场等方面保持了长期的合作关系，曾获得过欧盟笛卡尔奖基金委员会项目、中国-比利时双边科技合作项目、中国-加拿大和中国-法国国际合作项目的经费支持；与芬兰、捷克和澳大利亚在小行星测光巡天观测和小行星形状重建研究方面开展了有益的合作；与捷克查理大学著名学者 Josef Durech 教授，开展小行星形状重建的合作研究；与澳门科技大学进行了小行星动力学和小行星形状重建的合作研究；与英国 Exeter 大学保持着长期的合作研究关系，至今已逾 10 年，双方在行星内部动力学、行星大气动力学以及行星流体与磁流体动力学基本理论方面取得了卓有成效的合作研究成果，已联合培养研究生多名。

多次组织或参加了国际学术会议：在 IUGG 24 届大会（意大利，2007）期间，组织了为期两天的"地球自转和动力学"研讨会；2007 年成功主办了国际天文学联合会研讨会；2009 年主办了中-欧火星科学暑期班；2010 年主办了 GGOS（全球大地测量系统）和国际天文学联合会的"地球自转"联合研讨会；2011 年主办了国际"GNSS 遥感"会议；2012 年主办了国际"空间大地测量与地球系统"研讨会等。2010 年 1 月 29 日至 31 日在美国夏威夷参加了"十三届中美 Kavli 前沿科学研讨会"，并与美方组委一起组织了"Solar System Exploration/Solar Activity"会议，并在 2010 年 9 月 22 日至 27 日在美国正式出席了该年度"中美前沿科学研讨会"。

未来需要进一步加强与国际著名行星科学研究机构的合作，争取联合开展具体的行星深空探测计划；支持召开和参与行星科学领域国际学术研讨班和相关国际会议；加强与国外对口科研机构的战略合作，如制定双方该领域科学家的合作研究计划，特别是观测资料的互换利用；进一步加强青年人才的联合培养工作，扩大青年人的科学视野。

第七节　保 障 措 施

　　上述发展战略的实现不仅需要科研人员的不懈努力奋斗，同样需要国家相关部门的鼎力支持。随着我国经济的快速发展，我国已初步建立和完善了适应国际行星科学发展的硬件条件，例如，地面大望远镜的建设计划和未来的深空探测计划都已基本确立，目前迫切需要加强科研体制和环境建设，以提高科研效率和提升科研水平。具体包括如下方面：

　　（1）加强战略规划执行力度。研究科研发展战略目的不仅是为了制定未来发展规划，更重要的是如何实现发展目标。目前，我国科研发展战略一般都是通过重大科研项目来具体实施的，因此立项过程要充分正确体现已定的发展战略，应该坚持以科学目标为导向、技术配合观测需要的立项原则；国家科研管理与决策机构，应定期检验国内进展与分析国际趋势，坚持长远目标，按部就班实现阶段目标。

　　（2）提高经费使用效率。经费投入渠道应相对集中，根据科研需要决定实际经费投入；规范科研经费的合理使用。

　　（3）进一步完善评价体系。启动透明、民主、公正和科学的评估决策体制，提升项目执行的实际科学水平；逐步建立和完善国际同行评价体系，形成以"质量"为核心的科研评价标准。

　　（4）加大人才培养力度。要大力支持中国科学院和高等院校的联合，在重点支持已有天文研究基础的高等院校发展的同时，努力增加一级学科的博士点；同时努力在其他有条件的重点高校加强天文教育，扶持研究队伍，适当增加天文教育和研究经费，增加硕士、博士点。

　　（5）开展切实有效的国际合作交流。积极推动跨国战略合作，积极参与国际重大设备的研制和重大研究计划；加强对大型观测设备的科学目标以及新的深空探测技术方法的研究；广泛吸引和组织海外学子和优秀科学家参与我国行星科学研究与发展，包括合作研究、联合培养研究生和举办各类学术讨论会与讲习班等；积极鼓励多种形式的人才交流。

　　（6）开创学科交叉研究新局面。从当前国际已经实施的和将要实施的众多深空探测计划所确定的科学目标来看，其探测对象和科学问题主要是：行星物质组成与内部结构（行星化学和探测器轨道力学及行星内部物理）；行星地质地貌信息（行星地质）；行星大气参数与运动（行星大气物理）；行星磁场及空间变化（行星磁流体动力学）。行星科学的研究方法目前主要有：观测、实验、理论分析与大规模计算机模拟。由此可见，行星科学的发展不仅需要理论与观测结合，而且需要天文与地球科学和空间科学的深度交叉。未来要切实建立学科交叉研究平台，推动原创性科研工作的开展。

致谢：本章作者感谢马月华、陈出新等提供了相关资料。

参考文献

[1] Yoder C F, Konopliv A S, Yuan D N, et al. Fluid Core Size of Mars from Detection of the Solar Tide. Science, 2003, 300: 299-301.

[2] Acuna M H, Connerney J E P, Wasilewski P, et al. Magnetic field and plasma observations at Mars: initial results of the Mars Global Surveyor Mission. Science, 1998, 279: 1676-1680.

[3] Mitchell D L, Lin R P, Rème H, et al. Crystal Magnetospheres Observed in the Martian Night Hemisphere. BullAmAstronSoc, 1999, 31: 1584-1589.

[4] Schubert G, Zhang K, Kivelson M G, et al. The magnetic field and internal structure of Ganymede. Nature, 1996, 384: 544-545.

[5] Sarson G, Jones C A, Zhang K, et al. Magnetoconvection dynamos and the magnetic fields of Io and Ganymede. Science, 1997, 276: 1106-1108.

[6] Zhang K, Schubert G. Teleconvection: Remotely Driven Thermal Convection in Rotating Stratified Spherical Layers. Science, 2000, 290: 1944-1947.

[7] Zimmer C, Khurana K K, Kivelson M G. Subsurface Oceans on Europa and Callisto: Constraints from Galileo Magnetometer Observations. Icarus, 2000, 147: 329-347.

[8] Atkinson D H, Andrew P I, Alvin S, et al. Deep winds on Jupiter as measured by the Galileo probe. Nature, 1997, 388: 649-650.

[9] Morabito L A, et al. Discovery of currently active extraterrestrial volcanism. Science, 1979, 204: 972, 973.

[10] Porco C C, 23 co-authors. Cassini Imaging of Jupiter's Atmosphere, Satellites, and Rings. Science, 2003, 299: 1541-1543.

[11] Folkner W M, Yoder C F, Yuan D N, et al. Structure and Seasonal Mass Redistribution of Mars from Radio Tracking of Mars Pathfinder. Science, 1997, 278: 1749-1751.

[12] Acuna M H, Connerney J E P, Ness N F, et al. Global distribution of crustal magnetization discovered by the Mars Global Surveyor MAG/ERExperiment. Science, 1999, 284: 790-793.

[13] Yuan D N, Sjogren W L, Konopliv A S, et al. Gravity field of Mars: A 75th degree and order model. JGeophysRe, 2001, 106: 23377.

[14] Konopliv A S, Yoder C F, Standish E M, et al. A global solution for the Mars static and

seasonal gravity, Mars orientation, Phobos and Deimos masses, and Mars ephemeris. Icarus, 2006, 182: 23-50.

[15] Konopliv A S, Asmar S W, Folkner W M, et al. Mars high resolution gravity fields from MRO, Mars seasonal gravity, and other dynamical parameters. Icarus, 2011, 211: 401-409.

[16] Jacobson R A. JUP 230 orbits solution. http://ssd.jpl.nasa.gov/gravity/_fields/_op, 2003.

[17] Zharkov V N, Trubitsyn V P. Physics of Planetary Interiors. Tucson, AZ: The University of Michigan, Pachart Publishing House, WBHubbard, 1978.

[18] Kaspi Y, Hubbard W B, Showman A P, et al. Gravitational signature of Jupiter's internal dynamics. GeophyResearch Letters, 2010, 37: L01204.

[19] Moffatt H K. Magnetic Field Generation in Electrically Conducting Fluids. Cambridge, England: Cambridge University Press. 1978.

[20] Roberts P H, Soward A M. Dynamo theory. Annu Rev Fluid Mech, 1992, 24: 459-512.

[21] Stevenson DJ. Mars' core and magnetism. Nature, 2001, 412: 214-216.

[22] Bloxham J. Sensitivity of the geomagnetic axial dipole to thermal core-mantle interactions. Nature, 2000, 405(6782): 63-65.

[23] Zhang K, Jones C A. Convective motions in the Earth's fluid core. Geophys Research Letters, 1994, 21: 1939-1942.

[24] Busse F H. A simple model of convection in the Jovian atmosphere. Icarus, 1976, 20: 255-260.

[25] Gierasch P J, Conrath B J. Dynamics of the atmospheres of the outer planets. Journal of Geophysical Research, 1993, 98: 5459-5469.

[26] Willianms G P. Planetary circulations. I-Barotropic representation of Jovian and terrestrial turbulence. J AtmosSci, 1978, 35: 1399-1404.

[27] Scott R K, Polvani L M. Equatorial superrotation in shallow atmospheres. GeophyResearch Letters, 2008, 35: L24202.

[28] Liu J, Goldreich P, Stevenson D. Constraints on deep-seated zonal winds inside Jupiter and Saturn. Icarus, 2008, 196: 653-659.

[29] Heimpel M, Aurnou J, Wicht J. Simulation of equatorial and high-latitude jets on Jupiter in a deep convection model. Nature, 2005, 438: 193-196.

[30] Hill T W, Dessler A J, Goertz C K. Magnetospheric models. In Physics of the Jovian Magnetosphere, edited by Dessler A J, Cambridge University Press, New York. 1983: 353.

[31] Siscoe G L, Summers D. Centrifugally driven diffusion of iogenic plasma. J Geophys Res, 1981, 86: 8471-8479.

[32] Summers D, Siscoe G L. Wave modes of the Io plasma torus. AstrophysJ, 1985, 295: 678-684.

[33] Hill T W, Dessler A J, Maher L J. Corotatingmagnetospheric convection. J Geophys Res, 1981, 86: 9020-9028.

[34] Pontius D H, Hill T W, Rassbach M E. Steady state plasma transport in a

corotation-domainted magnetosphere. Geophys Res Lett, 1986, 13: 1097-1100.

[35] Pontius D H, Hill T W. Rotation-driven plasma transport: the coupling of macroscopic motion and microdiffusion. J Geophys Res, 1989, 94: 15041-15053.

[36] Yang Y S, Wolf R A, Spiro R W, et al. Numerical simulation of plasma transport driven by the Io torus. GeophysResearch Letters, 1992, 19: 957-960.

[37] Gurnett D A. Plasma wave observations in the Io plasma torus and near Io. Science, 1996, 274: 391-392.

[38] Luhmann J G. Near-Mars Space. Rev of Geophys, 1991, 29(2): 121-140.

[39] Mazelle C, Winterhalter D, et al. Bow Shock and Upstream Phenomena at Mars. Space Science Reviews, 2004, 111(1): 115-181.

[40] Fedorov A. Structure of the martian wake. Icarus, 2006, 182: 329-336.

[41] Plaut J J, et al. Radar evidence for ice in lobate debris aprons in the mid-northern latitudes of Mars. Geophy Research Letters, 2009, 36: L02203.

[42] Lundin R, Lammer H, Ribas I. Planetary magnetic fields and solar forcing: Implications for atmospheric evolution. Space SciRev, 2007, 129: 245-278.

[43] Hsieh H, Jewitt D. Population of Comets in the Main Asteroid Belt. Science, 2006, 312: 561, 562.

第七章
天文地球动力学

第一节　战　略　地　位

　　天文地球动力学是 20 世纪 70 年代开始出现的一门交叉学科，是基本天文学对地球科学的应用。它用天文手段测定和研究地球各种运动状态及其力学机制。研究的运动是地球整体的自转和公转运动，以及地球各圈层（大气圈、水圈、地壳、地幔和地核）的物质运动。所涉及的力学机制是地球自转变化的机理以及它与地球各圈层物质运动变化的相互作用与成因机理。天文观测除了传统的天体测量手段外，主要是 20 世纪 60 年代后期以来不断涌现的空间测地技术，这包括月球或人造卫星激光测距（LLR/SLR）、甚长基线干涉测量（VLBI）、全球定位系统（GNSS）、法国的地基单向双频多普勒无线电定轨定位系统（DORIS）、合成孔径雷达干涉（In SAR）和卫星测高技术（SAT）等，它们已能以厘米甚至毫米级的精度测定地面点的位置，以毫米/年的精度测定地壳和海平面变化，以 0.1mas 和几十微秒的精度测定地球定向参数，时间分辨率已达到小时的量级，因而已可以观测到地球各圈层动力学效应对地球自转变化的影响。这些动力学效应既反映了地球的局部物质运动（如大气、海洋和地壳运动），又与地球深部的物理性质与运动密切相关。因此反过来，地球定向参数的变化又成为地球动力学的重要约束依据。空间技术使我们以更高的精度和时空分辨率监测大气、地下水的变化，冰冠溶化、海平面升降、地壳运动等自然现象，使深入研究这些物质运动成为可能。例如，板块和地壳运动是在地球内力和外力作用下地壳所处的运动状态。板块运动、地壳形变和冰期后地壳回弹是地壳运动的主体，板块运动是山脉隆起、岛弧海沟形成的直接原因。传统方法测量板块运动主要由几百万年平均的地质和地球物理资料测定，而空间技术使高精度测量地壳形变与冰期后地壳回弹成为可能，也使测定以几年至几十年内平均的现今的板块运动成为可能，进而有可能发现地壳运动的非线性时变细节及探索地震、火山喷发等的成因过程。天文地球动力学是天文学与地球科学相互交叉、相互渗透的一门新兴的分支学科，它为地球科学提供更精确的动力学过程的约束条件和理论模型的检验，也为天文学提出了许多新的研究课题（如广义相对论效应的考虑），具有重要的理论意义；此外，它对地面测站和空间目标的精确定位、对减灾防灾提供重要信息，具有明显的实用意义。

总之，天文地球动力学以空间大地测量技术为实验手段，从天文的角度、更精确地监测地球整体以及地球各圈层的物质运动、更全面地研究整个地球系统的动力学机理。探索对地观测系统的新技术新方法，使测量的精度、时间和空间分辨率不断地提高，是天文地球动力学研究的主要目标。

它的主要研究内容和核心任务是天文和地球参考系统，包括天球参考架（CRF）、地球参考架（TRF）及地球指向参数（EOP）3 部分。对它们的定义、建立与维持一直是天文地球动力学研究的基本范畴和重要任务之一。

以上这些工作基本上都囊括在国际天文学联合会的基本天文学部（Division A）各专业委员会的工作中。在 2000～2012 年共 5 届国际天文学联合会大会期间，通过了 32 个决议，其中 16 个与时空参考系统相关，反映出该领域的研究仍然是国际天文界关注的前沿课题。

地球重力场及其与卫星测高技术联合提供的大地水准面是地球科学中的基本物理场。尽管它们属于地球科学研究的范畴，但因为也属于地球参考系统的一部分，它们因此也成为天文地球动力学研究的对象之一。

高精度的天文和地球参考系统是天文学、地球科学中的出发点，也是军事科学、深空探测、导航、全球环境变化和大陆构造运动的监测与研究等的参考基准。

在国家中长期科学和技术发展规划纲要中所设立的 16 项重大科技专项中，北斗卫星导航系统、高分辨率对地观测系统、载人航天与探月工程等，均需要高精度、稳定的天文和地球参考系统与高精度测定轨技术的支持。

中国地壳运动观测网络是为了减轻地震灾害损失，整合国家已有资源而建设的国家级科学研究重大基础设施项目。其中，VLBI、SLR、GNSS、多里斯系统（DORIS）等天文测地技术作为高精度测量手段，通过在稳固基岩上建站，测量台站所在的大陆板块位置的运动情况（目前精度分别达到几毫米和毫米/年量级），进而监测板块（特别是中国地区）构造运动及地壳水平和垂直形变。这些现象既是天文地球动力学研究的对象，又为天文地球动力学研究提供了第一手观测约束。

地球参考系是描述一切有关地球及其周围环境各种运动和变化的基准。它是由国际地球自转和参考系服务组织（IERS）根据空间大地测量技术，包括 VLBI、SLR、GNSS、DORIS 等，所确定的地面点的坐标和速度构成的集合即地球参考架（TRF）来实现的。它是一切以地球为参照物的应用，如卫星导航、航空、航天、宇宙飞船和一切空间飞行体的地基测定轨、地面点或船只的定位、弹道导弹的轨道设计、目标的瞄准发射以及来犯导弹的拦截、空基定位的飞行器星下点坐标测定和对地姿态的测控等不可缺少的，它也是其他科学领域如海平面升高研究的基本参考物，是研究地球整体和局部运动、探讨地球各圈层运动机制以及精确确定和描述地球各种几何和动力学特征、满足高精度测量要求的一个重要参考基准，是国民经济和国防建设中参考点精确定位的基础，高精度 TRF 的建立与维持一直是国内外学者研究的热点，也是国家的一项重要战略资源，对人类生活至关重要。

目前，相关的非政府国际学术组织或机构（如 IERS、DGFI 等）已经实现了协议地球参考框架的全球服务，然而这些服务既没有法律的强制性、也没有道德的约束，换而言之，这些以学术研究和科学探讨为核心的服务对各个国家是没有日常运行服务的责任和义务的。另外，由于用于本国/地区的局部或区域地球参考框架是基于本国/本地区的测绘体制构建的，它与全球大地测量协议参考架的联系，以及它与天球协议参考架的直接联系，也需要从国家的安全战略考虑来进行我国地球参考架的研究和建立工作。

地球重力场及其时变性反映了地球表层及内部的物质密度分布及运动状态，同时决定着大地水准面的起伏和变化。因此，测定高精度和高分辨率的地球重力场和大地水准面，不仅是大地测量学的基本任务，也是人类解决面临的资源、环境、灾害等紧迫问题的重要基础数据。因此，也是相关学科的重要研究领域。

现代大地测量对地球重力场的研究主要是集中在地球重力场位系数的确定及大地水准面两个方面。卫星重力探测技术是把近地卫星作为地球重力场的传感器或探测器，获取地球重力场信息的测量方式，其科学目的是获得高精度地球重力场及其随时间的变化。目前，卫星重力确定的地球重力场精度是前所未有的，取得了仅用常规重力测量方法无法取得的精密成果。在研究地球动力学系统中各物理场之间的关系,确定密度不均匀性在地球内部的空间分布,研究地球的滞弹性、海潮和固体潮、大陆漂移、板块运动和地震激发机制等地球系统内物质结构、动力及演化规律,提供高精度的地球坐标框架和高程基准等方面具有重要作用。

地球自转参数或地球指向参数(EOP)是基于地面的天文观测所依赖的地面参考架与空间惯性参考架之间转换和联结的重要参数,因此对它们的观测与理论研究一直是天文学、大地测量学、地球物理学和航天领域中的一个重要课题。随着我国探月计划的进行及后续的系列空间探测计划的开展,飞行器的空间导航问题非常关键,因此与精密参考系有关的地球自转课题研究也越发显得重要。

对它的研究既需要天体力学理论对刚体地球自转运动进行精确地描述,又需要包括弹性地球动力学和地球内部结构、电磁场等在内的地球物理理论对地球内部物理的研究;既需要大量、长期和精确的天文观测以测定 EOP,又需要大量地震学观测以确定更精细的地球模型。由于测量技术的快速发展,近 30 年来对地球附近流体如大气、海洋、地表/地下积储水以及地形起伏对地球自转变化的贡献的研究大量涌现,并深入到研究由大气、海洋、地壳、地幔、地核组成的完整的动力学系统,研究它们各部分的物质运动及其相互间各种耦合与地球自转及其变化的关系,特别是地幔、地球液核的物质运动和核幔(电磁、引力、地形)耦合动力学对地球自转变化(如章动和 10 年尺度波动)的影响。因此,观测精度的提高和资料的积累促使地球自转研究继续深入发展,而通过研究地球自转的理论模型与观测的差别反过来又促进我们对地球内部物理和动力学性质的研究,因此地球自转研究是近半个世纪以来相关领域的研究热点之一。

各学科的研究人员利用本学科的知识开展自然灾害研究对认识这些自然现象和推动社会发展具有重要意义。生存和发展是人类社会的两大主题,频繁发生的自然灾害已成为制约和破坏社会、经济健康发展的重要因素之一,人们越来越意识到必须深入地研究和充分认识自然灾害现象,研究它们发生发展的规律和机制,寻找好的预测预报方法,进而采取措施防御和尽可能地减轻自然灾害造成的危害,此类研究具有理论意义和应用价值。20 世纪末,联合国发起了国际减轻自然灾害 10 年活动,要求各国政府进一步开展自然灾害研究,促进了对自然灾害活动规律和预测的研究。

以上地球参考系、地球指向参数、地球重力场、大地水准面等最基础的参考系统和参数都离不开现代高精度的空间大地测量技术的保证,因此对这些技术的研发和资料分析也是天文地球动力学研究的主要内容。以下逐个介绍。

甚长基线干涉测量技术（VLBI）作为一种空间天体测量和空间大地测量技术，是天文地球动力学研究与应用的关键技术。该技术可以高精度测量河外射电源的位置，实现准惯性天球参考架，为天文观测与天文研究、空间导航与空间探测提供长期稳定的参照基准；VLBI 技术通过对河外射电源观测可以精确测定地球相对于准惯性空间的姿态，精确描述地球相对于准惯性空间的自转运动；VLBI 技术在地球参考架的建立与维持中提供长期稳定的参考架尺度信息。特别地，VLBI 技术在建立天球参考架方面以及测量地球相对于准惯性空间的姿态与转动方面的独特能力在可见的未来仍将持续保持。

卫星激光测距（SLR）技术与人类生存和社会发展密切相关。SLR 技术可精确测定地面台站相对于地心的位置和运动，监测板块构造运动和地壳的水平和垂直形变，并进而为地震预报提供信息；通过 SLR 技术对用于海面测高、陆地地形和陆冰体积变化测量等遥感测绘卫星轨道的精确测定，可以反演地球表面物理变化；有利于研究地球的环境变化，并应用于国土资源调查、生态环境监测和国土测绘等领域；SLR 可精确测定地球重力场随时间和空间的变化，有助于研究地球系统质量重新分布所产生的效应和长期气候变化规律。

SLR 技术作为激光技术和空天技术的联合应用，其独立性、高精度距离测量技术优势在满足国家重大专项应用需求中发挥着不可替代的作用。在未来 10～20 年内，我国还将发射测绘遥感卫星、气象掩星、空间 VLBI、空间试验室等应用卫星或航天器，需要 SLR 技术提供高精度测量数据支持用于卫星精密测轨，并作为高精度卫星轨道外部检核手段。因此 SLR 测量技术将成为我国空天技术发展中的重要组成部分。

随着国际宇航事业的快速发展，空间碎片已成为影响航天器安全的重要问题。SLR 技术对空间碎片测量可实现米级或分米级精度测量，将有利于空间碎片的精密定位、轨道复核及精确编目，将是今后航天器机动规避和预警最有力的手段之一，这对降低航天器和宇航员安全威胁有重要意义。

SLR 技术的研发还有力地促进了其他学科领域的发展。SLR 技术是一项涵盖激光、光电探测计时、计算机控制、精密光学望远镜、天体测量和卫星轨道等多个学科的领域。随着天文观测中对 SLR 技术的发展需求，促进了激光技术、弱信号光电探测技术、高精度时间计时技术等领域的发展。

全球卫星导航系统（GNSS），包括美国的 GPS、俄罗斯的 GLONASS、我国的北斗（BeiDou）和欧盟的 GALILEO。此外，印度、日本等国也在积极发展自己的区域卫星导航系统。随着科学技术不断的提高，卫星导航技术越来越多的应用在日常生活、生产的各种活动以及更多的领域中，也越来越在一些新的领域中体现出了无与伦比的优势和特色。GNSS 具有全天候、近实时、高精度和廉价等优势，已广泛应用于导航、定位和定时以及相应测量的科学研究中。

空基 GNSS 掩星探测技术可以用来改进全球天气分析和预报。该技术是20 世纪末发展起来的一种借助于地球边缘的临边效应，利用 GNSS 卫星对地球大气进行航天探测的新技术。利用一颗或多颗低地球轨道小卫星（LEO）上的接收机测得的多普勒频移及 LEO 卫星的位置和速度信息，可得到无线电信号在地球大气中传播的时延，从而可反演出大气的折射指数、电离层参数以及气压、温度和水汽等其他气象信息随高度发生的变化。

气象上探测大气参数垂直分布的手段主要有无线电探空气球和气象卫星、雷达等遥感技术，其最大缺陷是观测资料在空间分布上不均匀，广阔的海洋、沙漠、高山等条件恶劣地区的资料极为缺乏；而卫星遥感技术的分辨率又受到很大的限制。这些因素极大地限制了这些地区的天气预报水平。从欧洲 ECMWF 数据资料和美国 NCEP 数据资料的分析结果比较中发现，差别较大的区域也正是观测资料比较稀少的地区。天基 GNSS 掩星技术为大气科学提供了一种全新的探测手段，具有高精度、高垂直分辨率、全天候、全球覆盖、低成本、长期稳定性、没有系统漂移等优点，并且独立于现用的其他大气探测方法，从而可能为现有的方法提供相互比对和补充。

合成孔径雷达干涉（InSAR/D-InSAR）技术是传统的 SAR 遥感技术与射电天文干涉技术相结合的产物。作为一种兴起于 20 世纪 60 年代的空间大地测量新技术，能够在全球范围内全天时、全天候地对地球表面成像，可以不受多云、阴雨、大雾等任何恶劣天气条件的影响，并且具有穿透地表的能力，不仅是传统空间遥感和摄影测量方法的有效补充，而且开拓了全新的观测方法和应用领域。其优势在于可从多景 SAR 影像中快速、准确地获取高精度、高分辨率、大范围地形及厘米级甚至毫米级的微小形变，因而能够迅速、准确地获取大范围的自然灾害、生态和环境污染发生、发展与演变过程的相关信息，同时其空间连续覆盖的特征是 GPS、SLR、VLBI 等手段不具备的，已成为天文地球动力学研究极其有力的补充，更加能够提升对环境与灾害及时、动态的监测和预报能力，为环境保护和防灾减灾提供更有力的保障。

卫星测高技术（SAT）是 20 世纪 70 年代随着空间技术、光电技术和微波技术等发展而实施的一种新型的卫星遥感测量技术，是目前人们认识海洋和研究海洋的重要手段。卫星测高是通过一种主动式微波测量仪，以海面作为遥测靶，其回波信号携带有十分丰富的海面特征信息，可以测量出瞬时海面至卫星之间的距离、电磁波海面后向散射系数以及回波波形。卫星测高对大地测量学、地球物理学、海洋学和空间技术研究的主要贡献在于：提供了海洋区域具有统一高程基准、高精度和高分辨率的大地水准面起伏，并使我们能够获得全球海域高精度和高分辨率的重力异常，进而在物理海洋学的海洋潮波系统、区域及全球尺度流场分析、中尺度海洋环流和典型洋流的变化特征、海面动力起伏以及海洋风浪场反演等研究中起到重要作用。

第二节 发展规律与发展态势

随着各种天文和空间大地测量技术的日益进步以及对研究各种更高频更微弱的地球物理信号的科学需求，对天文和地球参考系统的精度、稳定性和自洽性都提出了更高的要求和挑战，如微角秒水平的天球参考架（CRF）、位置精度 1mm 和速度精度 0.1mm/a 的地球参考架（TRF）、相应精度水平和高时间分辨率的地球自转参数（EOP）快速测定与预报、一整套相互自洽的天文和地球参考系统、好于厘米的全球和区域大地水准面等。同时，这些科学指标的提出，又反过来对相关测量技术和资料分析技术提出了新的挑战。

以全球大地测量观测系统（GGOS）为代表的现代全球空间大地测量技术对地球自转和参考架的观测精度已获得显著的提高，目前的位置测量精度已完全进入亚厘米并将很快达到 1mm 的精度，相应的参考架（TRF 和 CRF）、极移的精度约为 30 μas；相应的变化率即速度项约为 0.1mm/a。另外，提供这些测定结果的时间分辨率已能达到 1h 甚至近实时，而且可以连续地观测[1]。

尽管在少数几个天文台（主要如俄罗斯、乌克兰、捷克、波兰等欧洲国家）仍保留了传统的光学测量设备（如等高仪、中星仪等）和观测，但目前能提供高精度高时空分辨率的地球参考架和 EOP 监测资料的仍主要是空间大地测量技术，如 VLBI、SLR/LLR、GNSS 和 DORIS。卫星重力技术的发展已经可以检测到地表流体层的物质迁移并提供一个月甚至更高频的全球时变重力场。卫星测高和 InSAR 技术为监测全球（特别是不能建站的大片海洋等地区）地表的形变提供了独一无二的技术手段。GNSS 掩星技术为气象学提供了前所未有的三维空间电离层、对流层湿度、风速等丰富资料。近年来新技术仍在不断地出现，如环形激光陀螺仪（RLG）、光钟等，因具有独立的优点而广受关注，有望在近期内取得突破。

在各种科学产品及服务方面：国际 VLBI 服务（IVS）、国际激光测距服务（ILRS）、国际 GNSS 系统服务（IGS）、国际 DORIS 系统服务（IDS）等组织一直在不间断地提供各自技术观测网测定的高精度、高密度的 EOP 和 TRF/CRF 综合结果，IERS 则对这些各个独立技术的结果进行再综合，并提供不同间隔的 EOP 综合结果及预报产品。IERS 主要提供 EOP、TRF、CRF、地球物理流体（大气、海洋、水文等）数据（如 AAM、OAM、HAM 等）及其他相关产品与服务。从 2012 年开始，IERS 发表的 EOP 综合解和预报值序列都已经是每天 4 个值。

一、地球参考架

20 世纪 60 年代后，随着 VLBI、SLR、GNSS 和 DORIS 等空间大地测量技术的逐步成熟，利用它们来确定地球参考架 TRF 和地球定向参数 EOP 的精度与时空分辨率都得到了很大的进步。它们各自对地球参考架和 EOP 的贡献不同，具体如表 7-1 所示。所有空间技术在监测 EOP 和地球参考架实现中都有其各自的特点，不可替代。例如，VLBI 技术观测精度高，可以提供完整的 EOP，建立地球参考架和天球参考架之间的联系，SLR、GNSS 等卫星技术无法独立测定 UT1，VLBI 对地球质心不敏感，SLR 可以确定地球参考架的原点，同时由于 VLBI 和 SLR 的长期稳定性高而共同确定了地球参考架的尺度因子，但其设备昂贵、测站网稀疏且分布不均匀，观测的实时性较差。GNSS 技术测站全球覆盖、可向任意多用户提供全球范围内高精度、全天候、连续、实时的三维测速、定位和时间基准。另外，不同空间技术监测地壳运动和 EOP 的时间分辨率、系统误差、精度、短期和长期稳定性等都不同，因此 IERS 就是在各种空间技术服务组织（ILRS、IVS、IGS 和 IDS）提供的各数据分析中心混合结果的基础上进行综合加权平均等处理同时得到地球参考架和 EOP。同时处理的原因是为了增强地球参考架、地球定向参数和天球参考架之间的自洽性[2]。

表 7-1　四种测量技术对 EOP 贡献相对大小的比较

	VLBI	SLR	GNSS	DORIS
河外射电源	***			
岁差章动	***	*	*	
世界时 UT1	***			
高频 UT1	***	*	**	

续表

	VLBI	SLR	GNSS	DORIS
极移	***	**	***	*
LOD	***	***	***	*
测站网全球	*	*	***	***
地球质心		***		
尺度因子	**	**		
站网密度	*	*	***	**

注：从*到***表示某技术的贡献由弱到强。

下一代地球参考架的目标就是建立毫米级地球参考架。目前在国际地球参考框架（ITRF）建立和维持中，关于参考架原点和其指向随时间演变的约束上，并没有遵循协议地球参考系（CTRS）的定义。ITRF 的定义和实现不一致的这种特征，将对毫米级地球参考框架的构建产生重要的影响。

除了地球参考架和 EOP 同时由 4 种空间技术决定发展趋势之外，另外一个就是区域地球参考架的建立。由于各国各地区发展的需要，相应建立了一些密集的不对外公开的空间大地测量测站，如各个国家的 GPS 网，都是成百上千的测站数据，对地球参考架和地球物理应用等有非常重要的意义，也对区域高精度的地球参考架的建立提供了很好的条件。

另外一个提高地球参考架精度的途径是本地连接（local tie）的高精度测量。目前有相当数量的并置技术测站提供了高精度的并置测量和精度信息，但还有许多测站没有提供该连接测量。为此，一方面，需加强这些站的并置测量，提供好的本地连接测量和精度信息；另一方面，我们可以寻找新的"tie"来连接不同空间技术测量。其中这几年新兴的就是利用 LEO 空间飞行器作为多种技术并置的"tie"即纽带来连接参考架，增强参考架的稳定性。例如，利用 Jason-2 上同时有 GPS、SLR 和 DORIS 测量的特点就可以通过定轨建立起这 3 个技术之间的连接，增加技术间的并置性。

要实现毫米级的地球参考架就需要考虑地球参考架非线性变化的特征及其他因素对参考架确定的影响，目前的地球参考架是建立在线性模型的基础上，但是由于大气、水文、冰后反弹等的影响和各种测量模型误差的存在及各种随机地球物理事件的发生，仅线性运动模型加跳变是不够的，里面还存在周期性运动和由于某些运动如地震的震后弹性恢复产生的指数运动，而这些运动都可达厘米级。为此，就需要考虑这些因素并模制它们，这是目前实现毫米级地球参考架的困难和发展方向之一。另一个实现毫米级地球参考架的方向和手段是建立"历元地球参考架",即每周或者每月实现一次新的地球参考架,以回避震后弹性恢复难以模制的困难[3]。

二、地球自转变化及预报

近年来,地球自转的观测与研究呈现了较大的进展,也面临着新的挑战。空间大地测量技术的进步使许多以前无法检测的很弱的但有意义的物理信号现在都能检测出,这些新信息促进了对相关的天文和地球物理激发的机制研究。

国际天文学联合会分别在 2003 年和 2009 年正式采用了新的章动(IAU2000A)和岁差(IAU2006)模型;新的 IAU/IAG "地球自转理论"联合工作组也在 2013 年 4 月正式成立,以提出更自洽的地球章动模型为核心目标;地球物理流体层(大气、海洋、河流、地下水、冰雪等)的全球模型得到了明显的改进,从而促进了它们对 EOP 的长、短期激发的研究。

对 EOP 的预报工作在近年也得到了较大的促进。研究表明,联合日长变化和大气角动量序列的多变量模型,比起单独采用日长变化资料的模型,预报精度得到显著的提高。考虑地球自转激发因素的多变量预报研究正引起人们的重视。全球地球定向参数预报比较活动(PPPC)结果表明[4],没有一种单一的预测方法能够在所有参数和所有跨度预报中表现最佳,而多种模型的联合预报值在总体预报精度和稳定性方面表现优良。因此,国际上正广泛开展多模型联合预报研究。目前正在从传统的线性预报发展到非线性预报研究,从单一方法和单变量模型发展到多种方法的联合预报和考虑地球自转激发因素的多变量预报研究。

三、地球重力场

地球重力场制约着地球及其外部空间所有物体的运动。反之,地球周围的空间中任何物体运动的轨道都包含着地球重力场的信息。通过重力卫星测量,我们不仅可以得到高精度的静态地球重力场,而且还可以得到重要的时变地球重力场信息,对固体地球物理、大地测量、地球动力学、海洋学、冰川学、地质、地震等方面的研究和应用具有重要的科学意义。主要作用体现在以下几方面:①研究和探测地球重力场随时间变化,能够检测出地球系统中物质分布变化，为研究全球海洋、大气、陆地水、地壳运动等提供必要的观测数据，如地球模型、海平面上升、冰后回升、地球整体形状变化及地球局部形变等科学研究都需要精确的地球重力场信息。②高精度地球重力场模型可以用于建立高精度全球统一的地球基本参考框架，如大地坐标系、高程基准、大地水准面等。③为了精确地计算出卫星、导弹和航天飞机等空间飞行器的轨迹，必须精确知道地球重力场。④局部精细的地球重力场变化规律可以用来反演矿藏位置和范围，勘探地下矿产资源。⑤以空间测量技术（如GNSS卫星）来确定物体的空间点位，其定位精度取决于GNSS卫星的定轨精度，而高精度地球重力场模型是精密定轨的基础。

近年来，随着科学技术的发展，特别是高精度星载设备的研制成功，用重力卫星直接测量重力场已成为可能。2000年7月15日德国发射的高-低卫-卫跟踪（SST）技术的重力卫星CHAMP，美国和德国合作的低-低SST技术重力卫星GRACE也于2002年3月18日顺利发射升空，以及随后欧洲空间局发射的载有高精度重力梯度仪的GOCE卫星，使得SST技术应用于地球重力场的研究得以全面展开，并充分地展现了重力卫星测量技术的功能及优越性。当前，对于400km左右的空间分辨率，GRACE可以检测地球物质质量变化的等效水文高为10cm，长期变化为1cm/a，是人类获取地球重力场的重要手段。

随着观测资料的积累和研究工作的细化和深入，GRACE资料反映出来的地球质量分布的变化已可以用来计算对EOP的激发函数，将它与从各个地球物理流体（大气、海洋、水文学等）模型计算出来的激发函数以及由观测的极移反算出来的激发函数作比较，可以看出，GRACE在此方面已可以独立发挥作用[5]。

上述3项重力卫星计划的资料提供了前所未有的地球重力场信息。要充分利用这些信息获得丰富的前沿性科研成果，就必须形成新的科学思维、理论和方法，这对人类来说更富有挑战性。

NASA已制定了今后的重力卫星发展规划，在5～25年内将研制出3种不同原理的卫星，即GRACE星座方式、激光干涉测距方式和量子重力梯度方式；已成功将GRACE模式的重力卫星GRAIL应用于月球，获得了大量关于月球重力场及内部物理的信息[6]；还着手计划将GRACE模式的重力卫星发往火星，以便测定其重力场、大地水准面等火星物理形状的时空变化。

四、VLBI 技术及其应用

目前的 VLBI 技术可以以亚厘米精度测定地面点的位置，并且在亚毫角秒的精度水平上确定致密河外射电源的角位置。虽然现在对人造卫星的测量方法极大地拓展和加密了地面大地测量观测，但是 VLBI 依然是采用天然射电源的天体测量的首要技术。它是测定地球在准惯性参考架中的定向稳定性的唯一技术。

进入 21 世纪以来，VLBI 技术提出了下一代的测地 VLBI 系统[7]，以小口径高转速天线、超带宽全天候的新的技术理念，即 VLBI2010 技术规范。它基于 10~12m 的能快速旋转的天线接收系统。主要有 3 个目标：①连续 24h 观测后，台站位置和速度精度分别达到 1mm 和 0.1mm/a；②连续不间断地监测 EOP，在十几分钟的水平上达到数十微角秒的水平；③快速生成并分发产品（在观测之后的 24h 之内）。

IVS 设立了一个计划执行组（V2PEG）提供战略决策。第一套概念设计样机系统在美国 GSFC 完成，2013 年在德国 Wettzell 完成了双天线试验系统。目前已投入试运行的有美国东部两个站、澳大利亚三个站、新西兰一个站、德国和西班牙各一站。另外，已获经费批准、计划中的台站也在快速增加，至 2011 年年底已达 10 余家。我国也在计划建设自己的 VLBI2010 网络。

目前该领域的重大热点问题围绕 VLBI2010 目标下的观测台站建设、观测技术研究、数据处理方法、数据分析研究等方面展开。

五、SLR 技术及其应用

SLR 技术作为天体测量和天文地球动力学等基本天文学研究中的一项重要观测技术，其技术在不断进步，同时其应用领域也在不断扩大。

SLR 整体技术的发展主要表现在两个方面：第一是应用各种新技术和设备提高测距精度、观测数据量和测距能力；第二是提高测距系统的自动化程度，减小人力和物力的消耗。具体表现在：①重复频率由 10Hz 低重复率发展到千赫兹高重复率，正在向万赫兹超高重复率发展；②激光波长由可见光波段向近红外、人眼安全波段发展；③测量精度由最初的米级逐步提高到分米级、厘米级或亚厘米级，正向毫米级发展；④在测距能力上，从最初的一二千千米低轨卫星提高到 3.6 万 km 的同步轨道卫星，激光测月的实现使测距能力达到了 38 万 km，目前正在发展的异步应答激光测距技术可实现行星际距离测量；⑤激光测量目标不再仅限于带反射器的合作目标，目前已发展到非合作目标（如空间碎片）漫反射激光测距；⑥在自动化程度上，从初期的人工目视跟踪，发展到自动跟踪的新一代激光测距站；⑦由于器件和技术的突破，SLR 也由夜间观测发展到可全天时观测。

在 SLR 技术发展方面，为适应我国宇航事业发展，可将行星际异步应答激光测距技术、高重复率激光测距技术、激光测月技术、非合作目标激光测距技术、近红外人眼安全激光测距技术做为 SLR 技术的发展重点。

在 SLR 应用需求方面，毫米级测量精度已成为当前 SLR 技术发展的重点。为满足全球大地测量观测系统（GGOS）的要求，SLR 系统测距精度向毫米级、稳定度在亚毫米/年的水平发展。新建 SLR 台站均按照 GGOS 标准建立，现有台站也以此为标准进行升级，力争于 2020 年全面达到 GGOS 工程项目要求。

在 SLR 技术拓展应用领域方面，提出了新概念和新思路：①激光载波统一系统的构想，开展大容量信息高速传输，同时还可实现毫米级精度距离测量，应用于行星际深空探测；②阵列式接收的激光测距技术，采用多台望远镜同时接收，实现单台大口径望远镜接收效果，满足微弱激光回波信号探测能力；③相干激光测距技术，是实现高灵敏度和高光谱分辨率的一种有效途径，相比直接探测，受噪声干扰小，可用于目标识别与跟踪、遥感测绘、激光通信等方面。

六、GNSS 技术及其应用

GNSS 具有全天候、近实时、高精度和廉价等优势，已广泛应用于导航、定位和定时以及相应测量科学研究。由于 GNSS 是 L 波段，同样具有遥感潜能，即 GNSS 遥感，包括 GNSS 反射测量、地基 GNSS 大气探测和空基 GNSS 掩星，能够遥测大气和电离层、海洋、水文、冰圈和陆地表面特征等。

地基 GNSS 气象学是 20 世纪 80 年代末才发展起来的一门新兴学科。1994年，由 NOAA 和 UNAVO 进行了 GPS/WISP94 试验，证明了利用 GPS 可以连续监测大气可降水量，其时间分辨率优于 1 h，精度可以达到毫米量级。随着稠密的 GPS 网的建立，和 GPS 反演斜路径湿延迟（SWD）技术的逐步成熟，三维水汽层析成为可能。地基 GNSS 探测中性大气的技术已经趋于成熟，其主要应用在气象学领域。学者做了很多把 GNSS 大气探测资料应用到数值天气预报的研究，把大气可降水量或者大气延迟量等非模式变量加入到数值模式中。

目前，实时的地基 GNSS 气象准业务网如美国 NOAA/FSL 的 GPS 气象综合示范网，Suominet 网已经成功建立。多次实验已经证明了 GPS 用于探测大气和实时天气预报的可行性。地基 GNSS 气象学在天气分析和预报、数值天气预报应用和气候分析研究应用等领域发挥着越来越重要的作用。随着国际上多个 GNSS 系统的形成以及越来越多并且越来越稠密的 GNSS 台站网的建立，利用 GNSS 网获取三维或者四维的水汽分布的质量会极大提高，使得地基 GNSS 气象学在天气监测及预报中发挥着更重要的作用，其应用领域也将变得越来越广泛。

地基 GNSS 电离层监测以其高精度、高覆盖率、全天候、观测廉价等特点，成为目前最为主流的电离层监测手段。基于地基 GNSS 双频观测数据的建立与维护，首先为高精度的 GNSS 观测提供了保障。丰富的地球电离层观测数据，为广大研究者对电离层短期和长期时变，全球和区域电子分布特性的研究，提供了新的途径。地基电离层监测已经被广泛应用。

空基 GNSS 大气探测技术，即 GNSS 掩星技术，是基于 GNSS 系统和 LEO（低轨卫星）卫星技术的大气探测技术。1995 年美国 GPS/MET 项目成功发射 Mcrilab-1 地球低轨卫星，标志着 GNSS 掩星技术进入了实际应用阶段。GPS/MET 计划的成功，使得人类首次有机会对地球电离层及低层大气进行掩星观测。这一项目证实了无线电掩星技术能够应用于地球大气层的探测，并且充分显示出其在地球气候探测、天气分析及空间环境探测等方面的巨大潜力。此后，各国开始了各自的掩星计划。其中 COSMIC 为我们提供了最丰富的中性大气及电离层掩星观测，为人类进一步了解气候变化，空间环境变化等提供了充足的数据。鉴于 COSMIC 计划的巨大成功，美国与中国台湾已经决定实施 COSMIC-2 掩星观测计划。COSMIC-2 将提供更多的中性大气及电离层掩星观测，将极大地促进对相关科学的研究及气象学应用。

空基 GNSS 大气探测的研究主要在 GNSS 掩星探测地球大气的误差分析、反演算法的研究、反演结果的验证以及与地基 GNSS 大气探测的联合等方面。对于空基 GNSS 电离层探测，研究工作主要围绕探测误差源、新的反演方法的探究、E 层负值修正、分析验证以及掩星应用等几个方面。

七、InSAR 技术及其应用

1953 年由美国 DC-3 飞机上安装的 SAR 获得了世界上第一幅 SAR 影像。

1978 年，美国成功地发射了 SEASAT-A 卫星。20 世纪 90 年代起，欧洲空间局、日本、俄罗斯、加拿大等国家和机构掀起了雷达遥感的高潮。目前，国际上 SAR 卫星已发展到高分辨率卫星星座，德国 TerraSAR/Tandem-X 以及全球第一颗分辨率高达 1 m 的雷达卫星星座 COSMO-SkyMed（4 颗卫星）的发射，标志着 InSAR 系统在时空分辨率、数据获取频度等方面获得了极大改善，短时间内获得毫米级的形变测量精度成为可能，地球局部运动将更为精细地呈现在 SAR 影像中。可以预见，InSAR 技术有望在地震活动带长期监测、火山运动研究、滑坡、地面沉降观测等陆地形变、冰川运动以及海洋科学等研究领域建立独立的观测体系，并逐步发展成为常规的观测手段。

经过多年的快速发展，已涌现出多种高级 InSAR 技术，如 PS-InSAR（永久散射体的干涉测量技术）、CR-InSAR（角反射器干涉技术）、CT-InSAR（相干目标干涉技术）、短基线集技术、分离谱技术以及 JPL 的 Stacking 技术等。

在 InSAR 理论不断发展的基础上，InSAR 的应用已从地形测绘应用延伸到地表局部运动的一维、三维形变监测，发展至今已能够用于多种地球物理信号的解释，如地震、火山活动、断层的季节性变形、每年以毫米量级移动的滑坡、地下水抽取、石油开采、煤矿开采、填海等导致的固体地球地表变形，以及机场沉降、大型建筑物的变形，甚至南北极冰川动态变化以及海洋动态监测等。上述应用领域大致可以归纳为三类：陆地形变（如地震、火山及滑坡、地面沉降等地质灾害形变测量及机理研究）、冰川、海洋科学等，最终能够为揭示地球局部运动的机理提供一种全新、高效、动态的天文研究新手段。

八、卫星测高技术及其应用

在过去的几十年里，卫星测高作为一种空间技术已经在大地测量学、地球物理学和海洋学等领域发挥了很重要的作用，并取得了丰富的成果，包括海面形状确定、提高地球重力场模型的高阶部分精度、大洋环流、探测和预报海深，反演地球深部结构、地幔对流及板块运动等。

1973 年美国国家航空航天局成功发射了第一颗带有测高仪（高度计）的卫星 Skylab-193，为以后的地球与海洋物理应用卫星计划奠定了基础。随后，美国国家航空航天局发射了 Geo-3 卫星，为确定海洋学和地球动力学参数提供了 3 年的高质量数据，将科学家注意力的重点从试验阶段转向到应用阶段。在多学科与实用需要的推动下，1978 年，美国国家航空航天局研制并发射了新一代测高卫星 Seasat，由于电源故障，只提供了 3 个月的测高数据，但卫星携带的高度计、合成孔径雷达、多波段微波辐射计等遥感器却提供了大量的有关海面地形、风速、风向、海面有效波高以及海面温度观测资料。利用这些高质量的数据，人们可以检测大尺度海洋环流和中尺度涡旋，探测出以前未发现的海山、海沟，获得了全球范围的洋区重力异常、海洋潮汐、风浪场以及极地冰盖。Seasat 卫星成功的试验结果对卫星测高技术的发展具有决定意义。

1985 年，美国海军发射了大地测量卫星 Geosat。取得了前所未有的历史性成果，进一步证明了高精度的卫星测高资料在研究全球大地水准面形状、重力异常、重力扰动、建立高阶地球重力场模型、研究海底地形、海底地质构造、固体地球物理、海洋学、研究海潮、洋流、海况、海风以及极区冰川地貌及其变化等方面具有更广泛的应用。

此后有更多的测高卫星发射。欧洲空间局（ESA）分别于 1991 年、1995 年和 2001 年发射了 ERS-1/2 及其后续 Envisat 卫星，测高精度约为 3 cm，用途与 Geosat 大致相同。1992 年、1995 年，美国国家航空航天局与法国空间局国家空间研究中心（CNES）联合发射了海洋地形试验卫星 T/P 及其后续 Jason-1，主要用于海平面测高。2011 年 8 月 16 日，我国自主研制的一颗海洋动力环境卫星"海洋二号"也成功发射，标志着我国已迈入海洋环境监测行列。

经过近 30 多年来的发展，卫星测高技术日益先进，测高精度由最初的米级提高到目前的厘米级，分辨率由原来的近百千米提高到现在的几千米，能高精度、快速地探测海洋上的各种现象与变化，提高了人类对海洋甚至整个地球认识的深度和广度。

全球性气候异常日趋频繁和明显，气候异常通常与海洋异常密切相关，利用卫星测高技术监测海洋异常，就可以进行海洋灾害的基础研究，为发展海洋灾害的监测、防灾减灾提供科学数据，降低如厄尔尼诺事件等灾害所带来的损失。同时，作为空间对地观测技术的卫星测高，要与传统的海洋学结合，在区域研究尤其是近海岸陆架研究中发挥重要作用，为扩大海洋国土，维护海洋权益做贡献。

九、环形激光陀螺仪（RLG）

这一新兴技术的最大优势是：①单台仪器、一次测量就能够确定瞬时自转轴的 3 个分量(包括极移和日长变化),而其他技术都要测量至少两次以上;②RLG 对地球瞬时自转极在地球上的位置即 $n \cdot \omega(t)$ 直接敏感,而其他技术都只是给出天球中间极(CIP)的位置。但目前囿于技术条件,它的测量稳定性很差,受环境因素的影响较大,超过几天以后就不稳定了。目前只能解算周日和亚周日的变化,但这也恰是它能发挥独特作用的场所之一[8]。目前已有两台环形激光陀螺仪运转了一二十年。一台位于新西兰 Christchurch 的 Cashmere 山洞下的 30 m C-II 型仪器,它是边长为 1 m 的正方形环,于 20 世纪 90 年代建成,后来更新为大型的 UG-2,面积达到 834 m^2。但由于它离海、湖很近,又受复杂的地理环境、潮汐干扰较大而影响了测量精度。另一台位于德国 Wettzell 观测站内的人工土堆下面,4 m 边长,测定地球自转的精度达到 10^{-8}。Graydon 在 2012 年发表的结果[2]表明 RLG 已能测出钱德勒摆动 CW,但其精度比 VLBI 仍差约半个量级,而它们的长期稳定性更是致命的短板,至少差一个量级。

十、自然灾害的天文学方法研究

地球整体及其各圈层的运动和变化,以及地球上生态环境的形成和维持,与它周围的一些天体有密切的关系。固体地球及大气圈、水圈的运动和相互影响,也影响着一些自然灾害的孕育和发生过程。有些灾变过程似乎主要来自某些天文因素的影响。例如,气候变迁被认为是地球轨道参数的变化引起的,涉及轨道偏心率、黄赤交角及分点岁差的变化,并发展成天文气候学理论。此类研究大体可分为:①气象灾害,如灾害性天气、气候变化、气候变迁等;②地质灾害,如大地震、火山;③海洋灾害,环流异常、厄尔尼诺、La Nina 等;④可能威胁地球的近地小天体(此部分的相关内容可参见第九章"人造天体动力学与空间环境监测",此章不再论及)。正经历着逐步深入发展的过程。

人们初步发现许多自然灾害现象与一些天文因素有密切程度不等的关系,并开展了天文因素与自然灾害的交叉研究。该研究侧重于以基本天文学和某些分支学科的理论及观测、研究结果为基础,与其他多种学科的知识相结合开展工作,研究天体和天体系统的运动变化与自然灾害、灾变现象的关系、相关规律及其物理机制,探讨利用天文因素的变化规律和观测资料为自然灾害的研究、预测提供信息和帮助。目前气候变化、大地震等的研究是国内外共同关心的重大科学问题,天文学参与灾害研究应当围绕这些重大科学问题开展相关的工作。

第三节 发展现状

我国在天文地球动力学领域的研究有较多积累，在国际上也有一定的显示度。从 20 世纪 60 年代以来，中国科学院各天文单位组织力量利用经典天文光学技术对时间和纬度进行长期观测，以提供独立自主的地球自转参数服务为目标，较好地满足了当时的国家需求。进入 80 年代以后，及时地跟上了国际发展的步伐，发展了以 VLBI、SLR、GNSS 为代表的空间大地测量新技术，成功建设了我国的 VLBI、SLR、GNSS 网络。

目前，我国在此方面开展研究的人员约 200 人，在读研究生人数也大致相当，主要集中在中国科学院上海天文台、中国科学院大地测量和地球物理研究所（武汉）、中国科学院国家授时中心、中国科学院国家天文台、中国科学院云南天文台和武汉大学测绘学院、中国人民解放军信息工程大学测绘学院（郑州）、南京大学天文系、北京师范大学天文系等。我国在该领域的研究在国际上有一定的显示度，有影响的成果也在增加；我国多位科学家先后担任了国际天文学联合会相关学部和专业委员会以及其他国际组织的执委、主席等重要职务。

近半个世纪以来，中国科学院上海天文台一直围绕于天球参考系、地球参考系、地球自转 3 方面的理论、观测和资料分析开展工作，获得了国家和部委奖励数十项，有一支很稳定的老中青队伍，在国际上有一定的显示度，同时也在我国国防、航天、深空探测等方面做出了突出贡献。在观测设备和技术方面：建有 VLBI、SLR、GNSS、DORIS 等台站，是国际上 7 个各技术并置站之一；VLBI 方面具有软/硬相干处理机相关研发技术和台站系统集成能力；SLR 方面具有从反射器、激光器到接收机全系统研发、集成能力；是我国 VLBI 网和 SLR 网的牵头单位；参与了我国导航系统的核心系统建设。在资料分析技术方面：分别建有 VLBI、SLR、GNSS、LLR、GRACE 资料分析软件和历史观测数据库；自 20 世纪 80 年代以来，一直代表国家向国际组织 IERS 分别提交 VLBI/SLR/LLR/GNSS 年度资料分析结果，提供天球参考架、地球参考架、地球指向参数 3 方面的系列产品，是国际 VLBI 和 SLR 数据处理分析中心，也是我国陆态网和北斗导航系统全球跟踪站数据处理中心；发表了多份星表。中国科学院上海天文台应用卫星定位技术结合其他空间大地测量技术（SLR、VLBI 和 GPS）取得了我国地壳运动和变形的高水平监测成果，在国际上首次得到了精度达毫米级的中国大陆及其周边区域地壳运动完整的运动图像，为地球科学部门研究中国大陆地壳运动机理提供了最可靠的约束条件；在天球参考系研究方面，首次提出大天区统一平差 CCD 观测的处理方法，极大地提高了星的定位精度和参考系维持精度。此外，中国科学院上海天文台与国际相关研究机构和组织联系非常密切，是亚太空间地球动力学计划（APSG）的发起和主持单位。

但同时，我们也应该看到，我们与国际发展的水平还有很大的差距。而且近年来，由于一部分人逐渐转向其他领域（如导航等）、学科研究缺乏新的增长点、部分单位对该领域的基础研究及其长远的学科应用价值缺乏足够的重视，导致这个差距呈现越来越大的趋势。如果没有足够的倾斜政策支持，我国在该学科的地位和发展堪忧。

一、地球参考系

目前最具有权威的地球参考架就是国际地球参考架 ITRF，目前正在使用的是 ITRF2008，将要实现的是 ITRF2013，2014 年就可以提供。

ITRF 系列最早是 1984 年第一次实现的 BIH 地球参考系 BTS84，是由 VLBI、SLR、LLR 和 Doppler/TRANSIT（GPS 前身）实现的，以后又有 3 个 BTS 系列，终止于 BTS87。1988 年开始由 IERS 提供 ITRF 序列，从 ITRF88 开始到目前已有 12 个序列,不同序列除了随着时间测站数和并置站的变化外，实现参考架的原点、尺度、定向及其演化会有些不同，目前的 ITRF2008[9]是由 VLBI、SLR、GPS 和 DORIS 实现的，分别有 29 年、26 年、12.5 年和 16 年的观测。ITRF2008 是由分布在 580 站点的 934 个台站组成，其中北半球 463 个站点，南半球 117 个站点，共有 105 个并置站，其中 91 个并置站在运作且有并置测量。ITRF2008 原点定义为在 2005.0 参考历元时相对于 ILRS 提供的 SLR 时间序列的平移和平移速度为零，尺度定义为在 2005.0 参考历元时相对于由 VLBI 和 SLR 时间序列决定的平均的尺度及其变化率为零；定向定义为在 2005.0 参考历元相对于 ITRF2005 的旋转参数及其旋转变化率为零,这是通过包括 107 个 GPS 站、27 个 VLBI 站、15 个 SLR 站和 12 个 DORIS 站的 179 个参考站结果实现的。

我国目前已有相当规模的区域网 GNSS 数据库和 SLR/VLBI 区域网数据，同时也基于我国二代导航重大专项课题开展了 VLBI、SLR、GPS 和 DORIS 实现全球地球参考架的研究，但是其精度只是相当于国际水平，在经验上有些欠缺，还有相当领域和问题需要细化，更需要同国际同行一起在毫米级地球参考架实现中做出自己的贡献。通过重大专项提供的基金和培养的人才，完全有能力继续开展和深入研究有关高精度的毫米级地球参考架的实现和维持工作。

二、地球自转变化及预报

天球参考系、地球参考系和连接它们的转换参数即 EOP（包括岁差、章动、极移、日长或 UT1）三者相互依赖相互影响、必须同时确定。岁差章动是可以通过理论模型预先给出的，极移则只能通过实时观测而得到，因此岁差章动模型的精确与否在这个参考架问题上是一个最为基础性的问题。国际天文学联合会在 2003 年正式采用新的章动模型（IAU2000A 即 MHB 模型），但岁差模型仍是 IAU1976 系统，后来打个补丁加了一个改正[7]；2009 年后国际天文学联合会开始采用 IAU2006 岁差模型即 P03 模型[10]。理论上它们二者仍难以真正自洽；同时近年的有关研究[11]表明章动模型确实存在较大的、甚至致命的问题。因此，现在又急需对非刚体地球的章动模型进行再研究，以提出一个高度自洽的新模型。正是在以上背景下，新的 IAU/IAG "地球自转理论"联合工作组在 2013 年 4 月正式成立，以提出更自洽的地球章动模型为核心目标。

新的资料处理规范 IERS Conventions（2010）于 2010 年年底出版，与之前的版本有较大的改动，如第九章同温层模型全部重写。

大气和水文激发在地球自转变化的研究和预报工作中都是重要的因素。大气环流模型（如新的再分析模型 ERA40、每小时分辨率的实验模型）和陆地水文环流模型（已有几个包括基于 GRACE 数据的新模型）已取得了较大进展，发表了数个可供用户使用的模型。

上海天文台在地球自转动力学研究方面也取得了不少成果。例如，建立了在二阶地球动力学扁率精度下，包含固体内核、流体外核、黏滞地幔、海洋和大气的微椭非刚体地球章动理论[12]，该章动理论被 IAU 章动工作组列为四个参考模型之一；近期关于核幔边界电磁场与章动的耦合研究[13]更是推翻了 IAU 2000 章动模型中最核心的地磁场贡献部分，从而推动成立了 IAU/IAG "地球自转理论"联合工作组。在地球自转变化与海气运动和厄尔尼诺事件相互关系的研究方面，在国际上首先提出了对厄尔尼诺事件预测的天文学方法，并最先成功地利用地球自转的日长年际变化预测到引起全球自然灾害频发的1991 年厄尔尼诺事件（此成果已在国际顶级杂志 *Nature* 上发表），并成功预测了 1993 年、1994～1995 年、1997 年及 2001 年年底前后出现的厄尔尼诺事件，为国家减灾防灾提供了重要信息。国家天文台在地球自转变化、监测及其与自然灾害（如地震等）的相关研究等方面也开展了长期的颇有成效的研究。

另外，IERS 还专门有一个 EOP 预报工作组。他们组织了两期 EOP 预报竞赛活动，全球各有关团组定期提交各自的各种时间尺度的 EOP 预报结果，然后在此后的日期内与实测值作比较，孰优孰劣立马可鉴。第一期在 2005 年 7 月至 2008 年 3 月，此后又继续了第二期，现在仍在继续这个活动[①]。中国科学院上海天文台地球自转团组也参加了该活动。IERS 快速服务与预报中心主要提供快速 EOP，即 Bulletin A，这可以通过 IERS 网页及其 FTP 服务器提供。但从国家战略考虑，有必要独立自主发展我国的 EOP 测定与预报能力。

国际上关于 EOP 预报方法通常可以分为单一模型和多模型的联合方法。其中，单一模型方法主要有最小二乘外推法、最小二乘配置法、自回归滑动平均模型、人工神经网络模型以及卡尔曼滤波方法等。多模型方法主要是最小二乘外推与其他模型的综合预报方法，如最小二乘外推与自回归模型的联合、最小二乘外推与人工神经网络的联合等方法。

与美国海军天文台（USNO）、美国国家航空航天局喷气推进实验室（JPL）和法国巴黎天文台（JMA）等国际著名机构相比，国内关于 EOP 预报同国际上存在一定差距。国外早在几十年前就开始了 EOP 预报方面的工作，近年来更是建立了专门从事 EOP 预报比较的组织，投入了大量的人力物力，他们在预报模型以及预报体系方面已经发展得比较成熟。而国内只有为数不多的研究人员从事 EOP 预报方面的工作。

三、卫星重力测量及其应用

国际上，如德国地球科学中心（GFZ）、美国德克萨斯大学（CSR）、美国国家航空航天局喷气推进实验室（JPL）在卫星重力方面都开展了高水平的研究工作，他们不仅给出了一系列静态地球重力场产品，还给出月平均的时变地球重力场，且不断更新。如 CSR 公布的 GGM 系列和 GFZ 公布的 EIGEN 系列重力场模型，月平均地球重力场模型已经更新到 05 版本。

目前，在卫星重力学领域，中国科学院上海天文台、中国科学院测量与

---

① 至本书出版时，该活动已暂停。

地球物理研究所及武汉大学等学术和研究机构，都具备了重力卫星的数据处理、精密定轨和地球重力场确定的能力。基于不同方法构建的一些地球重力场模型，其精度接近国际先进水平。我国测绘部门的一些机构、武汉大学、中国科学院测量与地球物理研究所等都已构建出地球重力场模型，获得了厘米级的大地水准面精度。

卫星重力技术的实施，极大地推动了我国在地球重力场方面的研究，培养了大批具有博士和硕士学位的年轻一代，成为当今研究的主力军。但这支队伍从整体素质和水平上与学科发展的要求相比，仍存在较大差距。

四、VLBI 技术及其应用

21 世纪以来开展测地 VLBI 的研究机构主要有美国 GSFC/NASA 的 VLBI 团组、美国海军天文台（USNO）、美国麻省理工学院（MIT）的 Haystack 天文台、JPL/NASA、奥地利维也纳理工大学的 VLBI 团组、法国巴黎天文台、澳大利亚地球科学局、日本国立天文台、日本水泽天文台、俄罗斯应用物理研究所等国际机构。目前全球有 40 多个大口径天线（直径 20~100 m）在 IVS 组织下开展常规的 VLBI 观测。受欧美国家经济形势的影响，VLBI 在这些国家的发展势头有一定的影响，特别是后备研究力量不足。但总体仍然保持持续前进的态势，只不过步伐比预期的要缓慢些。但是上述传统优势单位仍然发挥了巨大作用，特别在 VLBI2010 的推进仍然是欧美国家主导的格局。

相对于国际发展状况，进入 21 世纪后，我国 VLBI 技术发展还是比较快的。在测地 VLBI 技术与观测、处理、研究方面，中国科学院上海天文台在国内处于优势地位，有专门的研究团组，并在该领域相关国际组织机构担任一定职务，人才队伍结构比较合理，显示了良好的持续发展势头。中国人民解放军信息工程大学、武汉大学测绘学院的研究人员在 VLBI 天文测地领域的参考架、地球自转参数、数据分析模型等方面也开展了有显示度的工作。

受我国探月工程的促进，建成了北京密云 50m 站和云南昆明 40m 站，与 20 世纪 90 年代前后建成的上海佘山 25m 台站和新疆 25m 台站组成国内 VLBI 测量网；上海天马 65m 台站也已于 2013 年建成。台站网的建成有利于开展面向国内的应用研究工作，并在我国深空探测工程项目、国内陆态网工程项目中发挥了重大作用。

受到国家 VLBI 相关工程项目的促进，我国有相当多的研究人员对 VLBI 测量系统的具体特点、完整的观测处理流程有直接的亲身经历，这相对于 20

世纪是一种完全不同的状态。对 VLBI 测量的深刻认识极大地推进了研究人员对 VLBI 技术的研究工作。我国现在具备了独立自主地开展观测处理分析的能力，这对开展自主创新性研究、开展国际合作都有很大的意义。

五、SLR 技术及其应用

21 世纪以来，我国 SLR 技术有了长足的发展，逐步形成了从人才培养、仪器设备开发到应用服务的较完整的体系。在核心杂志上发表的论文大大增加，国际上有较高显示度和影响的成果显著增加，我国科学家先后担任了国际组织执委等职务。目前，从事 SLR 的研究队伍主要有技术类和数据处理类，由近百名固定职位人员和研究生组成，高级职称约占 30%，中级职称约占 50%。主要分布在中国科学院上海天文台、中国科学院国家天文台（包括北京总部、云南天文台、长春人造卫星观测站）、国家地震局地震研究所、国家测绘局测绘科学研究院、总参测绘导航局西安测绘研究所等单位。经过多年的发展，形成了以中国科学院上海天文台为牵头单位的中国 SLR 网，在国内外卫星激光联测中发挥了重要作用，并支持了国内科学研究卫星的激光观测。

2008～2011 年在国家重大科技基础设施建设项目的支持下，中国 SLR 网中除国家天文台阿根廷 San Juan 站外，均实现了千赫兹重复频率 SLR 观测，并新增了一台 1 m 流动 SLR 系统，全网测距能力得到很大提高，在国际卫星激光测距服务（ILRS）中占有了重要地位。

中国科学院上海天文台发挥中国 SLR 网技术集成优势，多次成功组织了对我国各类卫星激光联测和精密测定轨工作：首次完成了"神舟 4 号"飞船的 SLR/GPS 精密测定轨试验，开创了我国卫星高精度精密测定轨工作；2008 年首次完成了我国北斗导航首颗试验星的 SLR 国际联测，实现了厘米级精度精密定轨；2011 年组织了 HY2 卫星 SLR 国际联测，三维定轨精度好于 10cm；2012 年成功组织了北斗导航卫星 GEO-1、IGSO-3/-5 和 MEO-3 4 颗卫星的 SLR 国际联测，为北斗卫星导航专项任务提供了一批重要的观测数据。

长春站和国家天文台阿根廷 San Juan 站天气极好，年观测天数在 250 天以上，全年激光观测数据位居国际前五名，是中国 SLR 网卫星观测的重要台站，在对国内外卫星的激光观测中发挥了重要作用。

目前中国 SLR 网具备了厘米级卫星测距精度，测量距离从 300～36 000km，具备白天激光测距、单光子接收、千赫兹测距等国际最前沿技术。

六、GNSS 技术及其应用

随着天基 GNSS 掩星探测技术的发展和应用价值的凸现，积极发展和应用天基 GNSS 掩星技术已经成为世界各国的共识。许多发达国家和地区都已投入大量人力和物力，积极发展和应用天基 GNSS 掩星探测技术。目前，已经拥有或参与天基 GNSS 掩星计划的国家和地区有美国、德国、丹麦、阿根廷、南非、澳大利亚、印度以及中国台湾等。计划拥有或参与天基 GNSS 掩星探测计划的国家有日本、韩国、意大利、瑞典、巴西、加拿大等。国际上目前主要的掩星数据分析处理中心有：德国地球科学研究中心 GFZ 的信息系统与数据中心 ISDC，美国国家航空航天局喷气推进实验室的 GENESIS 和美国国家大气研究中心 UCAR 的数据分析与存档中心 CDAAC。

我国也紧随国际上的发展动态，已经发射了掩星观测试验卫星，开展了掩星应用技术验证，重视利用 GNSS 开展中性大气和电离层的探测。中国气象局根据气象业务对全球大气探测的需求，在风云卫星计划中规划了 GNSS/LEO 掩星探测技术；中国国家地震局根据地震预报对空间环境探测的需求，也制定了 GNSS/LEO 掩星探测任务。

国内一些学者开展了 GNSS 掩星资料的应用研究、GNSS/LEO 掩星反演方法、掩星观测资料同化算子和算法的研究，中国科学院上海天文台、中国科学院空间科学与应用研究中心等单位也分别独立开发了掩星中性大气反演模块，反演结果也基本与国际掩星处理中心的反演精度一致。在 GNSS 气象学研究方面，中国科学院上海天文台在国际上首次提出了用通约轨道方法解决 GNSS/LEO 卫星掩星技术中的掩星点位置控制的问题，为该技术应用于区域性天气预报提供了有力的支持。掩星接收机的研制也从第一代跨越到第二代掩星接收机，主要由航天五院和中国科学院空间中心等几家单位参与研制。第二代掩星接收机可以实现接收多模 GNSS 信号，包括我国的北斗掩星信号，可采用掩星开环接收模式，追踪到更低、更多的掩星信号。

我国也在积极开展地基 GNSS 气象学工作。1997 年，在中国科学院上海天文台的组织下，我国首次成功地完成了 GPS 气象学实验和上海地区 GPS/STORM 实验。这其中一项重要的应用就是该 GPS 网可提供几乎连续的高精度近实时高地面覆盖率的 PWV 序列，为数值气象预报提供了良好的初始条件，改善了中短期预报的准确度。此后，我国其他地区也先后建立起地基 GNSS 气象学网。这些实验证实了地基 GNSS 气象学的可行性和优越性。

七、卫星测高技术及其应用

卫星测高技术的发展极大地深化了人们对海洋的认识，推动了海洋开发利用的发展。为了在海洋竞争中处于不败之地，2011 年我国也发射了一颗海洋二号测高卫星（HY2），其获取的高精度海洋信息，对我国海洋渔业、海运、海洋油气、深海采矿、海平面变化、海洋环流、海水倒流、海洋灾害、海洋与全球变化的关系等方面、其他海洋科学的发展都有重大作用。

卫星测高技术涉及领域广，涉及空间技术、地学、电子、通信等科学领域，不仅需要精通多种知识的专业人才，还需要建立和培养一支高水平的、目标一致、相互协调的研究队伍。尽管我国从事卫星测高的科技人员数量不少，但专业结构不合理，要开拓不同学科领域的交叉专业课题，注重学科之间的相互渗透，实现其技术不断发展。

八、InSAR 技术及其应用

因 InSAR 资料获取的形变场具有高空间分辨率、高精度的独特优势，因此提供了其他地震、火山及滑坡监测手段无法取代的测量数据。InSAR 在地球动力学中主要用于形变监测、灾害预警、冰川动态、海洋学以及生态和气象方面的研究，而有关形变监测及地质灾害的研究成果最为突出。

我国的机载和星载 SAR 的主要研制单位为中国电子科技集团公司第十四研究所、中国科学院电子学研究所等，关于 InSAR 的理论及应用研究多集中在中国科学院遥感与数字地球研究所、中国科学院遥感应用研究所、中国地震局、武汉大学、中国科学院测量与地球物理研究所、中国科学院上海天文台、同济大学、中南大学等科研院所。

利用 InSAR 开展地震研究重点围绕利用获取的同震、震后形变场及速度场信号来反演地震模型，进一步促进地震机理研究。迄今为止，国内同行利用 InSAR 研究了 40 多例地震的同震形变，多为强震形变。

从公开发表的文献来看，我国学者还没有开展用 D-InSAR 技术研究含水层的物理特征和地下水运动的工作，但用 D-InSAR 技术监测地表形变的研究工作已经取得了较好的进展。

以上研究多集中在面积广大、地形相对简单的大陆冰盖，关于内陆山岳冰川的研究较少。近年来，有学者专注于复杂和不连续山岳地形下高分辨率 SAR 配准、滤波等瓶颈算法的研究，将应用领域扩展到山岳冰川的二维运动和变化监测。我国有关 InSAR 用于冰川的研究目前仍然集中在南极冰盖的物质平衡及冰川动态研究、冰川地形测绘。

在海洋学领域的应用，SAR 是唯一一种可以获取大面积海浪方向谱的仪器，顺轨 InSAR 主要用于测量海浪方向谱和海表面流速，交轨 InSAR 用于测量海面高度的数字高程模型，通过计算 DEM 的方差谱进而直接计算海浪高度。此外，InSAR 还可用于舰船检测以及海岸线的动态监测等。但是 InSAR 技术用于海波和海流监测以及海洋动力学方面的研究还有一定的局限性，主要是因为干涉数据需要满足一定的海洋条件。另外，遥感技术用于海洋波谱的有效性也有待于证实。

InSAR 相干图和 SAR 图像结合还可以用来识别和测定洪水灾区的范围和分布，进而为评估洪涝灾害的影响及组织救灾工作提供依据。

九、自然灾害预测的天文学方法的研究

我国天文界能专心开展自然灾害研究的人员极少，未能形成较强的研究团体，但仍有少数天文学者在不断开展这方面的研究和探索，早期的研究主要涉及地震、气温变化、厄尔尼诺、La Nina 等，获得了一些初步结果并有一定的影响，如研究地球自转与厄尔尼诺关系的文章发表于 *Nature*，一些学者开展的天文时纬观测与地震关系的研究多次获得科技奖励等。

在一些重大的科学问题研究上，国外学者也没有完全解决。如地震预报，国际上认为地震可以预报和认为无法预报的学者在 *Nature* 撰文进行过激烈的争论，有学者尝试进行的预测也因未能给出"三要素"的精确结果而难以得到认可。气候变暖是全球众多学者和国际组织关心的问题，建立于 1988 年的 IPCC（政府间气候变化专门委员会）做了大量的研究工作，但是反对的意见也非常强烈，以致 2007 年又出现了 NIPCC（非政府间气候变化专门委员会）。前者认为人为因素对近百年的气候变暖起了很大影响，而后者认为主要起因于自然因素的影响（包括太阳活动、地球的运动和变化等）。不同的意见导致对发达国家和发展中国家的经济发展产生不同的影响，涉及国家利益和全人类的利益。在这些研究中，国外学者走在前面，成果丰富；而我国仍有很大的差距，因此应予支持，使对一些问题的认识更为深入、在涉及国家利益的问题上有更多的发言权。

第四节　发展目标与建议

天文地球动力学研究的天文和地球参考系统、地球自转参数的测定与预报、大地水准面、地面点位的运动与地表形变等本身都是天文学、大地测量学和地球物理领域中的重要研究课题。对它们的研究已深入到由大气、海洋、地表水文、地壳、地幔、地核组成的完整的动力学系统，研究它们各部分的物质运动及其相互间各种耦合的关系，观测精度和时空分辨率的提高与资料的积累促使相关研究继续深入发展，因此近半个世纪以来该学科一直是相关学科领域的研究热点。随着我国深空探测计划的进行及国防安全需求的提出，与上述课题有关的研究显得越来越重要。同时，为达到这些科学目标，对相关测量技术的需求也不断提高，从而不断地促进这些技术的发展。

天文地球动力学是天文学科的一个分支，但部分研究的对象和手段又属于地球物理、大地测量等地球科学，是一个名副其实的交叉学科。在国际天文学联合会（IAU）和国际大地测量与地球物理联合会（IUGG）中存在唯一一个共同的专业委员会"地球自转委员会"就是很好的说明。

鉴于天文地球动力学研究对象和手段的基础性和战略地位、多学科交叉的复杂性，对该学科领域的支持力度必须真实有效地加强，否则难以持续发展。

结合我国目前发展情况和未来的发展需求，建议总体发展目标为：

（1）进一步加强在天球参考系、地球参考系、地球自转变化理论与 EOP 预报、地球重力场和大地水准面等方面的基础理论研究和人员队伍建设，取得创新性成果，只有夯实基础理论研究才有发展后劲；

（2）在 VLBI、SLR、GNSS、卫星重力、InSAR、卫星掩星、卫星测高等空间大地测量技术的研发和应用研究方面，既要参与国际合作，又要发展自己独立的观测设备、技术和观测网络平台，特别是在未来 4 年内严格按照 VLBI2010 标准建设一整套（或以上）台站测量系统及其相关数据处理系统，通过深度参与国际联合观测，使得该系统成为国际地球自转参数与参考架服务的基准台站，同时参与满足国内相关重大工程项目的应用需求；

（3）要坚定支持研发自己独立的各种技术资料分析处理软件、搭建高精度的 VLBI/SLR/GNSS/DORIS 等多种空间技术资料综合处理平台和数据分析中心，为后续的相关理论研究和实际应用打好可持续发展的基础，这方面可以引进国外先进的相关软件，但必须要充分消化吸收并转化为自己得心应手的工具；

（4）组建天文地球动力学实验室并联合其他相关的实验室和研究力量力争上升为国家级重点实验室，以优化组合国内有限的研究力量、提供稳定的支持；

（5）同时积极为我国国防安全、环境与资源调查、自然灾害预测与预防等服务提供科学数据和决策咨询。

具体而言：

在地球参考架方面：开展全球和中国局部地球参考架的前沿理论研究，为正式更新中国大地参考架做好准备；构建高精度 VLBI/SLR/GNSS/DORIS 综合处理平台，建立全球地球参考架；分析该参考架的误差和它们的自洽性；精化该地球参考架，研究影响毫米级地球参考架的因素和建立毫米级地球参考架的理论和方法；建立相应的模型模制这些厘米级影响因素，完成毫米级地球参考架的实现；建立高精度的中国区域地球参考架。

在地球自转变化研究和 EOP 预报方面：进一步发挥在章动理论研究中的优势，发表更自洽的非刚体地球章动模型，参与下一届的标准模型竞选；完成普适性的地球内部形状理论并应用到地球自转理论研究中；发展非线性 EOP 预报模型、多种方法的 EOP 联合预报模型以及考虑大气、海洋、地下水等地球自转激发因素的多变量预报模型，实现 EOP 的高精度快速预报，为我国导航系统、卫星或探测器的精密定轨定位服务。

在卫星重力技术及应用方面：①综合多种重力观测资料，包括卫星重力、地面和海洋重力观测资料，进一步精化地球重力场；从实际需求着手，加强国际合作和交流，进一步利用国外现有的重力卫星资料，在数据处理、误差分析、解算方法等方面力争有所突破，为将来实施我国自主的卫星重力系统提供基础；②加强卫星重力应用研究，改变我国西部重力数据稀疏和精度低的状况，以适应国家西部开发的要求；③发展我国自主的重力卫星观测系统，满足我国在国家经济建设和社会发展的需求，带动科学技术的发展。

在 VLBI 技术及应用方面：未来 10 年 VLBI 天文测地领域将向更高精度、更高时空分辨率方向进一步发展。在 VLBI2010 技术标准下，全球 VLBI 观测网将采用统一配置，统一协调国际观测，借助网络技术实现对地固台站、地球自转参数的快速测量，这对毫米级地球参考架建立、10μas 水平的地球自转参数测量有重大意义，由此实现对整体地球运动、观测台站局部运动的高时间分辨率监测，对地球物理学、地球动力学研究提供更丰富的观测信息。上述 VLBI2010 全球观测网络将于 2017 年投入工作。为此，建议：①加大对观测设备的研制、建设投入，加强技术方法研究，增加对数据处理和数据分析方法研究的投入。②在未来5年内严格按照VLBI2010标准在我国建设一整套（或以上）台站测量系统，包括：（a）可快速旋转、具有高刚度、高稳定性、高可靠性、高耐用性的口径12～13m的小天线；（b）2～14GHz超宽带（S、C、X、Ku）天馈和接收系统；（c）具有扩展至Ka波段（32GHz）工作的能力。通过深度参与国际联合观测，使得该系统成为国际地球参考架的基准台站，同时参与满足国内相关重大工程项目的应用需求。③配套建立VLBI2010相关处理中心，以满足国内VLBI相关处理需求，同时承担国际VLBI观测台站的相关处理工作，成为IVS的骨干相关处理中心之一。④建设数据处理系统，开展数据分析软件系统的研发，建立有自主知识产权的数据分析处理系统，满足1mm精度水平的地球参考架建立需求，以及10μas精度的地球自转参数测量要求。

在SLR技术及应用方面：基于国内SLR网的现有台站，通过关键技术和核心设备技术的突破，开展SLR站全面技术改造和性能升级，提升已有站点的系统测量性能，并具备空间非合作目标激光观测能力。同时，在我国优质天气条件的天文台站建设米级口径多功能SLR台站，提高空间目标激光测量和精密定轨的效率，形成可满足未来航天任务应用需求的中国SLR自主观测网及空间目标高精度监测网，为我国不断增多的航空航天任务提供高精度测量手段，并在国际SLR卫星联测及数据应用中发挥重要作用。结合我国探月系列工程，新建（或升级现有SLR台站）月球激光测距LLR台站，研发相关技术。

在空基GNSS无线电掩星探测技术及应用方面：发展无线电掩星探测技术不仅对于全球和局部天气预报、大气研究和全球气候变迁研究等具有重要价值，而且对于临近空间的监测具有十分重要的意义。GNSS掩星能获得从中性层到电离层的多级大气剖面。它们能运用于气象服务、气候分析、大气、空间气候和电离层研究等方向。经过反演后得到的大气气象参数数据在科研、国民经济以及军事方面都具有重要的应用价值。中国是一个发展中的大国，具有地域广大、地貌复杂、自然灾害频发等特点。自然灾害的预报和防治是我国政府面临的一个重要问题。用掩星技术监测地球大气、电离层有助于对地震、火山等自然灾害进行监测或预警。目前在轨运行的掩星探测卫星几乎都采用GPS接收机，随着俄罗斯GLONASS能力的恢复、欧洲伽利略导航卫星系统的建立，未来的星载掩星接收机将朝着多模式方向发展。我国发展基于北斗的掩星探测技术，可以推动北斗导航系统的产业化发展，走军民融合的道路。由于掩星接收机重量较轻，搭载在其他卫星（星座）上，可以节约资源。掩星接收机采用北斗/GPS/GLONASS 多模式，可以摆脱对国外导航系统的依赖。

在卫星测高技术及应用方面：卫星测高在今后的天文学领域研究目标主要是利用丰富的卫星测高信息源和相关信息源，改善全球重力场模型精度，支持空间飞行器精密定轨；卫星测高确定的高精度高分辨率海洋大地水准面将提高高程基准精度，为建立高精度参考框架提供基础数据。

在 InSAR 技术及应用方面：SAR 的优势在于能够获取极其精确的、高空间分辨率 3D 高程图及形变图，能够全天候全天时对地观测，这对地震、火山、滑坡等地质灾害监测以及军用领域有着突破性的意义。目前 InSAR 的不足之处在于卫星重复周期较长，导致不能获取高时间分辨率的动态信息。NASA 计划在 2025 年把 SAR 卫星的重复周期缩短到 1 天。因此目前的研究重点应放在多源数据（与 GNSS 等）的融合方面，一方面体现在多颗 SAR 卫星数据的融合；另一方面，还体现在与外部数据源，如 GNSS、重力卫星、LIDAR、气象模型、GIS 数据库、地震网资料以及其他地学、遥感数据等的融合算法与同化。

联合 InSAR 和 GNSS 数据可以建立高精度、高时空分辨率的三维地壳形变场。GNSS 与 InSAR 的数据融合需要重点研究利用 GNSS 改进 InSAR 观测中的大气延迟、轨道误差和基线精化算法，InSAR 和 GNSS 联合建立高精度三维地表形变场以及 GNSS 与 InSAR 的联合反演算法等。

InSAR 与重力卫星的融合可以进一步精细地反映地球物理信号的小尺度变化，可在地下水储量变化的监测、地面沉降建模及研究气候变化等研究领域有更进一步的发展。GRACE 在我国陆地水质量变化研究方面有着广阔的应用前景但空间分辨率为 400km，而 InSAR 的空间分辨率已到达米级。LIDAR 精度高但覆盖面积却限于小区域，与 InSAR 结合可用于高精度地形图测绘以及植被高度的反演和研究。

第五节　优先发展领域和重要研究方向

一、发展的总体目标和思路

坚持两条腿并重。一方面，切实加强基础理论研究，它是长期发展的基础；另一方面，大力发展应用研究，既满足于国家战略的服务需求，又能反哺和促进基础研究。

总体研究方向可以归纳为"相互融洽的、高精度、高时空分辨率的天文地球参考系统的建立、监测与维持"。

二、优先发展领域和方向

（一）基础理论研究方向

1. 地球自转理论、高精度定向参数确定与预报研究

与观测符合、完全自洽的地球自转理论；更完善的非刚体地球章动模型；以研究解决关于自由核章动 FCN 周期的理论计算结果与高精度天文观测结果之间的显著差异为突破口，深入研究地球内部和液核动力学，有望获得突破；地球表面流体层的运动、内部物理、核幔耦合等对地球自转的激发；普适的地球内部形状理论及其在地球自转理论中的应用；满足 GGOS 对未来精度要求的地球指向参数确定理论和预报方法。

2. 天球和地球参考系研究

在微角秒水平下天球参考系的建立过程中坐标原点及指向的定义与时间演化规律；新一代 Gaia 天体测量卫星资料处理、下一代 Gaia 天球参考架的建立及其与射电参考架的连接；太阳系 N 体系统的二阶后牛顿近似理论。

地球参考架的无整体旋转约束在整体平差方法中如何实现；基于实测资料的地球动态参考架构建和维持的理论与方法；ITRF 坐标基准非线性变化特征与监测；大气和电离层延迟的测定和研究；时变重力场与地球流体场的影响；中国大陆环境监测网络两期资料的综合处理和应用；中国区域地壳形变与运动特征和监测。

（二）应用研究方向：基于多技术并置联测，建立我国高精度 VLBI/SLR/GNSS 综合处理系统平台

基于多技术并置联测建立中国陆态网的基准网，其中涉及理论模型研究、硬件设备研制、处理软件研发、数据处理和结果定期发布这些工作。从构建和精化高精度 VLBI/SLR/GNSS 综合处理平台软件入手，对相关的归算算法和数据处理模型逐个研究和比较，不断提高解算精度，并揭示其中蕴藏的物理现象和可能机制。具体包括（但不限于）：建立满足国内外高精度需求的 VLBI

数据分析系统；建立多星 SLR 数据处理自动化软件平台和数据处理规范；建立实时 GNSS 数据处理中心，建成多星座系统整体数据处理软件；自主研发非线性、准毫米级地球参考框架综合解软件系统及相应的 ITRF 和 EOP 产品。

第六节 国 际 合 作

一、国际合作的现况

天文地球动力学学科发展的要求决定了它只能走国际合作的道路。联系密切的国际组织主要有：国际天文学联合会（IAU）、国际大地测量和地球物理联合会（IUGG）及其下属的国际大地测量协会（IAG）、国际地球自转与参考架服务（IERS）、国际 VLBI 服务（IVS）、国际激光测距服务（ILRS）、国际 GNSS 系统服务（IGS）、国际 DORIS 系统服务（IDS）等。国际上的著名研究机构主要有：美国的海军天文台（USNO）、美国国家航空航天局喷气推进实验室（JPL）、哥达得空间飞行中心（GSFC）和空间研究中心（CSR）、法国巴黎天文台（OP）、德国地球科学研究中心（GFZ）、日本国立天文台、俄罗斯天文与应用物理研究所（IAA）、比利时皇家天文台、波兰的空间研究中心等。

我国的相关机构和研究团组与上述组织和机构的联系比较多。如中国科学院上海天文台是 ILRS 和 IVS 的数据分析中心，与 IDS 分析中心和 IGS 也有较好的合作交流，与同行交流和合作非常频繁，近年来先后有两位工作人员在国际天文学联合会天体测量（C8）、地球自转（C19）专业委员会担任主席职务，并有多人在相关国际组织和专业委员会中担任执委。

中国的 VLBI 网在 IVS 中占有重要地位，经常性地参加 IVS 和欧洲 VLBI 网 EVN 组织的联测。中国 SLR 网属于 ILRS 中西太平洋网的重要分支，为国际激光测距网的重要成员。这些台站网络全面参与了各种全球联测并提供数据。中国科学院上海天文台 VLBI/SLR/GNSS/PRARE 并置站是全球极其稀少的各技术并置站之一，在全球测量网络中占有举足轻重的地位。从 20 世纪 80 年代初，中国科学院与美国国家航空航天局开展了国际合作并持续到最近，目前又在洽谈新的双边合作，其中与天文地球动力学相关的空间大地测量方面的合作由中国科学院上海天文台牵头。

二、国际合作的建议

我们需要继续保持和加强这些顺畅的国际合作，要为促进相关科学发展和技术进步服务。

目前在 VLBI2010 系统建设方面，欧美研制各自的系统，二者在建设质量标准、技术路线存在一定的差异。在我国开展 VLBI2010 系统建设时要深化国际交流，按照兼收并蓄、取长补短，综合考虑我国的 VLBI2010 台站建设。我国在该领域有长期的合作交流机制，欧美各国和我国相互之间在设备研制、技术能力方面有良好的互动，不存在技术壁垒问题，因此，这对快速提升我国 VLBI 技术能力是极其有利的。

在 SLR 技术及其应用方面，中国科学院国家天文台与阿根廷 San Juan 大学合作于 2005 年研制了一套 60cm 的卫星激光测距仪，台站建成后很好地填补了南美激光测距数据空白，对于卫星精密定轨具有重要意义。鉴于此次合作的成功经验，2012 年，中国科学院国家天文台与埃及国家天文与地球物理研究所（NRIAG）签署备忘录，达成进一步合作协议。为更好地服务于我国北斗导航系统，中国科学院上海天文台与俄罗斯空间宇航局就 SLR 台站互建进行了协商。另外，中国科学院上海天文台与捷克技术大学就探测器技术开展了技术合作，成功应用于我国导航卫星的时差测量，为后续我国自主星载光子探测器在航天器上的应用奠定了技术基础。为了进一步促进我国 SLR 技术的发展，未来 5～10 年有可能开展的国际合作有：中国与埃及在 SLR 领域上的合作，促使我国 SLR 技术进一步走出国门；借鉴国外先进 SLR 的技术优势，加快空间碎片激光测距、激光测月、行星际激光测距等技术的发展，提高我国航天飞行器安全保障，为我国深空探测任务及科学研究提供更精密的测距数据。

重力卫星 CHAMP 和 GRACE 的成功实施对我国大地测量学界来说既是机遇也是挑战，其机遇是我国应尽快吸取国外长期积累的卫星重力技术经验，建立我国卫星重力测量系统，推动我国空间、军事、地学、航空、电子、通信等科学领域的发展，为国民经济建设和社会发展服务；其挑战是我国在星载设备的研制、数据处理等方面还不成熟，必须借鉴国外现有技术及先进经验。

在天基 GNSS 无线电掩星探测技术及其应用方面，目前国际上几个主要 GNSS 掩星数据处理中心都有一批中国学者参与研究、推动国际 GNSS 掩星计划的开展。他们主要在掩星资料的科学应用上做了很多工作，但在掩星技术的核心领域，很少有中国学者的身影。通过开展掩星计划的国际合作，可以在掩星核心技术上获得突破。

在 InSAR 技术及其应用方面,作为一种新兴的空间对地观测技术, InSAR 参与的影响力较大的一项国际合作计划即"龙计划"。"龙计划"是中国科技部与欧洲空间局(ESA)共同支持的国际合作计划,由科技部国家遥感中心和欧洲空间局对地观测部共同负责实施,是目前我国在对地观测领域最大的国际合作项目。目前已执行了 9 年,完成了一期和二期的合作。该计划主要在地球观测应用研究、技术培训、学术交流和数据共享等方面开展合作,目标是建立一支中欧联合研究队伍,促进双方遥感技术水平的提高。"龙计划"三期为期 4 年,共设置 50 个合作研究项目,并将在延续此前合作模式的基础上,重点突出目前全球科学研究的热点,如地球系统科学和全球气候变化方面的内容。

第七节　保障措施

事在人为,一切的研究和工程项目都离不开人员队伍这一核心。目前在该学科领域的现状是基础研究人才匮乏,由于工作绩效考核政策导向,一部分人员转向工程项目,而基础研究因为出成果周期长等原因,研究队伍已渐趋薄弱。因此当务之急是尽快制定天文地球动力学或应用天文领域的人才发展长远计划,并辅以相关配套政策和措施,鼓励开展相关基础研究,同时加强人才培养和引进力度。

从项目任务和科研经费方面进一步加强对天文地球动力学研究的稳定支持力度。将基础研究和应用研究结合起来,以基础研究促进和服务于应用研究,以应用研究反哺基础研究,从长远发展考虑平衡双方的布局和利益。

支持我国的 VLBI2010 项目推进,在未来 4 年内严格按照 VLBI2010 标准在我国建设一整套(或以上)台站系统、相关处理中心和数据分析软件系统,这是保障我国在基本天文学及其应用学科方面的国际地位与后续发展的必不可少的条件;发展具有多种空间技术综合处理的能力和综合处理平台,它们是基础研究和应用研究的技术保障。

充分利用我国建设卫星导航系统、陆态网、VLBI2010 等工程的有利机会,全面促进天文地球动力学领域的跨越式发展。

致谢:本章作者感谢陈艳玲、郭鹏、韩延本、金双根、王广利、王小亚、张忠萍、周旭华、周永宏等提供了相关资料。

参考文献

[1] Plag H P, Pearlman M. Global Geodetic Observing System: Meeting the Requirements of a Global Society on a Changing Planet in 2020. Springer, Berlin, Heidelberg, August 2009.

[2] Graydon O. Sensing: Giant laser gyroscope detects Earth wobble, Nature Photonics, 2012, 6(12).

[3] Mathews P M, Herring T A, Buffett B A. Modeling of nutation-precession: New nutation series for non-rigid Earth, and insights into the Earth's interior. J. Geophys. Res., 2002, 107(B4).

[4] Schuh H, Kosek W, Kalarus M. The EOP PCC Team, Earth Orientation Parameters Prediction Comparison Campaign-first summary, EGU GA Vienna, Austria, 2008: 13-18.

[5] Chen J L, Wilson C R, Ries J C, et al. Report of the IAU Division I working group on precession and the ecliptic. Rapid ice melting drives Earth's pole to the east, Geophys. Res. Lett., 2013.

[6] Zuber M T, Smith D E, Watkins M M, et al. Gravity field of the Moon from the Gravity Recovery and lnterior laboratory(GRAIL) mission. Science, 2013, 399(6120): 668-671.

[7] Hilton J L, Capitane N, Charpont J, et al. Celest. Mech. Dyn. Astr., 2006, 94: 351-367.

[8] Schreiber K U, Velikoseltsev A, Rothacher M, et al. Direct measurment of diurnal polar motion by ring laser gyroscopes. Journal of Geophysical Research, 2004, 109: B06405.

[9] Altamimi Z X, Collilieux L. Métivie. ITRF2008: an improved solution of the international terrestrial reference frame. Journal of Geodesy, 2011, 85(8): 457-473.

[10] Capitaine N J, Chapront S L, Wallance P T. Expressions for the celestial intermediate pole and celestial ephemeris origin consistent with the IAU 2000A precession-nutation model, Astron. Astrophys., 400: 1145-1154.

[11] Huang C L, Dehant V, Liao X H, et al. On the coupling between magnetic field and nutation in a numerical integration approach, J. Geophys. Res., 2011, 116: B03403.

[12] Huang C L, Jin W J, Liao X H. A new nutation model of a non-rigid Earth with ocean and atmosphere. Geoghys.J.Int., 2001, 146(1): 126-133.

第八章
深空探测与导航

第一节　战　略　地　位

　　深空探测是指进入太阳系和宇宙空间的探测活动，而导航是指有关物体位置的确定，它们是基本天文学最重要的应用领域。这两部分既相互独立又有一定联系，深空探测离不开导航，导航为深空探测指引了方向，且导航不仅包含深空探测航天器的测定轨和定位，还包含航空、航海以及空间飞行器（如导弹、人造卫星）等地球空间目标的定位。深空探测包括太阳系内除地球以外的行星、卫星、小行星、彗星等的探测，以及太阳系外的银河系乃至整个宇宙的探测。通过深空探测，能帮助人类研究太阳系及宇宙的起源、结构、演化和现状，进一步认识地球环境的形成和演化，认识空间现象和地球自然系统之间的关系，从现实和长远来看，对深空的探测和开发具有十分重要的科学和经济意义。导航不仅包括深空探测所涉及载体的导航，也包括导弹、人造卫星和载人飞船等载体的导航，导航对我国国民经济、国家安全和科学研究等都有着举足轻重的地位，对我国的大国地位是非常有力的保障，其应用非常广泛，发展前景十分诱人，是代表一个国家高科技水平的标志之一。

　　深空探测是 21 世纪人类进行空间资源开发与利用、空间科学与技术创新的重要途径。20 世纪 60 年代至今，国际上先后发射了 250 多个行星际探测器，有发向月球的，也有发向金星、水星、火星、木星、土星、海王星和天王星等各大行星的，以及指向地球及周边环境的，通过这些深空探测活动所得到的关于太阳系的认识极大地超过了人类数千年来所获有关知识总和的千万倍，深空探测逐渐成为了世界各国航天领域的新热点。根据我国 2006 年公布的《航天白皮书》以及国家"十一五"规划，深空探测将会作为我国近 20 年来航天事业发展的主要内容，在成功实施月球探测的同时，适时开展火星探测将是我国未来深空探测的发展方向。随着空间探测技术的不断发展，小行星探测逐渐成为了深空探测的重要内容，开展小行星探测不仅有助于揭开太阳系起源与演化之谜，而且有助于促进空间科学与技术应用的发展，为新技术验证提供平台。近年来，世界主要航天大国逐渐掀起了小行星探测的热潮，多个国家和组织提出并制定了小行星探测的发展规划。

要顺利完成航天、航空、航海以及空间飞行器包括导弹、人造卫星等任务首要就是能够进行精确导航，确定其载体自身的位置、速度、加速度、航向甚至包括姿态等导航参数。目前不论是民用航空、航海导航还是军用的航空、航海侦查探测等任务对导航定位的精度、实时性、完好性、自主性、持续性和可用性提出了更高要求，因此需要进一步开展对航空、航海和航天飞行器导航定位的创新性研究，为我国的国家安全和国民经济的进一步发展做出贡献。目前，我国北斗卫星导航系统研发的成功为我国增加了一种独立自主卫星导航的强大手段，为进一步组合多种导航系统提供自主、实时、高精度服务创造了条件。

第二节 发展规律与发展态势

深空探测与导航领域的发展态势是随着人类对自然界认识的深入以及高科技技术（如人造卫星技术的发展）不断创新和扩大的，以满足人类社会不断发展的需求。

一、深空探测与导航技术发展的总体趋势

到 21 世纪初，人类已把各个波段的天文卫星送入太空，其中较大的有美国的伽马射线观测台、先进 X 射线天体物理设施、红外望远镜设施、哈勃空间望远镜 4 项，其中以"哈勃"空间望远镜最引人瞩目，这些空间天文观测站利用有关仪器设备执行着太阳系和宇宙的各种探索。同时，21 世纪深空探测还重点集中在月球探测、火星探测、水星与金星的探测、巨行星及其卫星的探测、小行星与彗星探测 5 个重点领域，其主要目标是发展行星科学和空

间科学与技术。它们的发展水平与空间测量技术的进步是紧密相连和相互促进的。1957 年，苏联发射了第一颗人造地球卫星，为天文学观测从地面进入空间奠定了基础，开启了人类深空探测的时代。对各类天体的探测也推动了空间技术的发展，如火箭技术、卫星技术、测量技术、通信技术和高精度成像技术等。而导航技术的发展呈现手段越来越多，景象越来越丰富，从实时性、高精度、自主性、完备性及多种导航技术的组合等方面不断完善和充实，同时还在为更远的深空探测发展新的导航手段。

二、深空探测与导航技术的发展历程

（一）深空探测发展历程

深空探测活动开始于 20 世纪 50 年代末，其典型代表是美国从 1961 年到 1972 年实施的"阿波罗"月球探测工程。到目前为止，国际上相继发射了 250 多个空间探测器（其中大多数是针对月球、火星与金星，约占 75%），分别对月球、火星、水星、金星、巨行星及其卫星、小行星与彗星进行了探测，基本涵盖了太阳系内的各类天体，特别是每颗大行星均有探测器到过，还有探测器在月球、火星和小行星上成功着落并开展了有效的探测工作，获得了众多科学新发现。未来一段时间内，由于人类社会发展的需求，月球、火星、小行星和彗星将是国际深空探测的主要对象。

1. 月球探测

20 世纪 50 年代末期，人类开始了月球探测之旅。1959 年 1 月 2 日，苏联发射了"月球 1 号"探测器。此后，又连续发射了"月球 2 号"和"月球 3 号"探测器，其中"月球 3 号"从月球背面的上空飞过，拍摄并向地球发回了约 70%月背面积的图片。这是首次获得月球背面图片，使人类第一次看到月球背面的景象。到 1976 年，苏联先后成功发射了 20 颗月亮（Luna）系列月球探测器，包括 1 次硬着陆、8 次软着陆（2 次释放月球车）、6 次环月探测以及 5 次月面采样返回。美国在 1962 年 4 月~1968 年 1 月间有计划地相继成功发射了 5 颗徘徊者（Range）系列撞月探测器、7 颗勘测者（Surveyor）系列落月探测器和 5 颗月球轨道器（Lunar Orbit）系列环月探测器。之后于 1968 年 12 月~1972 年 12 月期间发射了 8 颗阿波罗（Apollo）系列载人月球探测器，其中除了 Apollo 8 是载人环月探测器和 Apollo 13 由于氧气罐发生爆炸没能进行登月活动外，其余 6 颗均成功登月，带回了总重 380kg 以上的月球样品，并且 Apollo 11、Apollo 14、Apollo 15 在月球表面成功安装了月面激光反射器，为激光测月技术（lunar laser ranging，LLR）奠定了基础。自 1967 年，美国和苏联相继发射了 100 多颗月球探测卫星。

20 世纪 90 年代以来，由于在硬件和软件上较 20 年前都有了日新月异的变化，月球探测成功率也获得了极大的提高。1990 年，日本发射"飞天"号月球探测器。1994 美国发射了"克莱门汀号"（Clementine）月球探测器，"克莱门汀号"飞行 2 个月后绘制了当时最为详细的月球表面数字地形图。1998 年美国发射了低高度极轨道"月球勘探者"（Lunar Prospector，LP）探测器，"月球勘探者"是一颗构造简单的小型探测器（296kg），它的主要任务是对月球表面物质组成、南北极可能的水冰沉积、月球磁场与重力场进行研究。"月球勘探者"在飞行期间获得了有关月球结构、成分和资源的高质量科学数据。1999 年 7 月 31 日该卫星撞击靠近月球南极点的撞击坑结束其任务。Lemonioe 等综合了 Clementine 的 S 波段多普勒数据和历史观测数据，构建了 GLGM-2 月球重力场模型，Konopliv 等综合历史上的各类观测数据和"月球勘探者"的多普勒及测距数据，先后构建了一系列月球重力场模型，其中 LP165P 模型综合了"月球勘探者"后续低轨飞行的观测数据[12]。

进入 21 世纪以来，随着科学技术的进一步发展，更多的国家开始重视并推进深空探测的研究和进程，月球又成为了各国进行深空探测的首选站。2001 年 11 月，欧洲空间局各国部长批准了旨在对太阳系进行无人和载人探索的曙光计划。该计划将分为 5 个阶段完成，并计划于 2024 年实现载人登月。2003 年 9 月 27 日，欧洲成功发射了它的第一颗月球探测器——采用太阳能离子发动机的"智能一号"（SMART-1）探测器，标志着欧洲探月活动正式开始，"智能一号"2005 年 3 月进入预定的环月轨道，2006 年 9 月 3 日撞击月球优湖地区，在此期间取得了丰富的科学成果，该探测器采用了太阳能电火箭等多项新技术。2004 年 1 月 14 日，美国总统布什在美国国家航空航天局总部发表讲话，宣布美国将在 2020 年前重新把航天员送上月球，并将以月球作为中转站，向更远的太空进发。这次讲演的主要内容，被人们称为"美国太空探索新构想"，2005 年 9 月美国正式宣布启动重返月球计划。2007 年 9 月，日本赶在中国之前发射了"月亮女神"（Selenological and Engineering Explorer, SELENE）探测器，第一次获得了月球背面重力场的直接观测数据。同年 10 月，中国发射了"嫦娥一号"（Chang'e-1,CE-1）探测器，对月球空间环境、月面地形等进行探测。2007 年 11 月 6 日，中国第一颗探月卫星——"嫦娥一号"迈出深空探测第一步,抵达 38 万 km 外的月球。2013 年 1 月 5 日,"嫦娥二号"卫星深空探测成功突破 1000 万 km,标志着中国深空探测能力得到新的跃升。2013 年 12 月 2 日,"嫦娥三号"探测器发射成功,首次实现月球软着陆和月面巡视勘察,圆满完成着陆器和巡视器互成像实验。2008 年,印度发射了"月船 1 号"(Chandrayaan-1)探测器,"月船 1 号"上搭载的月球岩石测绘仪(Moon Mineralogy Mapper,M3)发现了 OH/H_2O 分子。2009 年美国同时发射了"月球勘测轨道飞行器"(Lunar Reconnaissance Orbiter,LRO)和"月球坑观测与遥感卫星"(Lunar Crater Observation and Sensing Satellite,LCROSS)两颗月球探测器。LRO 探测器在平均 50km 高度的极轨道上环月飞行一年,其主要目的是对月球表面地形进行测绘,为美国未来无人和载人登月任务寻找可靠的着陆点,目前 LRO 仍在运行,已经获得了大量的测量数据,得到了历史上精度和分辨率最高的月球地形模型,包括分辨率为 0.0625°(对应赤道区域约 1.89km)的月球格网 DEM 模型和 2050 阶次球谐函数月球 DEM 模型(空间分辨率约 2.66km)。LCROSS 任务的主要目的是证实在月球南极永久阴影陨石坑中是否存在水冰,并在存在水冰的前提下,对月壤中的含水量进行探测。LCROSS 到达月球后,进行了近 4 个月的绕月飞行以选择合适的撞击陨石坑。2009 年 10 月 9 日 LCROSS 撞击月球南极的 Cabeus 陨石坑,并成功获得了月球存在水的证据。2011 年 9 月重力恢复与内部结构实验室探测器(Gravity Recovery and Interior Laboratory,GRAIL)发射,GRAIL 由日地 L1 拉格朗日点的低耗能转换轨道前往月球,该任务使用两颗小型探测器 Ebb 和 Flow,类似地球 GRACE 探测器的测量方式,通过两探测器之间的激光测距系统,精密测定月球重力场和月面地形,对月球内部结构以及月球起源等问题进行研究。GRAIL 采用地球重力场探测计划 GRACE 的卫星-卫星跟踪测量模式进行高精度月球重力场模型探测,预期精度比日本 SELENE 计划得到的重力场模型提高 3 个数量级。GRAIL 于 2012 年 12 月 17 日撞击月球结束了使命。2012 年 12 月,美国国家航空航天局(NASA)利用 3 个月(3 月 1 日~5 月 30 日)的 GRAIL 星间测量数据(其测量精度为 0.02~0.05μm/s),反演得到了迄今为止最精确的 420 阶次的月球重力场模型 GL0420A[3-5]。

2. 火星探测

火星是距离地球最近的行星之一,它与地球有着许多相似之处,是地球以外人类最感兴趣、探测活动最为频繁的行星。自 1962 年苏联发射第一个火星探测器后,人类对火星的探测已成为空间探测的一大热点,苏联、美国、日本、俄罗斯和欧洲等国和地区先后发起了近 40 次的火星探测计划。

1960 年 10 月 1 日，苏联为了抢夺"率先探测火星"的纪录，试图向火星发射一颗探测器——"战神 1 号"，但是发射失败，随后的"战神 2 号"也发射失败。接下来，准备飞往火星的"人造卫星 22 号"、"火星 1 号"和"人造卫星 24 号"也都失败。此后，苏联的深空探测开始和"失败"二字紧密相连。到 1973 年，苏联还没找到去火星的途径。这一年，它又发射了 4 个"火星"系列探测器，但均遭失败。1988 年，苏联又发射了最后两颗探测器，也同样归于失败。之后，苏联解体，相当长时间，俄罗斯也没有触碰过火星。

1964 年 11 月，美国国家航空航天局（NASA）从"水手"计划中抽调"水手"3 号进行火星探测。这是美国首次发射的火星探测器，也以失败告终。1965 年，NASA 成功发射了第一个火星探测飞行器"水手 4 号"（Mariner 4），它于 1965 年 7 月 14 日抵达距离火星表面不到 9800 km 的地方，拍摄了 21 张火星照片，同时探测到火星大气压还不到地球的 1%，终结了所有"火星人"的科幻小说，"水手 4 号"取得了前所未有的成功[6]。1975 年 8 月和 9 月，美国"海盗"（Viking）1 号、2 号探测器相继发射，在 1976 年 6 月和 8 月先后进入火星轨道并分别于 7 月和 9 月在火星上成功着陆。通过对火星物质的检验，发现火星上存在生命的可能性几乎为零。不过，这次探测发现了一个日后风靡全世界的东西——火星人脸。"海盗"火星探测计划之后，NASA 预算逐渐吃紧，火星探测被迫停止 17 年。直到 1992 年重启火星探测，于 9 月发射了耗资 9.8 亿美元的"火星观察者"号探测器，但飞到火星后拍了一张黑白照片便失踪了，火星探索被迫再次中止，又搁置了 4 年。1996 年 8 月，NASA 科学家大卫·麦凯宣布，火星陨石 ALH84001 含有小虫子（微生物）化石，该陨石是美国国家自然科学基金会陨石搜寻小组成员罗伯特·斯科尔 1984 年在南极捡到的，这就是说，火星上有生命。NASA 顺势于当年发射了"火星全球勘测者"（Mars Global Surveyor, MGS）和"火星探路者"（Mars Pathfinder）探测器，恢复了对火星的探测，经过 7 个月的飞行，两个着陆器于 1997 年 7 月 4 日成功登上火星表面（一个固定位置，另一个可漫游），然后用遥控火星车进行了考察，它发回了蔚为壮观的火星全色全景照片，使人类对火星地表景观有了更直观的认识。同时，深入研究了火星气候，对火星岩石和土壤也有了初步了解，由此又掀起了一股以 NASA 为主角的火星探测热潮。2003 年 6 月 10 日和 7 月 7 日先后发射了"火星探险漫游者"（Mars Exploration Rovers），其着陆器"勇气"（Spirit）号和"机遇"（Opportunity）号火星车于 2004 年 1 月 3 日和 1 月 24 日先后登陆火星并正常行进和工作，发回了大量珍贵的地理资料和照片。"火星全球探测者"（Mars Global Surveyor）于1996年11月7日发射，1997年9月12日入轨并开始工作；"火星奥德赛号"（Mars Odyssey）于2001年4月7日发射；"火星勘察轨道器"（Mars Reconnaissance Orbiter）于2005年8月发射。2007年8月4日，美国"凤凰"号火星探测器发射升空，2008年5月抵达火星，"凤凰"号证实了火星地表下水冰的存在；"火星科学实验室"（Mars Science Laboratory）于2011年11月26日发射，其火星车"好奇"号目前仍在工作中。

1998年7月3日，日本发射"行星-B"火星探测器，最后入轨火星时失败。2003年6月2日，欧洲独立发射火星探测器"火星快车"（Mars Express），获得成功，同年12月入轨，并释放了"猎犬2号"（Beagle 2）登陆器。2011年11月9日，中国第一颗火星探测器——"萤火一号"探测器跟随俄罗斯的火星探测器"福布斯"飞赴火星，不幸的是，"萤火一号"火星探测项目由于俄方探测器控制失败而中止。

通过"火星全球探测者号"测量资料，获得了火星地质地貌图，建立了高精度重力场模型，推测出火星可能存在一个液体的核。[7-9, 10] "火星探路者号"对火星表面土壤或岩石进行了20多种元素成分和含量的分析，拍摄到了因风暴产生的尘埃在空中流动的现象，通过地表观测资料分析推断火星过去可能是温暖和湿润的行星。[11, 12] "火星快车号"在火星赤道附近发现大片氧化铁沉积层，探测到火星地表下有潮湿和较温暖空间存在的迹象，绘制出了火星极光图，对火星上曾经有河流存在的有关假说进行了进一步证实[13]。

3. 水星与金星的探测

在深空探测竞赛中，美国与苏联展开了针锋相对的深空探测竞争。美国国家航空航天局喷气推进实验室（JPL）开始对"徘徊者"月球探测器进行改造，制造出了"水手"系列行星探测器。1962年7月22日，NASA第一颗金星探测器——"水手1号"发射，携带探测器的火箭起飞后竟向不该飞的方向飞去，最后只能被美国空军摧毁了。2004年，美国发射"信使号"水星探测器，对距离太阳最近的行星进行细致的探索，搜集水星地质和大气组成方面的数据；2005年，欧洲发射"金星快车"探测器进行金星探测。

美国共组织过10次对金星的探测，而苏联进行了32次，欧洲航天局进行了1次。总体上来讲，苏联获得了较多的金星成果。

4. 巨行星及其卫星的探测

美国"伽利略号"发现了小行星 Ida 的卫星 Dactyl，首次发现了木卫一（Io）和木卫三（Ganymede）有内在磁场，根据这些观测资料推断出木卫二（Europa）可能存在一个大约 10km 厚的内部海洋，特别是在其坠落木星大气过程中测量到了 57min 0~22bar 的大气速度变化值，极大地提升了人们对木星大气的了解程度[14]。美国"旅行者 1 号"首次发现木卫一上的火山活动，探测到土星环的复杂结构，并发现了土卫六拥有浓密的大气层。1997 年，欧洲和美国联合发射"卡西尼-惠更斯"土星及土卫六探测器，"卡西尼-惠更斯号"探测器探测到了土星大气中会发生很强的闪电和飓风现象，发现了土卫二上间歇泉喷发出的物质中含有液态水的证据，探测到土星 G 与 E 环之间仍存在一个行星环，首次证明在土卫六的北极附近存在碳氢化合物的湖泊，发现了土星 4 颗新的卫星和大气赤道带环流速度在明显变慢（从 1996 年的 400m/s 到 2004 年的 275m/s）。2006 年，发射"新视野"号探测器，目标是行星冥王星及更远的太阳系边缘，但该探测器还在赶路时，国际天文学联合会就开除了冥王星的"行星"资格。"新视野"号速度飞快，现已经飞越木星。

5. 近地小行星和彗星探测

美国是世界上最早开展小行星探测，也是探测小行星数最多的国家。早在 1991 年和 1993 年，美国的伽利略计划在前往木星的途中就探测了小行星 Gaspra 和 Ida，近距离探测了两个小行星的大小、形状和陨击坑特征。1996 年美国发射的"近地小行星交会探测器"（NEAR）是第一颗实现受控软着陆小行星的探测器，也是第一个专用的近地小行星探测器。1998 年"深空 1 号"验证了适合未来深空和行星际飞行的先进技术，包括离子推进、自主光线导航以及太阳能电池等。

1978 年 12 月 12 日，欧洲和美国联合发射了国际慧星探索号（The International Cometary Explorer），又叫 ISEE-3 号，飞越哈雷彗星，探测了太阳风。1985 年 7 月 2 日，发射了 Giotto，再次探测哈雷彗星。1985 年，日本先后发射了"先驱"号和"行星-A"两颗探测器，探测了哈雷彗星和太阳风的关系。1990 年，欧洲和美国联合实现"哈勃"太空望远镜升空，"尤利西斯"太阳探测器发射成功，着重对太阳两极进行近距离观测。1995 年，美国与欧洲合作发射"SOHO"太阳探测器，着重对太阳活动和日地空间环境的研究，天文爱好者常用"SOHO"的图片搜寻小行星或彗星。1998 年，美国发射"深空 1 号"彗星探测器，该探测器第一次使用离子发动机，既轻便又持久，它先后探测了小行星 1992KD、威尔逊-哈林顿彗星、博雷利彗星。1999 年，美国发射"星云"号彗星采样返回探测器，该探测器耗时 5 年，终于在距离地球 3.8 亿 km 的太空中与"怀尔德-2"彗星尾部"相撞"，获取了彗星尘土样品，并于 2006 年 1 月返回美国，它将帮助研究太阳系起源问题。2001 年，美国发射"起源"号太阳风探测器，该探测器用高纯度蓝宝石、硅、金和金刚石等制成的收集装置，于发射三个月后采集太阳风粒子样本，2004 年 9 月返回美国。2002 年，美国发射"等高线"彗星探测器。2003 年日本发射的隼鸟号（MUSES-C）小行星探测器，在两颗小卫星失败的情况下，母星自控降落，一度与地球丧失联系，控制人员宣布任务失败，后来又奇迹复活，破天荒地取到了小行星样本，并于 2010 年返回地球，降落在澳大利亚，完成了地球借力飞行及与小行星交会、着陆和采样等任务，成为世界上第一颗成功实施小行星取样返回任务的探测器。"隼鸟"号取得的成就还包括利用耗能低的离子引擎和电离氙气喷射提供动力，实现了长距离运行、近距离地拍摄小行星照片和小行星结构研究以及从小行星上抓取岩土样本等，但是对样本的研究目前尚未有重大科研进展消息传出。2003 年，美国发射"星系演化"探测器，对银河系以外的天空进行第一次紫外线测量，对宇宙中的若干星系的演化进行研究。2004 年欧洲空间局发射的"罗塞塔"（Rosetta）彗星探测器上携带的着落器 Philae，已于 2014 年 11 月 12 日被释放到彗星 67P 上。2005 年，美国发射"深度撞击"号彗星探测器并释放撞击器，成功与"坦普尔-1"彗星相撞，利用撞击掀起的彗星物质进行研究，之后母船继续飞往另一颗名叫"坡辛"的彗星。2006 年，日本和美国合作，发射"日之出"太阳探测器。2007 年，美国发射黎明号小行星探测器，将对盘踞于火星和木星之间的小行星带，尤其是谷神星和灶神星两颗最大的小行星进行探测，以研究 45 亿年前太阳系早期的情形和演化过程。美国、日本等国家还制定了后续的小行星探测计划。美国已于 2016 年 9 月 8 日发射了 OSIRIS-REX 探测器，对小行星 1999RQ36 开展取样返回探测，而日本在"隼鸟"成功实施后，计划实施"隼鸟-2"，对 1999JU3 进行取样返回。2010 年美国更是提出了太空探索新政策，计划于 2025 年实现人类首次登陆小行星，这样可以快速、经济地实现地月系以外的载人探索。

近地小行星和彗星探测与危险评估是太阳系探测研究的重要内容，这类天体总数估计在几万颗以上，目前已经发现的不到 1000 颗。研究表明直径大于 200m 的近地天体撞击地球的事件平均每 47 000 年发生一次，近年来也多次发现小行星在月球距离或更近的距离上掠过地球。目前已知的碰撞危险程度最高的 3 个小行星是 2004VD17、2004MN4 和 1997XR2。目前，国际上对近地小天体探测除了使用地面观测设备外，还使用了空间探测手段，如美国 NEAR、欧洲空间局 ROSETTA 和日本 Hayabusa 深空探测项目等。当前，更高精度观测设备和更多观测时间投入是近地小天体探测研究的核心问题。

（二）导航技术发展历程

导航技术早期主要靠目视和天文星表导航。20 世纪 20 年代开始发展仪表导航，飞机与轮船上有了简单的仪表，靠人工计算得出飞机或者轮船的位置。30 年代出现无线电导航，首先使用的是无线电信标和无线电罗盘。40 年代初开始研制超短波的伏尔（VOR）导航系统和仪表着陆系统。50 年代初惯性导航系统开始用于飞机导航。50 年代末出现多普勒导航系统。60 年代开始使用远程无线电罗兰 C 导航系统，作用距离达到 2000km。为满足军事上的需要还研制出塔康导航系统，后又出现伏尔塔克导航系统及超远程的奥米伽导航系统，作用距离已达到 10 000km。70 年代以后发展了全球定位（GPS）系统，其发展态势是精度越来越高，应用越来越广，实时性和完好性不断增强，可用性和连续性逐步提高。目前应用在航空、航海以及空间飞行器的导航技术主要包括传统的无线电导航、惯性导航、天文导航、多普勒导航、卫星导航、组合导航、军用导航以及针对空间飞行器所特有的多种空间技术导航。

1. 传统的无线电导航

传统的无线电导航主要是利用无线电发射台（信标台）发射出的电波引导飞机沿规定的航线，在规定时间到达目的地，利用无线电电波的传播特性可测定飞行器的导航参数（方位、距离和速度），算出与规定航线的偏差，再由驾驶员或者自动驾驶仪操纵飞行器消除偏差，以保持航线，它是一种非自主性导航。我国目前正在使用的主要有两类，一类是无方向信标，也叫中波导航台，英文缩写为 NDB；另一类是甚高频全向信标 VOR 和测距仪 DME 组成的系统，其中 VOR 和 DME 常配套使用，提供飞行器方向和距离信息，从而确定飞行器的位置。中波导航台准确性低且容易受天气影响，但它价格便宜、设备结实耐用，所以很多中小机场和发展中国家的多数机场还在使用，我国西部地区的机场也在使用这种系统。DME 配合 VOR 导航系统能保证飞机安全有秩序的飞行，但是建设 DME-VOR 航路费用很高，只能在中心城市之间或中心城市到一般城市之间设立航路，无法在大洋等无人区等地建设。

2. 惯性导航

惯性导航是通过测量飞行器的加速度（惯性），并自动进行积分运算，获得飞行器瞬时速度和瞬时位置数据的技术。组成惯性导航系统的设备都安在飞行器内，工作时不依赖外界信息，也不向外辐射能量，不易受到干扰，是一种自主式导航系统。目前主要分为两类:平台式惯导系统和捷联式惯导系统。惯性导航系统的导航精度与地球参数的精度密切相关，高精度的惯性导航系统须用参考椭球来提供地球形状和重力的参数。由于地球密度不均匀和地形变化等原因，地球各点的参数实际值与参考椭球求得的计算值之间往往有差异，并且这种差异还带有随机性，这就是重力异常，从而导致导航精度降低。而重力梯度仪能对重力场进行实时测量，提高地球参数，解决重力异常问题，从而可提高惯性导航的精度。

3. 天文导航

天文导航是根据天体来测定飞行器位置和航向的导航技术。天体的坐标位置和运动规律是已知的，测量天体相对于飞行器参考基准面的高度角和方位角就可算出飞行器的位置和航向。天文导航系统是自主式系统，不需要地面设备，不受人工或自然形成的电磁场的干扰，不向外辐射电磁波，隐蔽性好，定向精度高，定位误差与时间无关，航空和航天的天文导航都是在航海天文导航的基础上发展起来的。航空天文导航跟踪的天体主要是亮度较高的恒星，而航天中则要用到亮度较弱的恒星或其他天体。天文导航可分为单星、双星和三星导航。单星导航由于航向基准误差大因此定位精度低。双星导航定位精度高，在选择星对时，两颗星体的方位角差越接近90°，定位精度越高。三星导航常利用第三颗星的测量来检查前两次测量的可靠性，在航天中，则用来确定航天器在三维空间的位置。常用的航空天文导航仪有星敏感器、天文罗盘和六分仪等，其近年来在飞机、导弹、航天飞机和卫星上得到了广泛应用，并由于电荷耦合器件（CCD）的使用，为其小型化和精度的提高创造了条件。

4. 多普勒导航

多普勒导航系统是利用多普勒效应测定多普勒频移从而计算出运载体当时的速度和位置，实现无线电导航，它由脉冲多普勒雷达、航向姿态系统、导航计算机和控制显示器等组成。1955 年，军用飞机开始采用多普勒导航，此后，长距离、跨洋航行上也采用这种导航系统。20 世纪 70 年代后又出现了多普勒导航系统与其他系统结合的组合导航系统。其优点是无需地面设备配合工作，不受地区和气候条件的限制，运载体的速度和偏流角测量精度高，缺点是运载体的姿态超过限度时，多普勒雷达因收不到回波而不能工作，定位误差随时间推移而增加，且多普勒雷达工作与反射面状况有关。

5. 卫星导航

现代的卫星导航是采用导航卫星对地面、海洋、空间用户进行导航定位的技术，它由导航卫星、地面台站和用户设备 3 部分组成。目前主要有美国的 GPS、俄罗斯的 GLONASS、中国的北斗和欧盟的 GALILEO 系统等，统称全球卫星导航系统 GNSS（Global Navigation Satellite System），可用卫星数目超过 100 颗，其精度可达厘米级。卫星导航综合了传统导航系统的优点，真正实现了各种天气条件下全球高精度被动式导航定位，不但能提供全球和近地空间连续立体覆盖、高精度三维定位和测速，而且抗干扰能力强，和传统的陆基无线电导航系统比较，GNSS 卫星导航是一个全球范围的导航系统，具有潜力支持从航路飞行一直到近地着陆和地面引导，但还满足不了精度、完好性、可用性和持续性等性能要求，只有在各种增强系统的支持下，才能满足飞行各阶段的要求。因此，在各种增强系统的支持下，GNSS 可以提供无缝导航引导系统，可供航天器在不依靠其他导航系统的前提下在各个飞行阶段使用。它的缺陷是系统完好性、可用性、服务的连续性和精度不足，系统实时性难于保证，缺乏国际统一管理和标准。为了使 GNSS 在支持航空飞行的所有阶段，克服其缺陷，可发展广域增强系统和差分系统。GNSS 在航空导航中可以灵活地选择一条短捷航路，不会受到地面是否建台的限制，实现了随机导航的思想，估计在今后 10 年左右将取代传统的无线电导航系统。

6. 组合导航

组合导航是利用惯性导航、无线电导航、天文导航、卫星导航等系统中的两个或几个组合在一起，形成的综合导航系统。由于每种单一导航系统都有各自的独特性能和局限性，把几种不同的单一系统组合在一起，就能利用多种信息源，互相补充，构成一种有多余度和导航准确度更高的多功能系统。大多数组合导航系统以惯导系统为主，其原因主要是由于惯性导航能够提供比较多的导航参数。还能够提供全姿态信息参数，这是其他导航系统所不能比拟的。组合导航是 21 世纪导航技术发展的主要方向之一，新的数据处理方法，特别是卡尔曼滤波方法的应用是产生组合导航的关键。卡尔曼滤波通过运动方程和测量方程，不仅考虑当前所测得的参量值，而且还充分利用过去测得的参量值，以后者为基础推测当前应有的参量值，而以前者为校正量进行修正，从而获得当前参量值的最佳估算。当有多种分系统参与组合时，就可利用状态矢量概念。组合导航实际上是以计算机为中心，将各个导航传感器送来的信息加以综合和最优化数学处理，然后进行综合显示。

7. 军用导航

军用导航是针对导弹等武器的特别要求而建立的导航系统，主要有微波着陆系统（MLS）、差分 GPS（DGPS）、环形激光陀螺捷联式惯性导航系统、INS/GNSS 组合导航系统、地形辅助导航系统、联合战术信息分发系统（JTIDS）和定位报告系统（PLRS），具有自主性的惯性导航和组合导航仍是其发展的主要趋势，但提出了更多的要求，主要包括要求导航系统的电子对抗能力、高于敌方的导航信息精度、实时性、自主性、高动态、大区域导航的功能。

8. 空间飞行器多种空间技术导航定轨

空间飞行器多种空间技术导航定轨主要是利用空间飞行器较大，可以搭载多个导航定轨载荷，如海洋测高卫星通常搭载 GPS、SLR、DORIS 等设备，从而可以通过多个不同手段进行测量定轨来确定卫星的位置速度甚至姿态等。

总体而言，传统无线电导航由于技术落后，今后主要作为 GNSS 卫星导航服务故障时的候补。例如，2006 年美国有 NDB 信标台 1126 个，DME 和 VOR 合装 105 个，全向信标 VOR 1036 个。日本 2003 年有 59 个 NDB，由于它的精度不高，且不支持区域导航，已经按计划逐步淘汰。天文导航经常与惯性导航、多普勒导航系统组成组合导航系统，这种组合导航系统具有很高的导航精度，适用于大型高空远程飞机和战略导弹的导航，如天文/惯性导航系统可为惯性导航系统状态提供最优估计和进行补偿，从而使得一个中等精度和低成本的惯性导航系统能够输出高精度的导航参数。卫星导航将成为导航技术发展的主要方向，其发展趋势是实现全球连续、实时、高精度和自主导航，降低用户设备价格，研制多模导航接收机，处理多个卫星导航系统数据，提高定位精度和系统完好性，建立导航与通信、海陆空交通管制、授时、搜索营救、大地测量、空间天气和气象服务的综合卫星系统。

第三节　发展现状

一、深空探测发展现状

在天文领域，我国从事深空探测的单位主要包括中国科学院国家天文台、中国科学院紫金山天文台、中国科学院上海天文台、中国科学院国家空间科学中心以及南京大学和中国科学技术大学等，分别从事月球地貌和化学组成、太阳以及空间环境、行星科学、小天体动力学及演化、宇宙演化等相关领域的研究。中国科学院紫金山天文台在哈雷彗星回归、彗木相撞事件、海尔-波谱彗星、狮子座流星群等研究方面取得了一些重要成果，在小行星和彗星观测研究成绩突出，发现了很多颗这类小天体，特别地，中国科学院紫金山天文台已在盱眙观测基地建成了 1.04/1.20 m 近地天体望远镜，专门用于搜索发现近地天体。中国科学院上海天文台开展行星内部动力学基础研究已有数年，在理论和大规模数值模拟研究方面取得了若干新进展，获得了国际同行的关注。中国科学院国家天文台在月球探测领域取得了丰富的成果，中国科学技术大学地球与空间物理系行星磁层研究小组已在等离子体对流机制研究方面取得了国际关注的研究成果，南京大学在深空探测轨道设计与分析方面也处于国内领先水平。

我国的深空探测活动始于探月工程的实施。至今，我国已成功发射 4 颗月球探测卫星。2007 年 10 月 24 日，我国首颗绕月探测卫星"嫦娥一号"在西昌卫星发射中心顺利升空。2009 年 3 月 1 日，"嫦娥一号"在经历了 494 天的飞行后受控撞月，为我国探月一期工程画上圆满句号。2010 年 10 月我国"嫦娥二号"探测器成功发射，"嫦娥二号"任务的主要目的是对月球局部地区（虹湾）进行高精度成像，为我国后续月球探测器的落月任务提供高分辨率的地面环境资料，并且为今后的深空探测测控轨技术积累经验。"嫦娥二号"还实施了平动点飞行与小行星探测试验任务。2012 年 4 月 15 日，"嫦娥二号"完成平动飞行试验后，再次实施小行星探测试验任务，这是中国小行星探测的开端。2013 年 12 月 13 日，"嫦娥二号"飞越小行星 Toutatis，并成功实施拍照，获取了 Toutatis 的第一幅近距离光学图像，也使中国成为第 4 个开展小行星探测的国家。小行星探测为新技术的验证提供了良好的平台。小行星探测呈现出以下的特点和趋势：①小行星探测已经从飞跃和伴飞探测发展到表面软着陆和采样返回探测；②为了实现探测任务产出最大化，一次任务进行多目标探测；③由无人探测向载人探测发展；④小行星探测任务与新技术演示验证相结合。随着小行星探测开展的深入，面临的主要问题包括：①小行星探测轨道设计；②深空通信技术；③轨道确定与控制技术；④自主导航技术；⑤自主取样技术。

2007 年，中国国家航天局与俄罗斯联邦航天局在俄罗斯共同签署协议，双方确定于 2009 年（后推迟至 2011 年）联合对火星及其卫星"火卫一"进行探测，中国负责研制"萤火一号"（YH-1）火星探测器，俄罗斯的福布斯Phobos-Grunt 探测器将搭载中国的一颗用于探测火星环境的探测器"萤火一号"（YH-1）。"萤火一号"探测器将自主地对火星的空间环境进行探测，并与福布斯探测器联合完成对火星环境的掩星探测，研究火星电离层的变化特性、大气层的物理特性（如温度气压垂直分布等）。但是"萤火一号"火星探测项目 2011 年由于俄方探测器控制失败而中止，目前我国正在推进我国独立自主的火星探测工程。

中国科学院国家天文台是我国"嫦娥一号"工程"科学应用系统"的主持单位，利用我国探测器携带的激光高度计测量数据，成功地绘出了完整月球三维地形图。中国科学院上海天文台参加了"嫦娥一号"工程并承担和完成了相关的 VLBI 测定轨任务，并计划执行"萤火一号"轨道测定科研任务。中国科学院空间中心在我国探月工程、地球空间双星探测计划和多颗应用卫星的有效载荷方面开展了富有成效的工作，也是我国"萤火一号"火星探测器科学应用负责单位。我国首次火星探测工作，将在火星大气、引力场等方面开展具体研究工作。

与国际上相比，我国所进行的深空探测在技术领域取得了较大成就，但取得的科学成果（特别是原创性科学成果）还略显不足，其原因可能是从事深空探测科学研究的人员相对不足，在诸如人才和经费等政策上支持力度不够以及我国深空科学探测起步晚等。

二、导航技术发展现状

由于传统无线电导航面临淘汰，这里不再论述。自 20 世纪 70 年代后期以来，国内开展探讨适合国情的卫星导航系统体制研究，先后提出过单星、双星、三星和 3～5 星的区域性系统方案，以及多星的全球系统设想，并考虑到导航定位与通信等综合运用问题，但是由于种种原因，这些方案和设想都没能得以实现。20 世纪 80～90 年代，我国结合国情，科学、合理地提出并制订自主研制实施"北斗"卫星导航系统（BDS）建设的"三步走"规划：第一步是试验阶段，即用少量卫星利用地球同步静止轨道来完成试验任务，为"北斗"卫星导航系统建设积累技术经验、培养人才，研制一些地面应用基础设施设备等，于 2000 年 10 月 31 日、12 月 21 日和 2003 年 5 月 25 日中国成功将 3 颗"北斗一号"导航定位卫星送入太空，组成了完整的卫星导航定位系统，可以确保全天候、全天时提供卫星导航信息，其三维定位精度约几十米，授时精度约 100ns；第二步是到 2012 年，计划发射 10 多颗卫星，建成覆盖亚太区域的"北斗"卫星导航定位系统（即"北斗二号"区域系统），继 2007 年 4 月和 2009 年 4 月第一、第二颗"北斗二号"卫星成功发射后，目前已发射了 16 颗"北斗二号"卫星，组成区域性、可以自主导航的定位系统，定位精度几米，授时精度 10ns；第三步是到 2020 年，建成由 5 颗静止轨道和 30 颗非静止轨道卫星组网而成的全球卫星导航系统。目前正处在从区域向全球导航系统的过渡阶段，正在为实现第三步进行预研和准备，为此需要在研究 GPS、GLONASS、GALILEO 的同时，改进我们的导航系统，实现导航系统的现代化，保持我国导航系统处于世界先进水平。目前经过区域导航系统的建设已经形成了相当规模的研究队伍、技术和软件储备、工程项目管理和研制的一系列规范和经验，具有相当的硬件研制条件和计算机工作站设备，二代预研项目也有相应的经费支持，支持解决其中的一些关键技术攻关，目前的北斗定位精度已与 GPS 相当，但是还需研制和不断发展我国的卫星导航技术，特别是在多种导航技术融合方面需要进行突破。

尽管 GNSS 系统可以取代大多数无线电导航系统，但 GNSS 系统仍然是非自主性的导航系统，因此单纯依靠卫星导航不能连续提供运载体的位置与速度信息，运载体不具有自主导航的能力。为此，在各大 GNSS 系统中如 GPSII R、GPSII M 以及 GLONASS K，增加了星间链路功能来提高卫星导航的自主性，欧洲的 GALILEO 和我国的北斗导航系统也制定了自主导航发展规划。目前 GPS 星座可每小时自主计算卫星轨道和卫星钟差，能够为用户提供自主运行 180 天 URE 好于 6 m 的服务。我国导航系统的自主导航仍处于模拟仿真和试验阶段，多数自主导航研究集中在星座整体旋转的消除以及处理算法的研究上，目前尚无针对自主导航的全面、系统的研究，需要进一步完善和发展稳定、可靠、高效的自主定轨算法，解决自主导航面临的 3 种特有的科学问题（星座整体旋转、地球自转和极移），提高卫星导航系统自主导航的效率和精度。

另外，我国还自主发展了中国区域卫星定位系统（CAPS），它是不同于经典卫星导航系统（如 GPS、GLONASS、BDS 和 GALILEO）的一种转发式区域卫星定位系统，导航信号由地面生成，经卫星转发，实现定位和授时功能。其特点：①空间部分由同步轨道（GEO）卫星（可租用商用通信卫星频道）和 2～3 颗倾斜轨道（IGSO）卫星组成，以很少卫星组成的系统达到区域覆盖，显然这是最理想的区域导航系统的空间段结构，继 CAPS 之后，正在构建中的日本和印度区域卫星定位系统也采用类似的构建；②CAPS 发播导航信号采用转发形式，卫星上不需要配备高精度原子钟，避免研制星载原子钟的技术瓶颈，所有卫星转发的系统时间均由主控站同一台原子钟产生，避免了高精度时间同步的困惑；③虚拟钟技术采用主控站的实时观测结果把信号从地面时刻实时归算到卫星天线出口处的发射时刻，相当于在各个卫星上放置了严格意义时间同步的原子钟，虚拟钟这种差分观测方法，极大地降低了星历误差的影响，使得中国区域卫星定位系统具有广域增强的功能；④采用国家授时中心提出的基于双向观测原理的转发式卫星测轨方法，测轨系统的测距信号生成和信号测量在地面进行，地面站有自校正系统实时修正仪器误差，双向观测消除钟差对卫星测轨的影响，因此系统具有很高的观测精度，测轨站在局域分布不利的情况下，仍能达到很高的卫星轨道精度，解决了 GEO 卫星精密定轨的难题，满足 CAPS 导航系统对高精度卫星轨道的需求。

目前我国在技术方面已经具备条件进行创新研究和发展我国新一代导航技术的能力，不仅为军用和民用的近地空间飞行器导航和定轨，也可为我国深空探测如月球和火星探测等进行导航和测定轨。新一代导航技术主力应该是天地一体卫星导航技术，对特殊用户，还需考虑导航系统的自主性和结合其他导航系统如天文导航、惯性导航等形成更好的组合导航，达到高精度、实时性强、完好性和可用性好、自主性和持续性强，为此还需进行大量研究工作。

三、基本天文学在深空探测与导航上的应用发展现状

1. 探月工程地面应用系统和 VLBI 测轨分系统

中国科学院国家天文台负责我国探月工程地面应用系统，利用位于北京和昆明的 50m 和 40m 口径天线（与 VLBI 测轨分系统共用），接收探测器下传的各种载荷数据，并开展科学研究。目前已经利用"嫦娥一号"和"嫦娥二号"搭载的激光高度计及高分辨率相机数据得到了高精度全月地形图，"嫦娥三号"和"嫦娥 ST1"探测器搭载的各种有效载荷数据也正在处理中。

中国科学院上海天文台在我国探月工程中负责 VLBI 测轨分系统的工作，参与了"嫦娥一号"、"嫦娥二号"、"嫦娥三号"/"嫦娥 ST1"系统总体设计和指标论证，自主研发了月球探测定轨定位综合软件，配合测控系统的测距测速测控网，出色完成了"嫦娥一号"、"嫦娥二号"、"嫦娥三号"/"嫦娥 ST1"卫星的测轨任务。中国科学院上海天文台是我国目前三家月球和深空探测定轨定位中心之一，负责综合利用测轨数据对探测器进行定轨定位，在"嫦娥三号"任务中，负责控前 3h，控后 1h，控后 3h 以及每天的常规定轨工作，也负责着陆器和巡视器的月面定位工作，着陆器定位精度优于 100m，巡视器相对定位精度高达米级，定轨定位精度大幅度优于工程技术指标。

2. 卫星导航信息处理系统

中国科学院上海天文台利用天体力学和天体测量等知识及长期 GPS 数据处理经验和软件储备，负责北斗二代卫星导航信息处理系统的研制工作，包括卫星导航系统的精密时间同步、精密轨道确定、电离层改正模型、广域差分和完好性等信息处理内容，主要涉及卫星导航的数据处理分析方法研究和软件研制。作为北斗二代试验卫星信息处理系统的建设者，根据我国卫星导航系统的特点，设计了 GEO/IGSO/MEO 混合星座多种精密定轨方法相结合的定轨方案，突破了 GEO 卫星定轨难、精度低，卫星零偏航状态精密定轨等多项技术难题。负责星地星间联合精密定轨方法、高精度时间同步处理等多项关键技术攻关，设计了基于星地星间链路的联合精密定轨与时间同步处理方案，上述工作有效保障了北斗二代卫星导航系统的高精度运行。

另外，中国科学院国家天文台、中国科学院国家授时中心、中国科学院上海天文台、中国科学院紫金山天文台等是建设 CAPS 导航系统的主要单位，无论是从前期论证还是系统软硬件建设，我国的基本天文学家都是主要承担者。因此，利用基本天文学知识和有关积累服务于我国卫星导航事业是我国基本天文学的主要应用领域之一，由此还可服务于利用卫星导航进行近地空间飞行器定位定轨，如中国科学院上海天文台主持了我国风云三 GPS 定轨软件的研制等。目前中国科学院上海天文台和中国科学院国家授时中心等基本天文研究者还承担着 10 多项有关我国卫星导航重大专项二期预研攻关课题，这些将为我国全球卫星导航系统的建设和性能的提高奠定坚实的基础并发挥重大作用。

3. 深空探测任务规划、轨道设计与测定轨

无论是近地空间探测卫星（如海洋卫星、风云卫星）还是深空探测器（如

登月探测器、火星探测器）都需要进行任务规划，设定科学目标，研究相应应该和可能搭载的载荷，同时根据需要进行飞行器轨道设计，确定导航的手段和技术，进行数据模拟测试，确定飞行器轨道，为实践中的空间飞行器探测任务服务。中国科学院国家天文台、中国科学院紫金山天文台、中国科学院上海天文台、南京大学等单位是我国深空探测科学任务规划的主要单位，南京大学等天文单位也是我国深空探测轨道分析与设计的重要单位。中国科学院上海天文台早在 20 世纪 90 年代中就主持完成了航天部的"登月探测器轨道设计方法研究"，开创了我国登月探测器轨道设计的新局面，填补了我国在此领域的空白。中国科学院上海天文台在首次火星探测"萤火一号"计划中提出了充分利用"萤火一号"的轨道特点，开展火星重力场测量及内部结构的研究，被采纳为"萤火一号"计划的四个科学目标之一；中国科学院上海天文台还为上海微小卫星工程中心"863"项目，针对不同类卫星基于探测和成像的需求，设计了太阳同步卫星轨道，满足对顺光、监视范围和效率及有利于卫星系统设计等的要求；近年来，中国科学院上海天文台为北京航天中心载人航天项目进行了基于 Kalman 滤波的星载 GPS 测量、DORIS 测量、SLR 测量、USB 测量、中继卫星测轨等独立和联合实时定轨方法研究，研制了多种测量数据实时自主测定轨软件，随着测量精度的进一步提高，模型还需进一步细化，特别是利用中国科学院上海天文台承担的重大专项课题精密定轨所需卫星的关键参数精确标定所建立的光压等模型和有关电离层大气研究成果等模型，测定轨精度将会有较大提高；中国科学院上海天文台负责我国探月 VLBI 和 USB 联合测定轨，负责我国"萤火一号"轨道的测量与确定工作，而我国后续探月工程将从目前单一的卫星扩展到轨道器、上升器、着陆器、返回器等多个探测器，未来火星探测、月球及行星际干涉合成孔径（InSAR）卫星编队等空间科学项目均可包含多个探测器，其测定轨复杂性将大幅度提高，完成对深空多目标探测器的快速高精度测量和测定轨工作，完成月球和深空探测中的多探测器联合定轨，将有利于提高交会对接等关键弧段的定轨精度。

4. 航空、航海以及空间飞行器导航

我国基本天文学工作者不仅承担了我国卫星导航系统的大脑信息处理系统和深空探测测定轨工作，而且也活跃于我国近地空间飞行器的测定轨和导航工作。例如，中国科学院上海天文台承担了我国海洋卫星的 GPS/DORIS/SLR 数据精密定轨和风云三 GPS 定轨工作，定轨精度与国际水平相当。研制了

GPS/GLONASS/BDS 等多模数据测定轨软件和多模数据定位软件，其成果已开始应用于我国航空、航海以及空间飞行器包括导弹导航定位。中国科学院上海天文台与西安测绘研究所共同研制了卫星自主导航仿真与处理软件。同时，研究了空间飞行器的多普勒实时自主定轨精度分析，又与中国科学院国家授时中心一起研究了脉冲星导航，这些为我国自主导航、组合导航、军用导航和深空探测导航手段的选择等奠定了基础[15-20]。

5. 深空探测与导航资料分析处理和应用研究

高精度深空探测与导航资料的获取和分析处理是深空探测与导航科学成果的基础。深空探测资料主要来自①空间探测器轨道和位置测量，主要测量技术有测距、测角、测速、行星表面定位等；②科学有效载荷测量，主要测量技术有光学及红外成像、光谱测量、雷达测量、干涉测量、星间链路无线电和激光测量、高能粒子探测，磁强度测量、无线电掩星测量等。这需要根据具体的探测计划和载荷来进行深空探测与导航资料的获取和分析处理。

高阶次高精度的重力场模型有利于探测器的精密定轨，而且天体重力场反映了天体内部质量分布的不均匀性，与月震、月磁、火星磁场等其他地球物理数据的空间分布局限性相比，重力场信息可以实现全球覆盖。结合高精度地形模型，可以对月球和火星内部构造特征与撞击坑盆地演化过程进行研究，确定月球和火星壳幔密度界面（月壳及火壳厚度），为月球与火星演化提供重要的约束信息。当今国内外深空探测任务的大力开展，为提高月球和火星重力场模型阶次与分辨率提供了良好的契机，我国基本天文学研究者已开始研究建立自己的月球和类地行星重力场模型。

中国科学院国家天文台、中国科学院上海天文台等已经根据我国探月工程数据开展了综合多个月球探测器的激光测高数据研究月球地形，中国、日本和美国的多颗月球探测器均装有激光测高设备，综合应用可以提高月球数字地形模型的精度和分辨率，相关处理方法可以拓展到火星和其他行星地形研究中。

第四节　发展目标与建议

一、发展目标

深空探测与导航技术的总体目标是利用基本天文学理论与知识为探索和

利用空间资源（包括能源、轨道资源、环境资源和天体矿物资源），扩展生存空间，探索太阳系和宇宙（包括生命）的起源和演化，为人类社会的可持续发展和我国国家安全服务。目前，国际深空探测主要集中在月球探测、火星探测、水星与金星的探测、巨行星及其卫星的探测、小行星与彗星探测 5 个重点领域，其主要目标是发展空间科学，探测和研究行星起源、形成以及演化，探测行星的物理与化学特征，寻找行星上水冰存在的证据，探测太阳系形成初期的物质元素组成，探索行星与人类未来的关系等。围绕上述科学目标，未来国际深空探测的主要对象是月球、类地行星（特别是火星）、小行星和彗星。为此建议未来 5～10 年，在中国科学院上海天文台、中国科学院紫金山天文台、中国科学院国家天文台、中国科学院国家空间科学中心以及南京大学、北京大学、中国科学技术大学和北京师范大学等科研院所和大专院校基于国内外月球、类地行星（特别是火星）、小行星和彗星的研究成果，建立深空探测联合攻关团队，对我国深空探测科学任务设计、深空探测导航技术、轨道设计分析和有效载荷等进行深入研究，在深空探测领域取得原创性重大成果。在导航技术方面：一方面要发展支持深空探测需要的各种导航手段，如高精度天文导航、新型天地一体卫星导航系统、组合导航技术等；另一方面要发展支持卫星导航系统自主运行技术，同时探索新的卫星导航系统理论和方法，如转发式卫星定位系统（如 CAPS）等。

二、发展建议

根据国际深空探测与导航的发展趋势，结合我国目前科研和工程实际水平，凝练提出我国未来深空探测与导航围绕以下重点发展方向开展工作：

（一）深空探测科学任务规划、轨道设计与测定轨

围绕我国深空探测主要目标月球、类地行星和小行星探测计划以及我国近地空间飞行器进行任务规划和科学目标凝练，为我国已制定的在 2020 年前实现"绕月飞行、软着陆探测、取样返回"的月球探测发展计划和我国自主的火星和金星探测计划等服务，为我国近地科学探测卫星和侦查卫星计划服务。我国深空探测主要有：

（1）月球探测。月球是距离地球最近的太阳系天体，通过对其探测可以帮助了解其形成和演化历史。

（2）类地行星探测。火星和金星是太阳系中与地球最相似的行星，与地

球相距也不远，它们是太阳系中除地球之外可能存在生命的行星。

（3）小行星与彗星探测。绝大多数小行星位于火星和木星轨道之间的小行星主带，由于受多种因素的影响，有些小行星的轨道发生了变化，一部分小行星迁移到小行星主带的内侧，与地球的轨道很接近，有的甚至穿越了地球轨道，与地球发生碰撞。这些都预示着探测月球、类地行星和小行星具有重要的意义，为此，需围绕着这些探测进行科学任务规划、轨道设计与测定轨研究。

（二）航空、航海以及空间飞行器导航

1. 导航技术新理论和新方法研究

主要是研究卫星导航、天文导航（包括光学、红外天文以及脉冲星导航）、自主导航、组合导航、军用导航和多种空间技术综合导航的新理论和新方法，解决其中的关键技术问题，建立适合不同需求的航天、航空、航海、空间飞行器等导航方法和系统，如建立适合我国未来月球、类地行星、小行星和彗星探测计划的导航理论、方法和测量手段。

2. 导航技术评估手段和评价体制建立

根据不同的导航系统建立相应的导航技术评估手段和评价体制，针对不同导航用户需要，以确定最佳的导航系统，满足我国航空、航海和航天计划的需要。

3. 导航数据处理软件系统和平台建设

建立相应的卫星导航、天文导航（包括光学、红外天文以及脉冲星导航）、自主导航、组合导航、军用导航和多种空间技术综合导航软件，为发展新一代导航技术试验系统进行技术储备和系统建设提供参考。

（三）深空探测资料分析处理和应用研究

1. 深空探测资料分析处理

包括深空探测资料获取和预处理、测量数据系统误差分析、测量数据融合、实时数据分析处理等。

2. 月球和类地行星重力场解算

解算月球重力场模型的同时可以求解二阶项月球洛夫数 $k2$。月球洛夫数

表征了月球对地球和太阳潮汐效应的弹性反应，其中以 $k2$ 最为显著。综合月球惯性矩与 $k2$，基于地球物理反演理论，可以估计月核大小、状态及成分等特征。月核的上述特征是了解月球当前内部热状态、发动机历史及其起源和演化的必要条件。

由于火星大气中的 CO_2 随着季节性的冷凝和升华，在两极和赤道带之间进行全球大尺度的环流，导致大气层与地面发生质量和角动量的交换。由于是全球尺度的，它对重力场的影响也主要集中在长波分量（低阶项）。从对绕火星运行的 3 颗卫星（MEX, MGS, Mars Odyssey）计算表明，重力场的随时间变化这部分引起卫星轨道的变化量已达到甚至超过对这些飞行器的轨道确定精度，从而可以被观测到。这些时变重力场解中已包含有季节性质量变化项，它们与火星全球大气循环数值模型（GCM）和其他实验研究等能较好地一致。火星大气的循环与火星电离层、空间磁场等空间环境直接相关。如果能进一步提高低阶时变重力场系数的精度，从而可以确定大气与冰盖之间的交换（约 1/4 大气参与这个过程），并对火星大气循环模型进行比较、检验和约束。

金星和地球也有较多的相似之处，基于金星重力场信息获得的金星形成成因、演变和构造等科学信息将有助于认识并研究地球的起源、发展和演变史，从而提升人类对太阳系、银河系以及宇宙起源和演变历史的认知。由于金星具有非常稠密的大气，因此连大型望远镜也难看清金星表面的真面目，考虑到金星比较独特的性质，如自转和稠密的大气等特点，因此对金星的深空探测有助于揭开金星的神秘面纱，如金星内部是否有液体核、金星液体海洋是否存在、金星表面地貌情况如何、金星大气是否存在生命和金星逆向自转是如何形成的问题。

3. 高精度月球和类地行星地形模型建立

月球/火星或者类地行星的形状（可用月球地形表示）是描述月球/火星的基本参数，是深空探测的重要科学目标之一，另外，高精度的地形模型对于着陆任务具有重要的支持作用，因此，高精度月球和类地行星地形研究是深空探测与导航的重要应用领域。对有些类地行星探测如金星地形的探测中，由于金星大气层包裹着厚厚的云层，对金星拍照就无法获得金星表面精细的地貌结构，为此，在任务规划和载荷设计时，可以设计在金星大约 15km 高度上放置气球或飞艇，携带高清晰度照相机来拍取金星表面精细结构，为建立高精度的金星地形模型提供数据。

4. 月球和类地行星空间定向探测和确定

月球和火星等类地行星在空间存在类似于地球的岁差、章动和极移，对其自转轴在空间定向的探测和确定，对了解其运动特点和内部结构等具有重要意义。如在火星岁差和章动以及自由极移的研究中，有许多因素是不确定的，诸如极惯量矩系数 $C/MR2$ 、流变学参数在火星内部的分布、火星核的大小和性质、火星二阶洛夫数的取值等。目前不同的学者采用不同的方法得到的非刚体火星章动模型互有差异，尚无一套公认的火星岁差章动模型。进一步澄清这些不确定因素，空间探测无疑是最有效的手段，空间探测的结果既包含了太阳、火星卫星和其他天体对火星的作用，也反映了火星内部的物理活动，因而是各种客观存在的因素的综合反映。

5. 试验和开发小行星与彗星探测的航天新技术

小行星和彗星包含了太阳系形成初期的原始物质，它们是研究太阳系形成和演化不可缺少的天体。同时探测其目前的轨道，可以评估其撞击地球的危险性。小行星的重力场很弱，深空探测器的设计要求将与探月器和火星飞船有很多不同之处。目前，全世界对小行星的探测工作还处于初级阶段，有很多技术是开创性的，有待于进一步试验和完善。比如深空探测器的自主导航系统，宇宙飞船在太空飞行时，必须准确地确定其空间位置和轨道飞行方向，这就要求适合的导航技术进行导航定位。

（四）小行星探测计划

在未来 20 年乃至更远的时间内，我国小行星探测的科学目标将主要围绕着太阳系内原始天体进行探测，即开展对小行星、彗星、矮行星、柯伊伯带天体、火星卫星、巨行星的不规则卫星和原始天体的样本——陨石和行星际尘埃等的探测研究。因为这些天体不仅记录了关于太阳系形成和早期历史的独特信息，有助于解释其他恒星周围的碎片盘，而且对于理解太阳系原始有机物起源和地球的生命起源，对于保护地球的生物圈和环境气候等有着重要的科学价值和现实意义。

我国小行星探测以飞越、伴飞与附着等探测方式，对近地小行星进行整体性探测和局部区域的就位分析，其总体科学目标主要包括：

（1）通过飞越探测，获取小行星的整体形貌、大小、表面特征等科学数据；通过伴飞探测，测量小行星的形状、大小、表面形态、自转状态等基本性质，绘制小行星的地形地貌图，建立其形状结构模型，研究其自转状态动力学演化、约普效应和表面形态成因；通过长时间伴飞和附着探测，获取小行星整体和局部形貌、矿物含量、元素种类、次表层物质成分、空间风化层、内部结构等信息，研究小行星的形成和演化史。

（2）通过巡航段的空间环境探测，研究行星际太阳风的结构和能量特征；通过伴飞和附着探测，获取小行星临近空间环境参数，研究太阳风对小行星表面的空间风化作用。

具体而言，在首次自主小行星探测任务中发射 1 颗探测器，拟对 3 颗对地球有潜在威胁的近地小行星进行探测，依次为 12711 号、99942 号和 175706 号。

我国近地小行星深空探测任务的科学目标为：①评估近地小行星撞击地球的可能性——精确测定小行星运行轨道，探测其特性，为规避小行星撞击地球提供科学依据；②研究小行星的形成和演化——探测小行星形貌、表面组分、内部结构、空间风化层和临近空间环境，获取太阳系早期信息，为太阳系起源与演化提供重要线索；③探索生命的起源——探测小行星的有机物、水等可能的生命信息，深化生命起源的认识。

通过对 99942 号长时间伴飞探测，测量其形状、大小、表面形态与自转状态等基本性质，绘制其地形地貌图，建立其形状结构模型，研究其自转状态动力学演化、约普效应和表面形态成因；通过对 175706 号的长时间伴飞和附着探测，获取其整体和局部形貌、主要矿物含量、元素种类、次表层物质成分、空间风化层、内部结构等信息和可能的生命信息，研究太阳系早期信息和生命起源。通过伴飞和附着探测，获取 99942 号和 175706 号邻近空间环境参数，研究太阳风对小行星表面的空间风化作用。

小行星任务的探测内容和具体指标分别如下：

（1）12711 号：在距离 1000km 处拍摄整体形貌，分辨率优于 10m。

（2）99942 号和 175706 号：伴飞的探测内容和指标——在小于 100km 的距离处，进行高分辨率成像，分辨率优于 1m。 在小于 30km 的不同距离，探测表面矿物组成与元素种类，在 900～2200nm 谱段的光谱分辨率为 15nm，在 1700～3000nm 谱段的光谱分辨率为 25nm，在 0.3～10 MeV 伽马谱段的能量分辨率为 3.61%，探测 K、Th、Fe 等；探测内部结构和物质分层，探测深度 1km，分辨率 10 m。探测临近空间环境。

附着的探测内容和指标——在附着位置进行区域形貌探测，分辨率优于 1cm；开展区域物质就位分析，在 0.3～10MeV 伽马谱段的能量分辨率为 3.61%，探测 K、Th、Fe 等；次表层就位取样探测，精确分析多种大分子化合物以及物质组成比例。

该探测任务科学目标具有特色，建议拟搭载的有效载荷有：多波段相机、全景相机、穿透雷达、红外光谱仪、伽玛谱仪、有机组分分析仪、离子能谱成像仪等。

经费估计（人民币）：探测器费用为 20 亿元，航天发射费用为 3 亿元，有效载荷费用为 5 亿元。

第五节　优先发展研究方向

针对月球、火星等类地行星、小行星和彗星等深空探测计划，结合国际天文学、空间科学发展趋势和我国深空探测与导航发展现状，确定以深空探测科学任务设计和导航新方法研究为主要目标，优先发展与深空探测科学任务相对应的轨道分析、设计与优化以及导航定轨理论、方法与技术，并开展深空探测资料分析处理和应用研究。以基本天文学的应用发展带动我国深空探测的发展，在深空探测科学任务规划、轨道设计与导航定轨理论方法研究以及深空探测资料分析处理和应用研究领域，打造在国际上有影响的中国深空探测与导航科研团队。

同时，针对我国社会发展对导航技术的需求，以建立我国独立自主的卫星导航系统为核心，结合国际导航技术发展的趋势，以天地一体卫星导航系统的理论与方法为主，重点发展满足近地与深空，通信与导航相结合的卫星导航系统以及相关的天文导航（包括光学、红外天文以及脉冲星导航）、自主导航、组合导航技术，建立起适应我国经济社会发展的多种重要导航技术，打造在国际上有影响的以基本天文学为依托的导航科研团队。

一、深空探测科学任务规划、轨道设计与测定轨

深空探测科学任务规划、轨道设计与测定轨是天文学的传统优势领域，也是天体力学与测量学科的主要研究内容之一。深空探测是反映一个国家综合实力的航天活动，除了能带动一个国家的航空航天等领域的技术进步外，其科学成果的产出是评判其成功与否的最重要标志。为此需进行下列研究：

（1）科学任务规划。利用天文学的基本研究方法和手段结合其他空间科学等学科，综合对深空探测进行科学目标设计与分析，围绕原创性的科学研究成果进行深空探测的科学任务规划，并对相应的科学探测仪器进行原理设计。

（2）轨道设计与优化。利用天体力学与测量以及人造卫星轨道理论等基本天文学研究成果，针对具体深空探测和近地空间飞行器任务进行轨道分析和设计，实现有关科学目标和任务的轨道及载荷设计。

（3）空间飞行器测定轨。首先需研究广义相对论框架下的精细太阳系非线性动力学模型和时空参考系及其转换问题，这是深空探测轨道设计的基础；其次，航天器轨道动力学模型的精化，这是提高深空探测轨道精度的关键；最后，深空探测飞行器测轨技术研究，除了重点发展已用于我国探月的地基VLBI，探讨其他导航技术用于深空探测的可能和精度如自主的 DORIS 测量、天文导航、行星际激光测量、天基 VLBI 测量的可能等，提高深空探测航天器的轨道确定精度。

二、航空、航海以及空间飞行器导航

（1）多模卫星导航技术。卫星导航目前已经有 GPS、GLONASS、BeiDou、GALILEO、CAPS 系统，每个单独系统在精度、可用性、完好性等上都有所欠缺，且这些系统目前几乎都不能支持深空探测导航的需要，同时这些系统的自主运行能力也不令人满意。因此卫星导航系统领域的发展一方面需要能融合多个卫星导航系统的功能，提高导航性能，这就需要进行多模接收机研制、多模数据定位处理软件的建立（包括相位数据）、定位结果的误差分析和多模接收机的改进；另一方面需要发展同时满足近地和深空导航需求的天地一体卫星导航系统理论与方法以及融合通信与导航技术的卫星导航系统（如CAPS），这是本领域优先发展方向。

（2）天文导航技术。天文导航是利用天体的信息来进行导航的，本领域优先发展方向除了传统的利用恒星可见光的导航方法外，基于深空的特殊环境，发展利用红外谱段的深空红外导航技术也是本领域的优先发展目标。同时，脉冲星导航技术作为未来最重要的航天导航手段，值得大力研究与发展。为此，一方面要大力开展脉冲星观测研究，建立更加完善的脉冲星数据库；另一方面加强脉冲星导航的理论体系研究并发展相应的实验验证技术。

（3）组合导航技术。为了进一步提高导航精度和可靠性，需研究利用卫星导航、天文导航、惯性导航、SLR、DORIS 等独立定轨和综合定轨原理和方法，分析其组合导航结果差异和可能机制，在此基础上建立组合导航算法，探讨不同导航系统组合对导航定位结果的影响，研究其适用性，建立针对不同导航用户选择导航方式的标准和规范。

（4）军用导航技术。根据国家安全的需要，研究卫星导航、DGPS、红外导航、脉冲星导航、INS/GNSS 组合导航的系统原理和方法；发展环形激光陀螺捷联式惯性导航系统、微波着陆系统（MLS）、地形辅助导航系统、联合战术信息分发系统（JTIDS）和定位报告系统（PLRS）的导航原理和方法；探讨不同导航技术在军事应用中的特点和其适用性；建立针对不同军事需求的导航规范。

三、深空探测资料的分析处理和应用研究

（1）深空探测资料分析处理。高精度的深空探测资料处理是深空探测科学成果的基础，而其资料在分析处理时涉及测量数据系统误差分析、测量数据融合、实时数据处理分析等，为此需要开展有关资料的分析处理研究和综合方法的探讨。

（2）月球和类地行星重力场解算。月球和行星重力场反映了月球和行星内部物质的分布，高精度重力场测定可以提供关于月球和行星的壳和幔物理特征的有用信息。在均衡补偿假设下，结合重力场和高精度月球与行星地形数据可以确定壳的厚度，并进而研究月球和行星壳厚度的地理差别及其演化意义。

（3）月球和类地行星地形模型研究。利用中国、日本和美国多颗月球探测器的激光测高资料，综合应用提高月球数字地形模型的精度和分辨率，并把相关处理方法拓展到火星和其他类地行星地形研究中。

（4）月球和类地行星空间定向探测和确定。研究测定月球和火星等类地行星空间定向的方法，利用已有资料进行检验验证，并与国际结果进行比较。

（5）试验和开发小行星与彗星探测的航天新技术。基于深空探测科学目标，结合小行星与彗星探测的特点，研究其导航原理与方法，确定空间位置和轨道飞行方向，为开展我国小行星与彗星探测计划奠定基础。

第六节 国际合作

一、国际合作的现状

中国科学院和美国国家航空航天局签订了合作协议，其中中国科学院上海天文台负责与美国国家航空航天局进行空间测量数据的处理和应用，利用

亚太空间地球动力学计划（APSG）发起者、主持者的身份进行探月、深空探测、导航特别是卫星导航、天文导航等应用研究和合作，并与德国 GFZ 进行了长期合作和学者交流，进行有关空间飞行器定轨和导航软件研制及其应用研究。同时，中国科学院上海天文台是国际激光测距服务计划（ILRS）的主要成员，是国际地球自转服务计划（IERS）的 SLR、VLBI、LLR 数据处理中心，开展了激光测月和行星际激光国际合作研究及 VLBI 数据分析研究，也是国际 GPS 地球动力学服务计划（IGS）的主要成员，与美国导航学会（ION）有多年的学术交流，是欧洲 VLBI 观测网（EVN）和 ILRS 国际激光网的主要成员。南京大学在天体力学与测量领域和国际同行保持着密切合作，并多次组织国际学术会议，中国科学院国家天文台、中国科学院紫金山天文台等单位也都在相关领域与国外相关单位保持着良好的合作关系。

但是在深空探测与导航领域，我国还存在不足，主要是：缺乏原创性的科学目标；探测器跟踪测量与导航技术能力还达不到国际先进水平；探测器科学测量设备的精度与国际同类设备相比仍有差距；深空探测资料的分析处理和科学应用研究水平还有待进一步提高。克服这些不足处理要立足自身科技发展的进步，同时需更加积极地开展国际合作交流。

二、国际合作的发展

在深空探测与导航领域，可以首先开展科学研究领域的国际合作；其次，可与外国或组织合作开展卫星项目合作研发和多种空间技术综合定轨研究，积累经验，从近地空间飞行器项目研究逐步走向深空探测与导航的合作；再次，与俄罗斯、欧洲空间局等开展火星等的深空探测研究，增强与友好国家的深空探测合作；最后，参与国际近地小天体探测计划，加强观测数据库的建立，充分利用国际探测资料，积极开展空间科学前沿问题的国际合作研究，特别是在月球、火星和小行星探测数据分析和科学应用等方面的研究，提升深空探测以及相关应用研究的深度。

第七节　保障措施

深空探测与导航技术是多学科综合，根据基本天文学的特点，发挥在本领域的作用非常重要。提出新思路、新方法，进行创新性研究，开展我们国家新一代深空探测与导航系统的研究。其保障措施是：首先，在已有深空探测与导航技术成果的基础上，基于已有的计算机硬件、通用软件和处理平台等，展开深空探测与导航系统的基本理论与方法研究，重视将高科技研究成果与国家战略需求相结合，利用已有积累和成果进行科学创新和技术革新。其次，培养后备人才，制定深空探测与导航领域的人才发展长远计划，建立相关配套政策和措施，加大人才培养和人才引进力度。通过参与深空探测与导航国家重大项目，培养基本天文学在应用领域的复合人才和领军人才，促进我国深空探测与导航技术的全面可持续发展。

致谢：本章作者感谢胡小工、黄勇、陈艳玲、黎健等提供了相关资料。

参考文献

[1] Carranza E, Konopliv A, Ryne M. Lunar prospector orbit determination uncertainties using the high resolution lunar gravity models. Astrodynamics Specialist Conference, 1999.

[2] Konopliv A S, Asmar S W, Carranza E, et al. Recent gravity models as a result of the Lunar Prospector mission. Icarus, 2001, 150(1): 1-18.

[3] Mazarico E, Rowlands D D, Neumann G A, et al. Orbit determination of the lunar reconnaissance orbiter. Journal of Geodesy, 2012, 86(3): 193-207.

[4] Zuber M T, Smith D E, Watkins M M, et al. Gravity field of the Moon from the Gravity Recovery and Interior Laboratory (GRAIL) mission. Science, 2013, 339(6120): 668-671.

[5] Konopliv A S, Park R S, Yuan D, The JPL lunar gravity field to spherical harmonic degree 660 from the GRAIL Primary Mission, Journal of Geophysical Research, 2013, 118(7): 1415-1434.

[6] Born G H, Christensen E J, Ferrari A J, et al. The determination of the satellite orbit of Mariner 9. Celestial Mechanics, 1974, (9): 395-414.

[7] Lemoine F G R. Mars: The dynamics of orbiting satellites and gravity model development. Doctor Dissertation. University of Colorado at Boulder, 1992.

[8] Smith D E, Sjogren W L, Tyler G L, et al. The Gravity Field of Mars: Results from Mars Global Surveyor. Science, 1999, 286(94): 94-97.

[9] Yuan D N, Sjogren W L, Konopliv A S, et al. Gravity field of Mars: A 75th Degree and Order Model. Journal of Geophysical Research, 2001, 106(10): 23377-23401.

[10] Konopliv A S, Yoder C F, Standish E M et al. A global solution for the Mars static and seasonal gravity, Mars orientation, Phobos and Deimos masses, and Mars ephemeris. Icarus, 2006, 182: 23-50.

[11] Acuna M H, Connerney J E P, Wasilewski P, et al. Magnetic field and plasma observations at Mars: initial results of the Mars Global Surveyor Mission. Science, 1998, 279: 1676-1680.

[12] Acuna M H, Connerney J E P, Ness N F, et al. Global distribution of crustal magnetization discovered by the Mars Global Surveyor MAG/ERExperiment. Science, 1999, 284: 790-793.

[13] Folkner W M, Yoder C F, Yuan D N, et al. Structure and Seasonal Mass Redistribution of Mars from Radio Tracking of Mars Pathfinder. Science, 1997, 278: 1749-1751.

[14] Atkinson D H, Andrew P I, Alvin S, et al. Deep winds on Jupiter as measured by the Galileo probe. Nature, 1997, 388: 649, 650.

[15] Downs G S. Interplanetary Navigation Using X-ray Pulsating Radio Source. NASA Technical Reports N74-34150, 1974, 10: 1-12.

[16] Chester T J, Butman S A. avigation Using X-Ray Pulsars NASA Technical Reports, N8127129, 1981: 22-25.

[17] Wood K S. Navigation Studies Utilizing The NRL-801 Experiment and the ARGOS Satellite Small Satellite Technology and Applications III, Ed. B. J. Horais, International Society of Optical Engineering (SPIE) Proceedings, 1993, 1940: 105-1.

[18] Ray P S, Wood K S, Pritz G, et al. The USA X-ray Timing Experiment. X-ray Astronomy: Stellar Endpoints, AGN, and the Diffuse X-ray Background, American Institute of Physics (ALP) Proceedings, V01.599.1 Dec, 2001: 336-345.

[19] Pines D J. X-ray source-based navigation for autonomous position determination program. DARPA/TTO 571-218-4439. USA.

[20] Sheikh S I. The Use of Variable Celestial X-ray Sources for Spacecraft Navigation. Ph. D. Thesis University of Maryland, 2005.

第九章
人造天体动力学与空间环境监测

第一节 战略地位[1-11]

一、人造天体动力学

人造天体是基本天文学的研究对象之一。区别于自然天体，人造天体是指航天活动中发射的各种人造卫星和火箭，以及由于碰撞、解体、遗弃等产生的空间碎片等。伴随着 1957 年苏联发射第一颗人造地球卫星，人类正式迈入了航天时代，大量的人造天体被送入太空，成为天文学研究的一个新对象，进而从传统天体力学中衍生出一个新的分支学科——人造天体动力学。它主要研究人造天体绕中心天体（地球、月球、行星、太阳等）的运动特征和动力学规律，如卫星动力学模型、轨道编目与识别、轨道确定和预报方法、轨道长期演化规律等。

人造天体动力学是航天工程和空间科学的基础。因为所有航天活动都是建立在精确掌握航天器运动轨道的基础上的，尤其是对地观测和导航等科学应用卫星，还需要研究精密轨道计算方法。在航天活动和空间任务的驱动下，伴随着观测手段的丰富和测量精度的提高，人造天体动力学已经成为基本天文学的重要学科之一。

二、空间碎片监测

空间碎片（space debris）是人类航天活动的产物，包括完成任务的火箭箭体和卫星本体、火箭的喷射物、在执行航天任务过程中的抛弃物、空间目标解体以及碰撞产生的碎片等。空间碎片监测通过大批量观测，以人造天体动力学运动理论为基础，开展空间碎片跟踪、搜索和编目技术。

为保持航天活动的可持续性，对空间碎片的监测具有重要的基础性意义。因为长期的航天活动产生了大量的空间碎片，给航天器的发射、返回、在轨运行等造成了不容忽视的影响。在对空间碎片持续监测与编目的基础上进行碰撞预警，可以保障在轨航天器，特别是载人航天器的安全；而监测大型无控航天器的陨落，可以规避人类社会遭受的潜在风险；为了国际合作的需要，进行空间目标的碰撞和解体分析正是执行空间法的基础。因此对空间碎片的监测和编目，既是空间大国的使命，同时也是一种重要的国家资源。

三、近地小行星的监测

小行星属于太阳系小天体，是围绕太阳运行的岩石或金属天体。国际上一般把轨道近日距小于 1.3 天文单位的小天体称为近地天体（小行星和彗星）。

从科学角度看，对小行星的观测研究，可以为研究太阳系的起源和演化提供重要线索。通过研究小行星的大小分布、轨道族群分布、光变曲线和光谱结构，可以深入了解小行星的外部动力学演化和内部物理结构演化等规律。此外，通过观测小行星的轨道，可以对太阳系的大行星质量进行精确测定，并为归算和改进黄道、天球赤道等天文参考系提供观测基础。

从现实安全看，近地小行星是地球环境和人类社会的一个潜在威胁。近地小行星与地球碰撞，虽是一个低概率事件，但在人类历史上已多次发生，给地球环境和人类社会造成了极大灾难。我国作为航天大国，应该对近地小行星的威胁给予足够的关注，参与到近地小行星监测的国际合作中，迅速提升我国近地小行星探测、研究和预警的能力。建立有效的近地小行星监测预警系统，避免来自太空的威胁成为迫在眉睫的任务。

第二节 发展规律与发展态势[1-11]

一、人造天体动力学的发展

（一）发展历程

1957 年苏联第一颗人造卫星的发射成功，标志着人造天体动力学首次得到成功实践。人造天体运动理论是以太阳系天体运动理论为基础逐步发展起来的，其运动方程和研究思路，与传统的太阳系天体运动理论基本相同。

根据牛顿力学，可以给出由中心引力和摄动力组成的人造天体运动方程。如果不考虑摄动因素，仅由中心引力决定的人造天体的运动为二体问题，该方程存在解析解，人造天体的运动轨道一般是以地球为中心的椭圆。如果考虑了复杂的摄动因素，运动方程可通过分析方法或者数值方法求解。

在人造天体运动的分析以及半分析理论中，一般采用开普勒根数来描述轨道变化与摄动力之间的关系，动力学方程有拉格朗日形式和正则形式等。进一步地，把轨道根数的变化区分为：长期变化、长周期变化和短周期变化，提出了平均根数、密切根数等定义。结合各种摄动因素的表达式，可以解出特定摄动力引起的长期、长周期和短周期摄动，从而得到任意时刻轨道的密切根数，这就是人造天体动力学要解决的基本问题。

研究早期，考虑的摄动比较简单，一般只包括地球引力场的低阶带谐摄动。在摄动函数展开时，常把地球引力场系数 $J2$ 的影响定义为一阶小量，其他摄动按量级归算为二阶量、三阶量等。求解时，也需将轨道根数的长期变率，长周期项，短周期项展开，分成一阶摄动，二阶摄动等求解。包括一阶周期项和二阶长期项的摄动理论，称为一阶运动理论；包括二阶周期项和三阶长期项的摄动理论，称为二阶运动理论。这些统称为平均根数的摄动理论。在平均根数摄动方程中往往存在偏心率 e 和轨道倾角 i 等于 0 时的奇点，在理论和实践中都存在着无法回避的困难。因此人们研究了无奇点根数的摄动理论。对于平均根数的摄动理论，还有临界倾角的问题；对于地球引力场的田谐摄动，还有卫星运动和地球自转的共振问题。此外，如果不以采用二体问题的椭圆轨道为基础，而是以研究其他可积系统为基础，这就需要研究中间轨道理论。

（二）发展趋势

随着计算技术的发展，数值方法在人造天体轨道计算中得到了广泛的应用。高精度的航天任务，往往需要人造天体的精密运动理论，此时就需要研究地球引力场、高层大气模型、海洋潮汐模型的精密表达和测定；反过来，通过开展高精度的航天任务，也能为人们认识引力场、高层大气、海洋潮汐、地球电离层、磁层等提供新的信息，这是当前国际上的研究热点之一，例如欧美推动的重力卫星计划（CHAMP，GRACE，GOCE 等），显著提高了地球引力场系数的测定精度。

经过多年的研究，人造天体运动理论问题取得了很大的进展。对于各种摄动，建立了许多精密的动力学模型，得到了可以满足基本精度要求的解，人造天体运动理论在卫星导航、卫星测地等方面得到了广泛的应用，取得了很多科学成果。

二、空间碎片监测的发展

（一）发展历程

从 1957 年第一颗人造卫星上天起，就开始进行空间目标（碎片）的监测和编目。早期编目是通过轨道积累，逐步建立编目数据库的，监测设备一般是单目标观测设备。随着空间目标（碎片）的增加，编目数据库也不断增大，从而对探测效率和能力提出了更高的需求，这时就研究了针对空域的多目标观测设备。此外，在监测距离上看，已经从低轨道扩展到中高轨道。

由于空间碎片的威胁日益凸显，开展空间碎片监测的工作已经迫在眉睫，世界各航天大国（组织）都正在采取切实的行动。国际上已经成立了"机构间空间碎片协调委员会"（IADC），为空间碎片的国际合作（行动）提供了平台。

（二）发展趋势

地基空间碎片监测的发展方向是：从单目标跟踪观测过渡到针对空域的多目标监测，在保证已知轨道目标的关联成功率的基础上，具备发现新目标的能力。总之，现在的空间碎片观测设备，已经不再是一个雷达，或一个望远镜，它一定是一个观测系统，需要硬件和软件结合，需要以轨道关联为核心，这就是空间碎片监测系统的发展思路。

另一个发展方向是天基探测，即将望远镜安装在空间平台上，进行空间碎片的探测。经研究一个视场为 20°×20°、15cm 的望远镜，安装在一个太阳同步轨道的平台上，即可每天观测到 5000 个空间碎片。空间探测的优点是：白天黑夜均可观测，不受地面天气影响，可以进行全天时观测，空间没有天光影响，可以探测到较小的空间碎片，30cm 望远镜就可观测到 5cm 的空间碎片，显然成本较低。当然，平台的轨道设计，望远镜如何安装与控制，平台如何组网等关键技术仍需深入研究。

在可以预见的将来，空间碎片监测的内涵将逐步扩大。除了以轨道测量为核心的编目之外，空间碎片的可见光成像、红外成像、RCS 探测、星等探测、碎片物理参数（如自转周期测定，光谱测量）探测等，从广义上说也都属于空间碎片监测的范畴。目前空间目标成像只能对较大目标，空间碎片物理参数探测现在还不成熟，有些还需进行较多的预研。

从空间碎片监测系统建设的角度看，未来至少包含如下特征：

（1）具有能力强大的无源空间碎片监视网。

空间监视网，由测站和处理中心组成，测站的主流设备是针对空域的多目标观测设备，这些设备一般不需要中心发送预报，就能进行观测。而且，每天的观测数量（站圈数），均数以万计，起码数以千计。

（2）设备端和数据中心均能进行轨道关联工作。

在取得观测数据后，空间碎片编目的首要任务，就是弄清我们观测的是什么目标。将观测数据与编目数据库中的轨道相关联，建立"资料"与"轨道"的一一对应关系；对发现的新目标，生成新目标的初始轨道。显然，轨道关联是空间目标编目的核心，它的效果好坏，将决定空间碎片编目的成败。

（3）具有编目数据库的维持能力。

编目数据库的维持，必须对所有已编目的目标进行持续的跟踪，不断的轨道更新，数据库中编目目标的数量不能减少。由于轨道预报的精度，随着预报时间的增加快速降低，因此为了有足够的预报精度，数据库中的轨道必须及时更新。

三、近地小行星监测的发展

（一）发展历程

自从第一颗小行星发现以来，人类对小行星的观测历史已有 200 多年。对于小行星的观测和物理研究促进了太阳系形成和演化研究的发展，揭示了太阳系行星系统的形成过程。通过对小行星观测和轨道计算研究，并直接运用到人造天体的定轨实践中，促进了人造卫星观测定轨学科的发展。

另外，近地小行星的轨道和地球轨道相交，对地球生物构成重大安全隐患，从恐龙灭绝到 1908 年通古斯事件都与近地小行星相关。自 1994 年彗木相撞事件，人类对于近地天体撞击地球的危害有了更进一步的认识。国际社会开始启动了国际近地小行星监测网，监测近地小行星的位置、运动状态，同时探测和发现新的近地小行星并计算它们的轨道，评估与地球碰撞的概率。

2013 年 2 月俄罗斯陨石撞击事件，大量图像和视频资料通过互联网的广泛传播，使得民众对于近地小行星撞击地球的危害有了清醒的认识。

发现并监测近地天体特别是潜在威胁天体是关乎地球环境和人类生存安全的大事。天文学上把与地球轨道距离小于 0.3AU 的小天体称为近地天体（NEO）。其中，把直径大于 140m 且与地球的交会距离小于 0.05AU 的称为潜在威胁天体（PHA），目前已发现的数目还不足估计总数的 1/3。据研究，直径在 40m 以上的近地天体总数约为 30 万颗，目前只发现了大约 3%。直径 20~50m 的危害亦不容小觑。美国、日本、欧盟等国和地区均投入资源，开展近地天体的发现、监测和预警研究工作。

（二）发展趋势

地基望远镜的巡天观测是发现新的近地小行星和监测已知小行星的主要手段。目前已完成 90% 以上直径大于 1km 的近地小行星探测，完成 30% 左右的直径在 140~1000m 之间的小行星探测，而对直径在 40~140m 的近地小行星探测，目前仅发现 1%。而这个尺寸范围内的近地小行星数量达数十万颗，撞击地球的概率较大，1908 年通古斯事件和 2013 年俄罗斯陨石事件都是这个尺寸范围内的小行星造成的。

对于这个直径范围（40~140m）的近地小行星的探测成为国际小行星探测的难点。建造大口径巡天望远镜是解决这个难题的主要途径。目前口径 1.8m 的全景巡天望远镜和快速反应系统（Pan-starrs）已有一台投入近地天体巡天观测，可以观测和发现大量 140m 以上的近地小行星。下一代巡天望远镜 LSST 口径达 8.4m，将致力于更小尺寸的近地小行星的观测和发现工作。

近地小行星起源于主带小行星和太阳系外层的柯伊伯带天体。其中主带小行星演化为近地小行星的研究方法是基于小行星长期轨道演化中的共振特性。由于小行星的长期共振（包括近点、升交点长期共振、Kozai 共振）和轨道共振（如 3∶1 共振等）的联合作用对主带小行星偏心率和倾角的激励，激发了部分主带小行星成为近地天体。而柯伊伯带天体由于其外层大行星的动力学牵引而进入内层太阳系，一部分以近地彗星的形态存在于近地天体环境中，另一部分经过物理学演化呈现小行星形态而成为近地小行星。

目前关于新的近地天体的输运补充机制已经成为一个新的研究热点，其中 Yarkovsky 效应在较小的小行星的轨道输运中占据了主导地位，但是这一结论仍然缺乏足够的观测数据来支持，特别是关于主带小行星中千米级以下的小行星的轨道和大小的分布数据。另外目前对于小行星和彗星的碰撞物理学的认识尚少，特别是对于碰撞事件的大小-频率、速度-频率分布的研究显得尤其重要。

自从 1998 年对近地小行星 1997 XF11 的碰撞概率研究开始，目前对近地天体碰撞概率问题的研究主要集中在意大利的 Pisa 大学和美国国家航空航天局（NASA）的喷气推进实验室（JPL）。在 Öpik 等建立的近地天体平均和长期碰撞概率的理论基础上 Chodas 和 Yeomans 等通过线性方法预报了近地天体的密近交会，在彗木相撞的预报中取得了成功，他们还以 Monte Carlo 方法使用非线性方法来估计 SL 彗星的碰撞概率。意大利 Milani 等建立了轨道误差传递的线性和半线性方法来评估碰撞概率，用多解法取样轨道非线性置信空间的变量主轴来估计碰撞概率，取得了和 NASA 一致的结果。

最近几年关于近地天体轨道偏转的研究也成为一个新的热点，随着近地天体空间探测项目的有序实施，近地天体对地球构成潜在威胁也被广泛承认，通过近地天体轨道偏转技术来实现近地天体碰撞威胁的减缓和近地天体防护的研究将结合近地天体空间探测任务一并实施。

第三节　发 展 现 状[1-11]

一、人造天体动力学

人造天体动力学的研究，在我国天文界被列为"应用基础研究"的范畴，然而其基础研究的特性经常被忽视。因此在很长时间内，人造卫星运动理论研究走的是"任务带学科"的道路，没有任务就没有学科。在国家 863 计划和中国科学院知识创新工程的推动下，这种状态得到了初步改变。

在学科布局方面，国内各相关单位均根据自身的优势，凝聚了自己的研究方向，学科布局基本合理。但是，研究方向仍然是以"任务"为前提，纯基础研究仍然没有得到足够的重视，长期研究的合力不够。

在"精密定轨"方面，西安卫星测控中心、中国科学院上海天文台和中国科学院紫金山天文台等单位均研制了软件，中国科学院上海天文台等单位参加了 GPS 和导航等任务的精密定轨工作，测轨的理论精度已经得到保证。

在"编目定轨"方面，中国科学院紫金山天文台和西安卫星测控中心也建立了软件系统，但是在"未关联目标"（UCT）的数据处理方面，研究水平与国际同行相比还有不小的差距。近地目标的观测设备已基本完成，而"中高轨目标"的观测设备还没有完成，相应的研究（如大偏心率卫星的定轨）也比较落后。

现在，国外人造天体运动理论的研究基本集中在动力学模型的研究方面，他们发射了专门研究地球引力场、高层大气和海洋动力学的科学卫星，利用卫星的仪器数据进行动力学模型的研究。我国这方面的研究工作比较缺乏。在人造卫星运动理论方面，我国的差距主要是动力学模型的研究。当然，以动力学模型研究为目标的卫星计划不只是天文界的任务，这类科学卫星的数据处理工作，均需要更高精度的人造天体运动理论（如高阶倾角函数的计算）作支撑，但我们目前还没有此类研究。

二、空间碎片监测

进入 21 世纪以来，在国家"空间碎片行动计划"的支持下，空间碎片监测能力方面已经有长足的进步，逐步建设了一批空间碎片监测设备。已初步建立起了空间碎片光学监测系统，拥有分布在境内多个站点的光学望远镜，如青海德令哈、昆明、长春、江苏盱眙等观测站的空间碎片望远镜，能够开展日常的中高轨道碎片的跟踪观测。陆续投入观测后，监测的空间碎片的数量已从过去的数百个，增加到数千个。随着监测设备的增加，监测数量还将进一步增加。

由于空间碎片是无源的，空间碎片的监测只能采用无源探测设备进行观测。常用的地基探测设备主要有雷达和光电望远镜两种。从探测高度上看，雷达探测对近地空间碎片比较有利，而光电望远镜对中高轨空间碎片的探测较有利。此外，雷达观测是全天候的，测量包括距离和空间碎片的方向数据；而光电观测只能在晴夜进行，测量空间碎片的方向数据，而且要求碎片轨道满足天光和地影条件。

按照工作模式分，空间碎片观测设备又可分为精密测量设备和巡天观测设备两类，精密测量设备一般是单目标观测设备；而巡天观测设备是针对空域的多目标观测设备，其任务是尽量取得更多目标的数据，发现新目标。

通过多年的努力，中国科学院紫金山天文台在近地目标的光电监测系统设计方面，已有一定基础。与其他设备建造单位合作，已经研制了一些有自主知识产权的针对空域的多目标监测系统，效果较好，受到国内的广泛赞誉。近年来，在中高轨目标的监测方面，中国科学院紫金山天文台也提出了研制方案，得到了中国科学院的初步支持，在中高轨道空间碎片搜索发现与跟踪等关键技术上取得了突破。

三、近地小行星的监测

目前，国际上近地小行星的发现工作主要由林肯实验室小行星搜索计划、赛丁泉巡天项目、全景式巡天望远镜等项目完成。

麻省理工学院林肯实验室主持的林肯近地小行星搜索计划（The Lincoln Near Earth Asteroid Research，LINEAR）是由美国空军和美国国家航空航天局赞助的计划。该计划使用 2 台 1 m 口径的望远镜和 1 台 50 cm 口径的望远镜（主要用于后续跟踪 Follow-up）。该计划自 1998 年运行以来，在 21 世纪初期一直是全世界排名第一的小行星探索计划。

卡特琳娜巡天项目（Catalina Sky Survey，CSS）使用 3 架望远镜，分别是位于美国亚利桑那的林蒙山 1.5m 望远镜和毕吉若山 68cm 望远镜及澳大利亚赛丁泉天文台的 0.5m 望远镜。2005 年卡特琳娜巡天项目所发现的近地小行星数目超过林肯近地小行星搜索计划，成为产出近地小行星发现最多的巡天项目。

全景式巡天望远镜项目（Pan-STARRS），是美国正在建设的全景巡天望远镜和快速反应系统，计划共建设 4 台 1.8m 的望远镜，其中第 1 台望远镜 PS1 已于 2010 年在夏威夷的毛伊岛建成并投入使用。该项目建设由美国空军给予资金的支持，其主要任务是开展巡天工作，计划完成对全部 1km 以上近地小行星的探测和发现任务，完成直径 300m 以上目标的 90%的发现任务。

正在建造的大型综合巡天望远镜（LSST）项目，主要由美国国家科学基金资助，望远镜口径达 8.4m，该望远镜身兼多个科学目标，其中包括近地小行星探测任务，计划完成对直径 140m 的近地小行星实现 90%的探测。望远镜计划 2022 年投入使用。

中国最早进行小行星观测和轨道研究的是中国科学院紫金山天文台的张钰哲先生，早期使用中国科学院紫金山天文台 40cm 双筒望远镜进行小行星搜索和轨道研究。20 世纪 90 年代中国科学院紫金山天文台的科研人员使用兴隆60/90cm 施密特望远镜进行了小行星观测和研究。

1994 年，受彗木相撞事件影响，中国科学院紫金山天文台在盱眙观测站成立了中国科学院紫金山天文台近地天体观测基地，开始了中国近地小行星巡天项目，自主建成了 1.04/1.2m 施密特型近地天体巡天望远镜。该望远镜是国内目前唯一的一台近地小行星搜索专用设备，具有较强的探测能力，极限星等约 22mag。近地天体巡天望远镜作为我国第一代近地天体探测专用设备，可以探测直径 1km 以上的近地小行星。自 2006 年近地天体望远镜投入观测以来，已向国际小行星中心上报了 15 万多颗小行星的 72 万多条观测数据，迄今已发现了拥有临时编号的新小行星 1000 多个，其中 200 多个小行星经国际小行星中心确认后，获得了永久编号和命名权。据统计，中国科学院紫金山天文台上报国际小行星中心的数据量在全球 400 多个台站中位居第六，观测数据的精度最高，成为国际近地天体监测的重要力量，获得了国际同行的认可，也对促进我国行星科学的发展起到非常显著的推动作用。但是随着CSS 和 Pan-STARRS 项目的开展，更大口径的望远镜投入到近地小行星的发现观测中，我国的现有设备仅能进行后续的跟踪观测，无法探测到更暗弱的近地天体。

四、人才队伍

在人造天体运动理论和空间碎片监测方面，研究队伍主要分布在中国科学院以及南京大学等高等院校。中国科学院还成立了非法人单元"空间目标与碎片观测研究中心"，整合了中国科学院院内各天文单位人造天体观测领域的研究力量和设备资源。

此外，在国家任务的支撑和驱动下，西安卫星测控中心、北京航天飞行控制中心、国防科技大学等军队部门也都成立了相关的重点实验室（或院系），建立起了稳定的研究队伍和工程技术队伍。目前，该领域的重点实验室主要有：

（1）宇航动力学国家重点实验室（西安卫星测控中心）。

（2）航天飞行动力学技术重点实验室（北京航天飞行控制中心）。

（3）中国科学院空间目标与碎片观测重点实验室（中国科学院紫金山天

文台）。

在人才培养方面，南京大学天文系改建为"天文与空间科学学院"，培养方向得到了扩展。清华大学和国防科技大学等高校也开设了卫星动力学的课程；西安卫星测控中心成立了"宇航动力学"国家重点实验室，北京航天飞行控制中心、中国科学院紫金山天文台和中国科学院上海天文台也成立了各自的重点实验室，各单位也扩招了许多研究生，研究队伍开始"年轻化"，对基础研究也开始重视。

在小行星监测方面，中国科学院紫金山天文台在国内较早地启动小行星观测和轨道计算研究，长期从事太阳系小天体探测与物理、小行星深空探测以及行星化学等研究。2013 年与中国科学院上海天文台联合成立了"中国科学院行星科学重点实验室"（挂靠中国科学院上海天文台）。

五、发展现状总结

在基础理论方面：我国天文界在人造天体运动理论研究方面，已经有一定创新能力，多年来也做出了许多有贡献的成果，基本可以满足当前一段时期我国航天事业发展的需求，但是与国际先进水平相比还有一定差距。导航技术取得了重要进展，为我国自主导航系统的建设提供了技术支撑，但与国际水平还有较大的差距。

在观测设备条件方面：我国已初步建立了一批空间碎片和小行星监测设备，形成了一定的监测能力，能够自主管理一部分中等以上尺寸的空间碎片，也具备了一定近地小行星的发现能力，初步参与了国际合作。但与国际领先水平相比，我国在监测目标（碎片、小行星）的大小、定位精度等方面还存在着明显差距。特别是受观测能力的制约，目前在暗弱碎片和小行星的搜索发现能力上还很不足。

第四节 发展目标与建议

一、总体发展目标

总体发展目标是：重视基础研究，强化创新研究团队，在动力学理论上努力缩短与国际领先水平的差距；成立民口国家级"空间目标和空间碎片监测中心"，建成我国中高轨道空间碎片的监测与编目系统；陆续建成更大口径的望远镜设备，发现更多、更小的近地小行星，寻找对地球构成威胁的近地天体，并发出危险预警。

二、促进人造天体动力学的发展

未来一段时期，需要研究的问题包括：精度更高的动力学模型，人造天体轨道的长期演化规律，人造天体的旋转运动特征。由于空间碎片的数量很多，还需要研究计算效率较高的空间碎片编目方法，包括效率较高的半分析方法、初轨计算和目标关联技术等。

三、提高空间碎片监测能力

国家有关部门已经明确，我国空间碎片监测的目标要包括 5cm 大小以上的空间碎片，这既是对本领域的挑战，也是其发展的机遇。需要从以下两个方面开展研究：

一是现有监测设备组网能力的优化，研究海量数据处理方法。充分利用现有监测设备的基础条件，开展空间碎片常态化监测，提高设备使用效率，提高编目识别、碰撞预警等数据应用的精度水平。

二是以更小尺寸，更远距离的探测为目标，有计划地建设一批用于中高轨道观测的大口径监测望远镜，如光电篱笆。并且在提高空间碎片定位精度的同时，开展碎片物理特性的探测，例如尺寸形状、旋转姿态、表面材料等，丰富空间碎片监测的内涵。

四、开展近地小行星巡天观测

实现近地天体的危险评估，探测和发现近地天体是首要任务，我国现有近地天体巡天望远镜已不能满足观测需求。建议建设我国第二代近地天体巡天专用设备，开展对地球造成威胁的近地天体的巡天观测，建立中国近地天体碰撞预警系统。

第五节　优先发展领域和重要研究方向

一、人造天体动力学的重要研究方向

（一）高层大气密度模型研究

高层大气阻力是近地人造天体轨道摄动中的重要因素之一。国外长期开展高层大气研究，建立了很多著名的大气密度经验模型，如 Jacchia 系列、DTM 系列、MSIS 系列等。而我国一直以来都是沿用国外的模型，尚没有建立自己的大气模型，需要立即开展这项研究。

国外有两种研究趋势，一种是以欧洲为代表的 DTM 系列模型，力求使用高精度资料和空间环境参数，建立中长期大气模型；另外一种是以美国、俄罗斯为代表的，利用强大的轨道监测网络，开展高层大气的短期校准研究，建立短期的大气模型。这两类研究工作目前都取得了较好的进展。我们也可以遵循这两种研究途径开展工作。重点可以放在建立短期模型上，即根据空间目标与碎片观测的轨道和编目数据动态改正大气模型参数，从而提高近地人造天体的轨道预报精度。

（二）地球引力场模型应用研究

地球引力场模型是人造天体动力学中一种重要的模型。一直以来，测绘与地球科学领域致力于研究更精确、更精细的引力场模型。尤其是进入 21 世纪以来，多颗重力场研究卫星计划陆续实施（CHAMP, GRACE, GOCE），给引力场研究带来了全新的视野。近年来，一些融合了重力场卫星测量数据的引力场模型先后发布，如 EIGEN-CHAMP05S、GGM03、EGM2008 等。

在人造天体动力学中，应该及时吸收应用这些引力场研究的新成果，探讨引力场模型精度对高精度轨道确定和预报的影响，以及与引力场阶数相适应的高阶倾角函数计算方法；反过来，还应当以人造天体动力学理论为基础，开展卫星精密测量资料解算地球引力场的工作。

（三）轨道长期演化规律研究

随着航天活动的持续开展，空间中产生了大量无动力卫星和空间碎片。它们将在地球形状摄动、大气阻力、太阳光压、第三体摄动等复杂力学因素的作用下运动。如何认识这些物体的轨道长期演化规律，是人造天体动力学中的一个基本问题。不仅如此，对于同步轨道这类特殊区域而言，掌握轨道长期演化规律显得尤为重要。因为该区域内轨道资源稀缺，空间碎片较多，了解碎片的轨道演化有助于掌握该区域的碎片分布情况。

二、空间碎片监测的重要研究方向

（一）数据关联方法研究

现在空间碎片编目的主要设备，是针对空域的观测设备，设备不能确定观测数据是什么目标。因此，卫星编目的主要工作是观测量的关联，通过与空间目标的轨道数据库比较，确定观测数据属于哪个目标？关联率越高，方法越好，但是总有一些数据关联不上，这些数据称为 UCT，其中包括新发射的目标，也包括空间目标解体形成的空间碎片，我们必须在众多的 UCT 中找出哪些 UCT 是属于同一目标，而后进行轨道计算。这不仅需要短弧初轨计算，更需要建立许多目标关联的辅助软件，特别是在空间目标解体时需要特殊的软件。

（二）卫星与碎片碰撞预警方法研究

为了航天器（特别是载人航天器）的安全，需要研究空间碎片的碰撞预警，以便在可能碰撞时航天器进行机动，避免航天器与空间碎片碰撞。这里不仅需要研究碰撞预警策略，可能还需要研究精密定轨软件与之配合，以免出现误报。

大型空间碎片陨落时可能与地面碰撞，造成对人类的损伤，因此空间碎片的陨落时间和陨落地点的预警，均受到各国的广泛重视。其主要研究内容是陨落预报的算法，包括动力学模型和轨道误差的平滑处理方法等。

（三）光电监测系统的设计

根据能力需求，确定系统轨道关联的方式，包括确定轨道关联所需的弧长；根据轨道关联的弧长，确定系统的望远镜数量、望远镜的指向、望远镜的工作模式（是搜索还是跟踪），以及各个望远镜的观测分工。根据测轨精度的要求，确定测站的数量。

（四）空间碎片旋转运动的观测方法与动力学研究

近年来人们广泛地认识到，空间碎片的主动碎片清除（ADR）是空间可持续利用的必要措施之一。空间碎片主动清除已经成为国际宇航大会（International Astronautical Conference，IAC）、机构间空间碎片协调委员会（Inter-Agency Space Debris Coordination Committee，IADC）以及空间环境安全方面会议的热点议题。我国作为航天大国，在可以预见的将来必然面临管理与清除本国产生的空间碎片这一问题。

要开展空间碎片的主动清除，一方面需要掌握碎片的准确分布和轨道信息，另一方面需要明确碎片本身的物理特性，如表面材料、姿态形状和旋转特征等。调研发现，作为 ADR 的一项关键技术环节，空间碎片旋转规律的研究在美国、欧洲（ESA）、俄罗斯、日本等国和地区已经启动。我国也应尽快启动相关研究，根据空间碎片的光度测量数据，结合刚体旋转的理论，掌握空间碎片的旋转特征，为碎片的主动清除提供技术支撑。

三、近地小行星监测的重要研究方向

近地天体监测领域的发展应该遵循基础设施建设和科学研究并重的发展线路。逐步建设成为既能独立自主、又能国际合作的近地天体监测预警研究体系，无论是满足国家的重大需求，还是在面对科学前沿的研究中均有长足的进步。要达成这样的目的，需要对下述研究方向进行重点培育和支持。

（一）下一代近地天体监测预警网的建设

国际上关于近地天体的监测对象已经从原计划的 1km 以上级别的目标转向 140m 以上的目标，对于这些目标的探测和监测已经超越 1m 口径量级望远镜的能力。下一代近地天体监测设备的地基观测网目标拟建设若干台 2.5～4m 口径的大视场大口径巡天望远镜作为主干设备，以适应对 140m 目标的探测研究。另外目前研究表明 50m 量级的近地天体由于数量众多，地球和人类环境的威胁也不容小觑，采用大口径、大视场的监测网来实时监测这些目标也尤为重要。与此同时，预警网还需要建成我国近地天体监测预警数据中心并不断更新完善，建成监测、评估和预警的软件体系，并不断发展。

中国科学院紫金山天文台从 2012 年开始了下一代大视场望远镜的预研，

并在此基础上提出了下一代近地天体监测预警网络主干设备的建设方案，建议新建 3 台 2.5m 口径巡天望远镜作为监测网主干设备，组网现有观测设备，开展近地天体监测预警工作。拟建设的 2.5m 口径巡天望远镜的视场为 3°直径，观测天区面积为 7 平方度，在 30s 曝光情况下的极限探测星等为 $V=23$mag（S/N>5）；光学设计方案采用了焦比为 2.4 的主焦系统，在焦面探测器前设置 3 个改正镜来实现大视场。该巡天望远镜的优点有：①通光面积大、杂散光少、系统探测灵敏度高；②实现 3°直径视场内均匀高质量成像和极低的像场畸变；③配备大气色散补偿改正器，实现超宽波段的高像质；④具备强大的巡天能力。综合像质和巡天能力两方面的因素，这一望远镜建成后将成为国际上最好的中等口径望远镜。

（二）近地天体动力学研究，特别是近地天体危险评估的研究

开展近地天体和地球碰撞威胁的研究，其中最重要的是开展近地天体和地球的碰撞概率的研究，建立近地天体轨道和监测网观测数据库，开展线性方法和非线性方法进行碰撞概率的研究。另外结合近地天体的物理性质研究，评估碰撞能量和碰撞危害。

（三）近地天体物理特性的观测和研究

开展近地天体物理特性的观测研究，利用光变曲线获取近地天体的自转周期、自转轴指向等基本物理特性；利用大量光变资料建立近地天体的形状；利用红外观测资料和光谱数据建立近地天体表面热物理模型和表面成分研究。对于近地天体的基本物理性质的研究也可以进一步提高近地天体长期演化和碰撞概率的研究精度。

目前国内现有观测设备口径较小，已严重落后于国际先进水平。下一代中国近地天体监测预警网，至少应包括多台 2.5～4m 级巡天望远镜和多台 2m 级的高分辨率光学望远镜，组成有机的观测网络，开展近地天体的搜索、定轨、编目和预警任务。考虑到近地天体的观测特点，望远镜分布在我国南部和西部。巡天望远镜用于近地天体的发现，可实现对直径 100m 量级的近地小行星进行完备的观测；该分辨率光学望远镜用于小行星的精确定位及物理性质研究，有利于提高近地小行星的定轨精度，了解近地小行星的物理性质，有利于准确进行近地小行星碰撞的危险评估。

第六节 国际合作

在人造天体动力学与空间碎片监测领域，我国与美国已经建立"US-CHINA Technical Interchange for Space Surveillance"的交流机制，2009 年、2011 年、2013 年已经在上海和北京等地举办过 3 次，建议继续利用这一平台交流人造卫星运动理论的研究成果，特别是空间碎片的编目技术方法，这对提高我国的研究水平是有益的。

在近地小行星监测领域，国际上已经形成了有效的合作机制，即分散观测、统一处理。国际小行星中心（MPC），作为唯一的小行星观测数据资料收集中心，进行小行星轨道计算。我国近地天体监测预警网的运行也离不开国际其他台站的观测数据资料，通过与国际小行星中心的数据交换，充分利用可用数据计算小行星轨道，进行危险碰撞预警。在设备制造方面，与国际先进的望远镜及 CCD 相机制造团队进行交流，是提高我国望远镜制造和 CCD 研制水平的有效途径。

第七节 保障措施

希望尽快建立人造天体、近地天体运动与监测创新研究团队，得到国家的稳定支持。希望日益重视天文观测在学科发展中的重要性，努力推进天文观测设备建设，注重人才培养，积极争取经费。注重高科技研究成果与国家战略需求的结合。

参考文献

[1] 刘林. 航天器轨道理论. 北京：国防工业出版社，2000.

[2] 汤锡生，陈贻迎，朱民才. 载人飞船轨道确定和返回控制. 北京：国防工业出版社，2002.

[3] 李济生. 航天器轨道确定. 北京：国防工业出版社，2003.

[4] Beutler G. Methods of Celestial Mechanics Ⅰ: Physical, Mathematical, and Numerical Principles. Springer, 2005.

[5] Beutler G. Methods of Celestial Mechanics Ⅱ: Application to Planetary System, Geodynamics and Satellite Geodesy. Springer, 2005.

[6] National Research Council, Defending Planet Earth: Near-Earth Object Surveysand Hazard Mitigation Strategies: Final Report. The National Academies Press, 2010.

[7] Morbidelli A, Bottke Jr W F, FroeschleCh, et al. Origin and Evolution of Bear-Earth Objects, Asteroids III, 2002: 409-420.

[8] Milani G F, Gronchi D, Farnocchia Z, et al. Pierfederici. Topocentric orbit determination: algorithms for the next generation surveys, Icarus, 2008, 195: 474-492.

[9] GronchiG F. Multiple solutions in preliminary orbit determination from three observations. Celestial Mechanics and Dynamical Astronomy, 2009, 103(4): 301-326.

[10] Milani G F, Gronchi Z, Knezevic M E. et al. Unbiased orbit determination for the next generation asteroid/comet surveys. IAU Symposium, 2006, 229: 367-380.

[11] 赵海斌. 近地小行星探测与危险评估. 中国科学院紫金山天文台博士学位论文. 2008.

关键词索引